DIE ENTWICKLUNG DER KUNSTSTOFFSEGELFLUGZEUGE

DIETMAR GEISTMANN

Die Entwicklung der Kunststoff-Segelflugzeuge

MOTORBUCH VERLAG STUTTGART

Einband und Schutzumschlag: Dietmar Geistmann

Das Titelbild zeigt den Prototyp des Janus über den französischen Seealpen.

Hinweis: Die Dreiseitenansichten der Segelflugzeuge sind im Buch einheitlich im Maßstab 1:100 wiedergegeben.

ISBN 3-87943-483-2

1. Auflage 1976.

Eine Abteilung des Buch- und Verlagshauses Paul Pietsch GmbH & Co. KG.

Satz und Druck: Ernst Kieser KG, 89 Augsburg.
Bindung: Großbuchbinderei Franz Spiegel, 79 Ulm.
Printed in Germany.

Inhaltsverzeichnis

Auch bei regionalen Vergleichsfliegen, wie hier beim Klippeneck-Segelflug-Wettbewerb 1975, setzen sich Kunststoff-Segelflugzeuge immer mehr durch.

Die friedliche Revolution

Die Geschichte des Segelfluges hat in den letzten Jahren einen entscheidenden Entwicklungssprung gemacht. Angesichts der Steigerung der Flugleistungen vor allem im Hinblick auf die Leistungsfähigkeit der neueren Flugzeuge könnte man gar von einer Revolution sprechen. Einer friedlichen Revolution, glücklicherweise. Von vielen aktiven Segelfliegern in dieser Deutlichkeit noch gar nicht erkannt, hat eine Umwälzung auch in der Breite eingesetzt, die dadurch deutlich wird, daß zumindest bei den Einsitzern Flugzeuge in herkömmlicher Bauweise kaum mehr hergestellt werden.

Die Kunststoff-Segelflugzeuge haben nicht nur in Deutschland zu einer neuen Aera des Segelfluges geführt, zum Kunststoff-Zeitalter. Nachdem in den Anfangsjahren dieser Entwicklung die neuen Flugzeuge hauptsächlich von einigen wenigen Wettbewerbs- und Leistungsfliegern geflogen wurden, setzt nun eine Breitenentwicklung in dem Maße ein, wie sich das Preisgefälle zwischen herkömmlichen Segelflugzeugen und Kunststoffmaschinen verringert. Zu den ausgesprochenen Leistungsflugzeugen kommen neuerdings auch Übungssegelflugzeuge aus Kunststoff, und in zunehmendem Maße auch Doppelsitzer. Folgende Faktoren begünstigen diese Entwicklung:

a) Die neueren Kunststoff-Segelflugzeuge stellen kaum höhere fliegerische Anforderungen als herkömmliche Flugzeuge wie Ka 8 und Ka 6.
b) Das allgemeine fliegerische Niveau ist auch auf Grund besserer Instrumentierung und höherer theoretischer Kenntnisse gestiegen, das Interesse am Leistungsflug wächst. Die Teilnehmerzahlen an Regionalen und Dezentralen Segelflugwettbewerben beweisen dies deutlich. Die reinen »Sonntagsflieger« sind zu einem Teil auf den Motorsegler abgewandert.
c) Die aufwendigen Überholungsarbeiten in der Werkstatt sind allerorts nicht mehr gefragt. Im Vergleich zu den herkömmlichen Flugzeugen sind die Kunststoff-Segler so gut wie wartungsfrei, sind robuster im Flugbetrieb, und erhalten ihre vorzügliche Oberfläche praktisch unverändert über viele Jahre.
d) Flugzeuge aus Holz und Metall sind kaum mehr billiger herzustellen als Kunststoff-Segelflugzeuge. Da sie zudem leistungsmäßig schlechter sind, wird die Herstellung mehr und mehr eingestellt.
e) Die einfachen und älteren Holzflugzeuge wie z. B. Baby und Spatz sterben aus und werden durch Ka 8/Ka 6 ersetzt. Für diese wiederum rücken die Kunststoff-Segelflugzeuge nach.
f) Kunststoff-Doppelsitzer sind im Kommen und erleichtern das Umsteigen auf die Leistungs-Einsitzer. Der Leistungsflug wird dadurch entscheidend gefördert.

Die Entwicklung der Kunststoff-Segelflugzeuge ist noch lange nicht abgeschlossen. Erprobungen der Variablen Geometrie in Spannweiten- oder Tiefenrichtung (Fowler-Klappen) stehen erst am Anfang. Sicher sind auch noch nicht alle Möglichkeiten der Werkstoffe (z. B. neue Fasern) ausgeschöpft, und fertigungstechnische Verbesserungen und Vereinfachungen werden derzeit von allen Herstellern in Angriff genommen.

Die friedliche Revolution ist geglückt. Die Prognose ist wenig riskant: Den Kunststoff-Segelflugzeugen gehört die Zukunft.

Ein Blick zurück zu den Anfängen

Es ist ein Kennzeichen menschlicher wie technischer Entwicklungen, daß sie unstetig verlaufen. Auf Epochen mit beachtlichen Fortschritten folgen Zeiten des Beharrens, zuweilen sogar rückläufige Tendenzen. Erst neue Erkenntnisse auf wissenschaftlichem Gebiet, verbunden mit der Anwendbarkeit neuartiger Werkstoffe, vermögen technischen Entwicklungen neue Impulse zu geben. In der Gesamtentwicklung des Segelfluges in Deutschland lassen sich unter diesem Aspekt vier Epochen wie folgt einteilen:

1. Pionierzeit bis etwa 1925
2. Epoche von 1925 bis 1940
3. Zweite Pionierzeit von 1950 bis etwa 1960
4. Entwicklung der Kunststoff-Segelflugzeuge

Viele Anzeichen weisen darauf hin, daß vor dem Erscheinen der Kunststoff-Segelflugzeuge etwa über einen Zeitraum von 30 Jahren sowohl von der Technologie als auch von der Leistung her bei den zur Verfügung stehenden Segelflugzeugen kaum Fortschritte zu verzeichnen sind. Schon zu Beginn der zwanziger Jahre waren der freitragende Flügel mit Torsionsnase sowie der schlanke sperrholzbeplankte Rumpf durchaus schon üblich. Auch Flügelprofile aus diesen Jahren finden in kaum veränderter Form heute noch Verwendung (z. B. Gö 533 in Ka 8, Ka 7 und ASK-13). Die nun schon klassischen Flugzeuge Ka 6/Ka 8 bilden den Endpunkt dieser Entwicklung. Trotz der relativ bescheidenen besten Gleitzahl von etwa 30 wurden diese Flugzeuge durch den unerreichten Kompromiß aus Flugeigenschaften und Handlichkeit zu einem gültigen Maßstab.

Daß lange vor dem Krieg bereits Flugzeuge mit beinahe allen Merkmalen heutiger Leistungsflugzeuge existierten, sei am Beispiel der D-30 erläutert. Der Wölbklappenflügel mit einem NACA-»Laminar«-Profil hatte bei einer Spannweite von 20,10 m bereits eine Streckung von 33,6; allerdings ermöglicht durch einen Leichtmetallholm. Die beste Gleitzahl wurde mit 37,6 vermessen, das geringste Sinken betrug 0,55 m/sec. Das Flugbild des »DFS-Reiher« zeigt beispielsweise auch schon eine sehr moderne Rumpfform.

Aus dieser Sicht ist es unverständlich, daß die zweite Pionierzeit nach der Wiederzulassung des Segelfluges im Jahre 1950 praktisch wieder bei Null

Die D-30 aus dem Jahre 1936 hatte bereits eine Streckung von 33,6. Kennzeichnend für das Flugzeug ist die im Fluge verstellbare V-Form der Außenflügel.

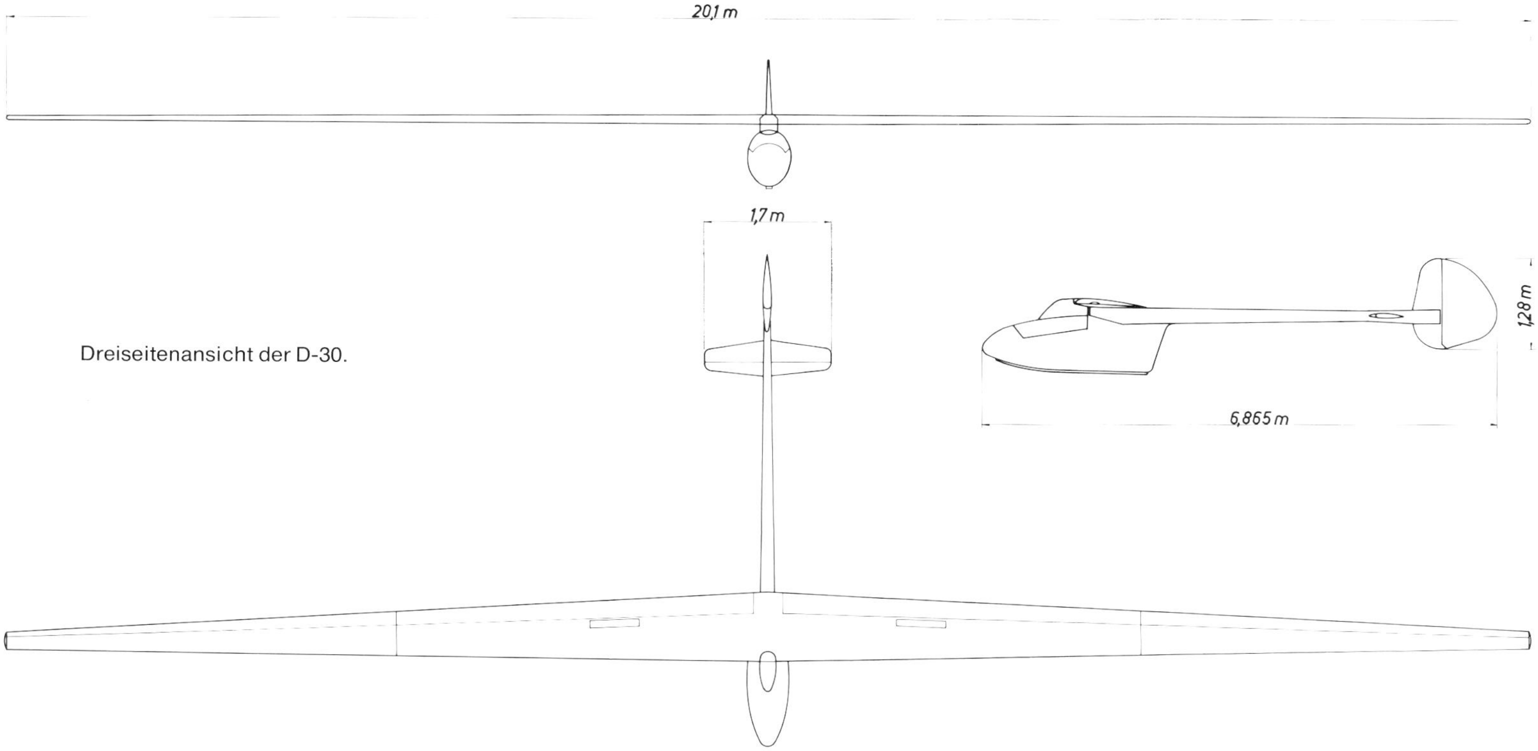

Dreiseitenansicht der D-30.

Der Reiher hatte bereits eine »moderne« Rumpfform mit eingestrakter Haube.

begann. Es ist wohl kaum allein durch die beschränkten wirtschaftlichen Verhältnisse zu erklären, daß viele Fliegergruppen mit dem Bau eines Schulgleiters vom Muster SG 38 wieder von vorne anfingen.
Immerhin flog im Jahre 1955 bereits die erste Ka 6, 1957 folgte der Prototyp des Phönix.

Statistik

In Abb. 5 ist die Entwicklung der Segelflugzeug-Stückzahlen in Deutschland seit dem Jahre 1950 dargestellt. Dabei ist die stolze Armada von 4670 Segelflugzeugen im Jahre 1975 beim Luftfahrt-Bundesamt registriert.
Zum Vergleich die Stückzahlen aus einigen anderen Ländern:

Anzahl der Segelflugzeuge: (Stand 1975)

Bundesrepublik Deutschland	4670
USA	2699
Frankreich	1275
Österreich	631
Schweiz	549

Interessant ist nun die Aufschlüsselung auf die einzelnen Flugzeugmuster. Diese Daten sind im übrigen sehr schwierig zu beschaffen, wurden doch die Verzeichnisse bis zum Jahre 1968 bei den Regierungspräsidien geführt. Aber auch das Luftfahrt-Bundesamt konnte nicht mit einer Statistik dienen, so daß die neuesten Daten speziell für diese Arbeit durch manuelles, zeitraubendes Zählen der Kartei ermittelt wurden. Ergebnisse früherer Jahre gehen teilweise auf Veröffentlichungen von Oskar Pflaumer zurück.
Im Jahre 1960 waren in Deutschland 2220 Segelflugzeuge zugelassen. Der Anteil der Doppelsitzer betrug damals noch 42%, während er 1975 nur noch 25% beträgt. Es gab fast nur Holz- bzw. Gemischtbau-Flugzeuge. Bei den Doppelsitzern führten Mü 13/Bergfalke mit 295 Exemplaren. Bei den Einsitzern lag noch das Baby vorn. Ganze zwei Kunststoff-Segelflugzeuge waren eingetragen.

Segelflugzeuge in Deutschland: (Stand 30. 4. 1960)

Segelflugzeuge gesamt: 2220

Doppelsitzer	930	(42%)
Einsitzer	1290	(58%)

Die Entwicklung der Segelflugzeuge in der Bundesrepublik Deutschland von 1950 bis 1975.

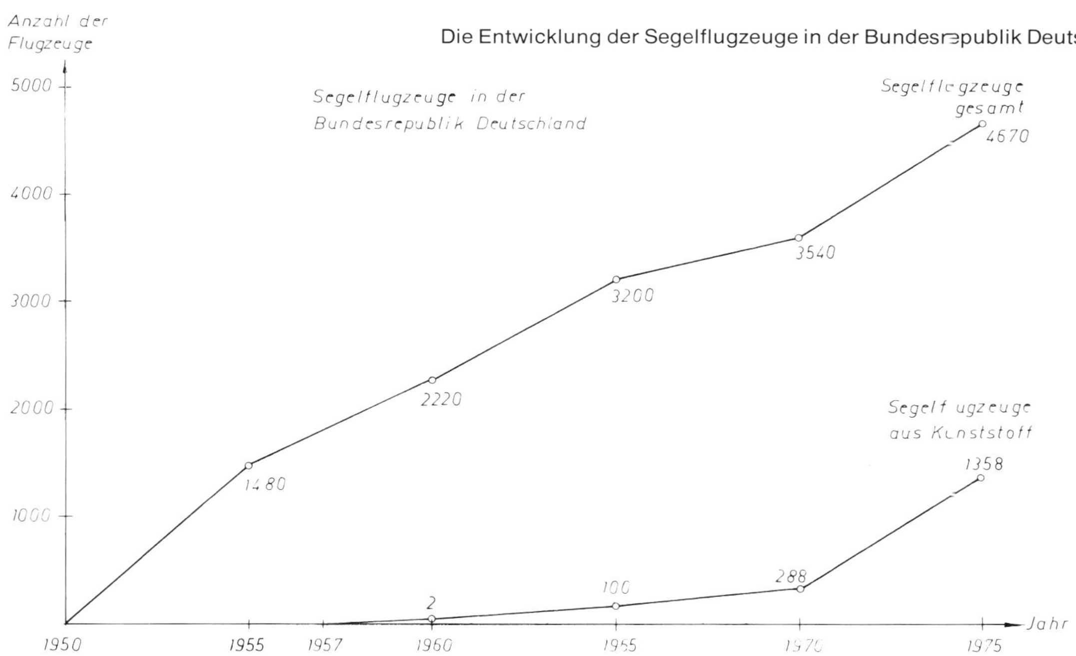

Bauweise:

Holz/Gemischt	2217	(99,85%)
Metall	1	(0,05%) (1 Bremen-Lane)
Kunststoff	2	(0,10%) (1 Phönix, 1 Kria)

Flugzeugmuster Doppelsitzer:

Mü 13 E/Bergfalke	295
Doppelraab	174
Rhönlerche	156
Ka 2/Ka 7	144

Flugzeugmuster Einsitzer:

Baby II und III	379
Spatz	337
SG-38	132
Ka 6	116
Ka 8	93

Von 1960 bis 1970 haben die in Deutschland eingetragenen Segelflugzeuge um mehr als 50% zugenommen. Dabei gibt es aber 1970 schon 288 Kunststoff-Segelflugzeuge, die nachstehend in einer Tabelle einzeln aufgeführt sind. Bei den Doppelsitzern führen in den Stückzahlen nun die Ka-Typen ebenso wie bei den Einsitzern Ka 6 und Ka 8.

Segelflugzeuge in Deutschland:
(Stand 1. 10. 1970)

Segelflugzeuge gesamt: 3542

Doppelsitzer	1144	(32%)
Einsitzer	2398	(68%)

Bauweise:

Holz/Gemischt	3234	(91,3%)
Metall	20	(0,6%) (20 Blanik)
Kunststoff	288	(8,1%)

Flugzeugmuster Doppelsitzer

Ka 2/Ka 7	404
Mü 13 E/Bergfalke	280
Rhönlerche	173
ASK-13	128

Einsitzer in Holz/Gemischt-Bauweise:

Ka 6	699
Ka 8	657
Spatz	265

Einsitzer in Kunststoff-Bauweise:

Phoebus A – C	91
Standard-Cirrus	34
Cirrus	32
LS-1	30
Standard-Libelle 201	29
ASW-15	29
H-301 Libelle	17
Kestrel	13
fs-24 Phönix	6
Diamant	2
ASW-12	1
fs-23 Hidalgo	1
H-30 GFK	1
Kria	1
SB-7	1
SB-8	1

Im Jahre 1975 steigt dann die Gesamtzahl der eingetragenen Segelflugzeuge auf 4670. Davon sind bereits 1358 Einsitzer aus Kunststoff. Die Segelflugzeuge in herkömmlicher Bauweise haben gegenüber 1970 bereits abgenommen. Die Zunahme der Segelflugzeuge geht also voll auf das Konto der Kunststoffsegler. Zwar führt immer noch, wie in den Nachbarländern Schweiz und Österreich, entgegen der landläufigen Meinung nicht die Ka 6 sondern die Ka 8. Aber das Kunststoff-Zeitalter hat begonnen.

Segelflugzeuge in Deutschland: (Stand Ende 1975)

Segelflugzeuge gesamt: 4670

Doppelsitzer	1170	(25%)
Einsitzer	3500	(75%)

Bauweise gesamt:

Holz/Gemischt	3214	(68,8%)
Metall	98	(2,1%)
Kunststoff	1358	(29,1%)

Bauweise bei Doppelsitzern:

Holz/Gemischt	1090	(93,2%)

Metall	98	(6,4%)
Kunststoff	5	(0,4%)

Bauweise bei Einsitzern:

Holz/Gemischt	2124	(60,7%)
Metall	23	(0,6%)
Kunststoff	1353	(38,7%)

Nachfolgend sind nun die Stückzahlen der einzelnen Flugzeugmuster getrennt nach Ein- und Doppelsitzern und getrennt nach Bauweisen für Ende 1975 aufgeführt:

Segelflugzeuge in der Bundesrepublik Deutschland (Stand Ende 1975)

Einsitzige Segelflugzeuge

A. *Gemischt- und Metallbauweise*

AV-36	2
AV-36 O	6
AV-36 CR	3
ASK-18	1
B-4	1
Baby-III	25
Cumulus CU II F	1
Cumulus CU III F	4
D-34 c	1
Delphin V 1	1
FK-3	5
Geier-I	1
Geier-II	4
Geier-II B	2
Gö-3 »Minimoa«	1
Greif-I	2
Greif-II	1
Grunau Baby II B	31
Grunau Baby V	2
Grunau Baby II a	2
HKS-3	1
Ka 8	67
Ka 8 b	680
Ka 8 c	2
Ka 9	1
Ka 10 A	7
Ka 1	2
Ka 3	6
Ka 6	27
Ka 6 B	2
Ka 6 BR	39
Ka 6 BR-Pe	1
Ka 6 CR-Pe	14
Ka 6 CR	464
Ka 6 E	138
L-Spatz	26
L-Spatz III	16
L-Spatz 55	190
L 10 Libelle	1
Lo-100 Zwergreiher	15
Lo-150	3
Lo-150 b	1
Lom 57 Libelle	1
Mü 17	2
Mü 22 b	1
Olympia-Meise	12
PIK-16 c Vasama	4
Pilatus B 4-PC 11	17
Rhönsperber	1
SB-5 B	39
SB-5 E	5
SF 26 A	22
SF 27 A	93
SF 27 B	1
SG 38	1
SHK	10
Sie-3	19
SP 1-V 1	1
Spatz A	15
Spatz B	12
Spatz 55	7
Spalinger S 18 III	1
Standard Austria S	2
Standard Austria SH	1
Standard Austria SH 1	3
SZD-24-4 A »Foka 4«	10
SZD-30 Pirat	3
Weihe 50	13
Zugvogel I	2

Zugvogel II	1
Zugvogel III	5
Zugvogel III A	12
Zugvogel III B	22
Zugvogel IV	1
Zugvogel IV A	5
Zlin 25/4	1

B. *Kunststoffbauweise*

Astir CS	58
ASW-12	2
ASW-15	78
ASW-15 B	155
ASW-17	14
BS-1	5
Cirrus	35
Cirrus VTC	15
Club-Libelle 205	82
D-36	1
D-37	1
D-38	1
DG-100	15
Diamant 16,5	2
Diamant 18,0	4
fs-24 Phönix-T	8
fs-25	1
fs-29	1
Glasflügel 604	5
H-101 Salto	35
H-30 GFK	1
H-301 Libelle	12
H-301 B	4
HBV-Diamant	2
Hi-25 Kria	1
Hornet	1
Kestrel 401	74
19-m-Kestrel Slingsby T 59 D	5
LS-1 O	14
LS-1 b	1
LS-1 c	105
LS-1 d	11
LS-1 f	78
LS-2	1
Mistral	1
Nimbus-II	27
Phoebus-A 1	35
Phoebus-B 1	15
Phoebus-B 2	1
Phoebus-C	39
SB-8	1
SB-9	1
Standard-Cirrus	272
Standard-Libelle 201	55
Standard-Libelle 201 B	77
Standard-Libelle 204	1

Doppelsitzige Segelflugzeuge

A. *Gemischt- und Metallbauweise*

ASK 13	242
Bergfalke II	45
Bergfalke III	76
Bergfalke II/55	81
Bergfalke IV	24
Condor IV/2	2
Condor IV/3	3
Doppelraab IV	10
Doppelraab V	7
Doppelraab VI	3
Doppelraab 7	5
ES 49	1
Goevier III	5
Ka 2	17
Ka 2 b	40
Ka 7	318
Kranich II	2
Kranich III	29
L-13 Blanik	75
Ly 542 K »Stösser«	1
Mü 13 E	8
Rhönlerche	147
Specht	22
Sperber	1
SZD 9 bis Bocian	1

B. *Kunststoffbauweise*

Janus	3
LSD-Ornith	1
SB-10	1

Im Nachbarland Österreich waren im Jahre 1960 bereits 424 Segelflugzeuge registriert, 1970 waren es 628 Segelflugzeuge, während in den folgenden fünf Jahren die Zahlen kaum mehr zugenommen haben. Von den drei deutschsprachigen Ländern hat Österreich den niedrigsten Kunststoff-Anteil. Dort sind noch recht viele ältere Typen vertreten.

Die Zahlen sind dem in gedruckter Form vorliegenden Österreichischen Luftfahrzeugregister entnommen, wie es auch für die Schweiz erhältlich ist (siehe Literaturangaben).

Segelflugzeuge in Österreich: (Stand 1. 1. 1975)
Segelflugzeuge gesamt: 631

Doppelsitzer	145	(23%)
Einsitzer	486	(77%)

Bauweise:

Holz/Gemischt	501	(80%)
Metall	27	(4%) (21 Blanik, 6 B-4)
Kunststoff	103	(16%)

Flugzeugmuster Doppelsitzer

Mü 13 E/Bergfalke	37
Musger 19	27
Ka 2/Ka 7/ASK-13	18
Blanik	21

Einsitzer in Holz/Gemischt-Bauweise:

Ka 8	84
Spatz	82
Baby	66
Ka 6	46

Einsitzer in Kunststoff-Bauweise:

ASW-15	26
Standard-Libelle 201	21
Phoebus A – C	21
Kestrel	12
Cirrus	7
Diamant	5
LS-1	4
H-301 Libelle	3
Nimbus-II	2
ASW-17	1
Standard-Cirrus	1

Die Schweiz hat einen recht hohen Anteil an Kunststoff-Segelflugzeugen. Wie in Deutschland und Österreich führt aber auch hier bei den Einsitzern die Ka 8. Die Schweiz scheint aber auch ein richtiges »Rhönlerche-Nest« zu sein. 40 der 97 Doppelsitzer sind vom Muster des wegen seiner bescheidenen Flugleistungen auch liebevoll »Rhönstein« genannten Schulflugzeuges aus dem Hause Schleicher. Während bei den Kunststoff-Einsitzern in Deutschland der Standard-Cirrus und in Österreich die ASW-15 führend sind, hält in der Schweiz die Standard-Libelle die Spitze.

Segelflugzeuge in der Schweiz: (Stand 1. 1. 1975)
Segelflugzeuge gesamt: 549

Doppelsitzer	97	(18%)
Einsitzer	452	(82%)

Bauweise:

Holz/Gemischt	341	(62%)
Metall	65	(12%) (41 B-4, 23 Blanik, 1 Calif)
Kunststoff	143	(26%)

Einsitzer in Holz/Gemischt-Bauweise:

Ka 8	77
Ka 6	59
Elfe	43
Mucha	14

Einsitzer in Kunststoff-Bauweise:

Standard-Libelle 201	45
Standard-Cirrus	22
ASW-15	20
LS-1	11
Diamant	10
Phoebus A – C	8
Cirrus	6
H-301 Libelle	6
Kestrel	5
Nimbus-II	5
SB-7	2
ASW-17	1
Salto	1
ASW-12	1

Entwurfsgrößen – Konstruktionsmerkmale

Im Rahmen dieser Arbeit kann die Vielzahl von Entwurfsgrößen und Konstruktionsmerkmalen moderner Segelflugzeuge nicht erschöpfend behandelt werden. Um aber die Entwicklung der Kunststoff-Segelflugzeuge auch im Vergleich zu den herkömmlichen Flugzeugen besser verstehen zu können, soll auf die wichtigsten Grundlagen nach dem Muster der Datenblätter für die nachfolgend beschriebenen Flugzeuge näher eingegangen werden.

Dabei muß der Zusammenhang zwischen aerodynamischen und konstruktionstechnischen Vorstellungen und der Realisierbarkeit durch das zur Verfügung stehende Material herausgestellt werden. Neben der vorzüglichen Oberfläche und der relativ einfachen Bewältigung der Festigkeitsprobleme durch Dimensionierung der Glaslagen ist es vor allem die beinahe unbegrenzte Formbarkeit der neuen Werkstoffe, die den Siegeszug der Kunststoff-Segelflugzeuge begründen. Zwei Beispiele sollen dies erläutern:

In herkömmlicher Spantenbauweise mit Sperrholzbeplankung und vor allem mit einer Stahlrohrkonstruktion sind die aerodynamisch hochwertigen Rumpfformen mit der Einschnürung im Flügelbereich und den langen eingestrakten Hauben mit vorzüglicher Sicht einfach nicht zu verwirklichen. Ähnliches gilt für die derzeit ausführlich untersuchten Flügel-Rumpf-Übergänge. Bei sphärisch gewölbten Teilen wie Rumpfnasen mußte man sich deshalb früh mit anderen Materialien wie getriebenem Blech (Kranich, Weihe) oder GFK (z. B. Ka 6) behelfen.

Besonders schwierig war die Gestaltung der Flügelnasen von Laminarprofilen durch die schlecht aufzubringende Sperrholzbeplankung, da die Laminarprofile allgemein einen kleineren Nasenradius als herkömmliche Profile haben. Bei der Ka 6 versuchte man eine Verbesserung der Flugleistungen durch Aufspachteln einer »Wortmann-Nase«, während beispielsweise bei der SHK der vordere, etwa 8 cm lange nichttragende Profilteil bereits aus einer GFK-Nase bestand.

Spannweite – Flügelfläche – Streckung

Von den etwa 3440 in Deutschland in den Jahren 1957 bis 1976 gebauten Kunststoff-Segelflugzeugen haben rund 2700 eine Spannweite von 15,00 m. Etwa 20% aller Flugzeuge haben eine Spannweite von mehr als 15 m, während nicht einmal 2% unter diesem Wert liegen.

	15 m Spannw.:	2700 Flugz.	(78,5%)
mehr als	15 m Spannw.:	680 Flugz.	(19,8%)
weniger als	15 m Spannw.:	60 Flugz.	(1,7%)

Die Bevorzugung der Spannweite von 15,00 m rührt von der Standard-Klassen-Regel der FAI, welche auf internationaler Ebene die Konstruktionen nach dem Krieg entscheidend beeinflußt hat. Gute Handlichkeit sowohl am Boden als auch in der Luft sind die hervorstechenden Kennzeichen dieser Flugzeuge. Die Leistungen sind für ein breites Einsatzspektrum ausreichend, obwohl einige Konstrukteure eher eine Spannweite von 16 m oder 17 m als Optimum ansehen. Durch die neue unbeschränkte 15-m-Klasse erhalten Flugzeuge dieser Größenordnung weiteren Auftrieb.

Eine ehemals favorisierte »Mini-Klasse« mit einer Spannweite von etwa 13 m (Kria, D-34, H-30 und fs-23) hat sich nicht durchgesetzt, wenn man einmal vom »Salto« absieht, der nun aber auch mit 15 m

Spannweite angeboten wird.
In der Offenen Klasse hat sich ein Mittelwert von etwa 20 m Spannweite eingependelt (Nimbus-II, ASW-17). Wesentlich höhere Werte (SB-10 mit 29 m Spannweite) erbrachten nicht den erhofften Leistungsgewinn.
Die Entwurfsgrößen Flügelfläche und Streckung sind von der Spannweite unmittelbar abhängig. Unter Streckung versteht man die Schlankheit des Tragflügels, das Verhältnis von Spannweite zu mittlerer Flügeltiefe (b/t) bzw. Quadrat der Spannweite dividiert durch Flügelfläche (b^2/F). Um den induzierten Widerstand, der gerade im Langsamflug eine bedeutende Rolle spielt, möglichst gering zu halten, ist eine möglichst hohe Streckung erwünscht. Auf der anderen Seite soll aus Strömungsgründen (Re-Zahl) die mittlere Flügeltiefe einen Wert von etwa 0,65 m bis 0,70 m nicht unterschreiten. Eine höhere Streckung bedeutet auch allgemein eine höhere Flächenbelastung, nachdem eine Mindestzuladung durch das Pilotengewicht gegeben ist, und ein Flügel hoher Streckung auch immer relativ schwer wird. Die Flächenbelastung selbst hat wiederum einen entscheidenden Anteil an den Langsamflugeigenschaften eines Segelflugzeuges.
Wenn man einige 15-m-Flugzeuge vergleicht, so liegen Ka 8 und Ka 6 mit einer Flügelfläche von 14,15 m^2 bzw. 12,40 m^2 relativ hoch zu den ersten Kunststoff-Segelflugzeugen, die alle unter 10 m^2 Fläche haben. Bei neueren Konstruktionen steigt die Flügelfläche wieder an auf Werte um 11 m^2. Die von Prof. Eppler beeinflußten Konstruktionen Phoebus A und der neue Astir CS liegen deutlich darüber. Die höchste Streckung aller 15-m-Flugzeuge hat die fs-25 mit 26,4 bei einer Fläche von 8,53 m^2, die aber einen extremen Leichtbau erforderte, um die Flächenbelastung in Grenzen zu halten. Die neuen 15-m-Wölbklappenflugzeuge haben alle um 10 m^2 Fläche (LS-3, Mosquito, DG-200) und können zum Teil durch Wasserballast die Flächenbelastung bis auf Werte um 45 kp/m^2 steigern.
In der nachfolgenden Tabelle sind die Werte von einigen charakteristischen 15-m-Flugzeugen zusammengestellt. Die Flächenbelastung wurde einheitlich für eine Zuladung von 90 kp ermittelt.

Flügelfläche und Streckung einiger 15-m-Flugzeuge

	b (m)	F (m^2)	b^2/F	GR (kp)	G/F (kp/m^2)
Ka 8	15,00	14,15	15,9	195	20,1
Ka 6 CR	15,00	12,40	18,1	195	23,0
H-301 Libelle	15,00	9,53	23,6	185	28,9
Standard-Cirrus	15,00	10,00	22,5	215	30,5
ASW-15/DG-100	15,00	11,00	20,5	220	28,2
Astir CS	15,00	12,40	18,1	250	27,4
Phoebus A	15,00	13,16	17,1	210	22,8
fs-25	15,00	8,53	26,4	142	27,2

Bei den Segelflugzeugen mit 15 m Spannweite liegen also die auch in der Praxis bewährten Mittelwerte bei etwa 11 m^2 für die Flügelfläche mit der dazugehörigen Streckung um 20. Ein Vergleich der bekannten Kunststoff-Segelflugzeuge mit größerer Spannweite ergibt, daß die mittlere Flügeltiefe mit etwas mehr als 0,70 m nahezu konstant bleibt, wie übrigens auch die geringste Flächenbelastung mit etwa 30 kp/m^2, während Flügelfläche und Streckung ziemlich gleichmäßig entsprechend der nachfolgenden Aufstellung ansteigen.

Spannweite	Flügelfläche	Streckung	charakt. Flugzeuge
15,00 m	11,00 m^2	20,5	Standard-Klasse
17,00 m	12,50 m^2	25,0	Kestrel/Phoebus-C/D-36
20,00 m	14,50 m^2	27,5	Nimbus-II, ASW-17
22,00 m	15,50 m^2	31,0	Nimbus-I, SB-9
29,00 m	22,95 m^2	36,6	SB-10

Bei der Beurteilung neu auftauchender Flugzeugtypen wird man sich wohl recht zuverlässig an den aufgeführten Durchschnittswerten orientieren können.
Erwähnt werden soll schließlich, daß auch die Form des Flügelgrundrisses (Trapez-, Doppeltrapezform, usw.) einen Einfluß auf die Flugleistungen und Flugeigenschaften (Abreißverhalten) ausübt.

V-Form – Pfeilung

Die V-Form des Tragflügels ist auf den Datenblättern meistens bezogen auf die Flügelvorderkante angegeben. Sie beträgt im Durchschnitt 2,5°, bei Doppelsitzern bis zu 4°. Es gibt aber auch Kunststoff-Segelflugzeuge mit sehr geringer V-Form (z. B. 0,5° bei der Mistral) oder überhaupt keiner V-Form wie bei der Mü-27. Eine Besonderheit ist die doppelte V-Form bei der Elfe S 2V.
Die Pfeilung eines Tragflügels wird üblicherweise bezogen auf die t/4-Linie, das ist jeweils am Ende des ersten Viertels der Flügeltiefe, angegeben. Aus Schwerpunktsgründen erhält normalerweise bei Doppelsitzern in Tandemanordnung der Tragflügel eine negative Pfeilung.

Profile

Wenn im modernen Segelflugzeugbau von Profilen die Rede ist, werden meistens die Laminarprofile der Tragflügel gemeint. Der Vollständigkeit halber wird aber darauf hingewiesen, daß gerade in den letzten Jahren neue Profile für Höhenleitwerke, zu erkennen an den relativ geringen Rudertiefen, sowie für Seitenleitwerke entwickelt worden sind. Wenig bekannt ist ferner, daß auch Rumpfformen von Profilen abgeleitet werden können.
Ohne Zweifel sind es aber die hauptsächlich in Deutschland etwa seit 1950 entwickelten Laminarprofile für Tragflügel, denen man einen großen Teil der Leistungssteigerung durch die Kunststoff-Segelflugzeuge zuschreiben darf. Zwei Namen von

Wie die D-30 hat die Elfe S 2V eine charakteristische V-Form des Tragflügels.

heute in Stuttgart lehrenden Professoren, die einen großen Anteil an dieser Entwicklung haben, sind allen interessierten Segelfliegern bekannt:
Dr. F. X. Wortmann und Dr. Richard Eppler.
Der Vorteil der Laminarprofile gegenüber den sogenannten Normalprofilen liegt hauptsächlich darin, daß aufgrund grenzschichttheoretischer Untersuchungen längere laminare Laufstrecken erreicht werden, unter Berücksichtigung auch der turbulenten Grenzschicht. Im Gegensatz zu den empirisch gefundenen Normalprofilen ist bei den Laminarprofilen das klassische Entwurfsproblem der Segelflugzeuge von vornherein berücksichtigt, nämlich die beiden Geschwindigkeitsbereiche Langsamflug/Kreisflug und Schnellflug. Dem Reynoldszahl-Bereich heutiger Segelflugzeuge (Re-Zahl direkt abhängig von der Strömungsgeschwindigkeit und der Flügeltiefe), der im übrigen auch für Rotorblätter von Hubschraubern und Windturbinen gültig ist, wird speziell Rechnung getragen. In Stuttgart wurde im Jahre 1962 besonders für diesen Bereich ein turbulenzarmer Windkanal in Betrieb genommen, in welchem mit Sonden (Impulsrechen) Strömungsverhältnisse vermessen werden. Dort werden auch Untersuchungen an Holzmodellen mit Petroleum-Ruß-Anstrichen durchgeführt. Während sich Prof. Eppler vorwiegend mit Optimierungsrechnungen durch Computer (»elektronischer Windkanal«) beschäftigte, entwickelte Prof. Wortmann zur Gestaltung einheitlicher Flügel Profilscharen gleicher Auslegung mit unterschiedlicher prozentualer Dicke (z. B. FX 61-184 bis FX 61-140) und entwarf die sehr erfolgreichen Wölbklappenprofile FX 67-K-170/150. Dazu kommen Sonderprofile für Lösungen der Variablen Geometrie durch Segel oder Fowler-Klappen (siehe Abb. Seite 86, Mü-27).
In den folgenden 3 Zeichnungen sind einige berühmte Profile dargestellt. Anschließend sind Flugzeugmuster aufgeführt, bei denen sie verwendet worden sind. Eine Erläuterung der Bezeichnung der Profile schließt sich an.

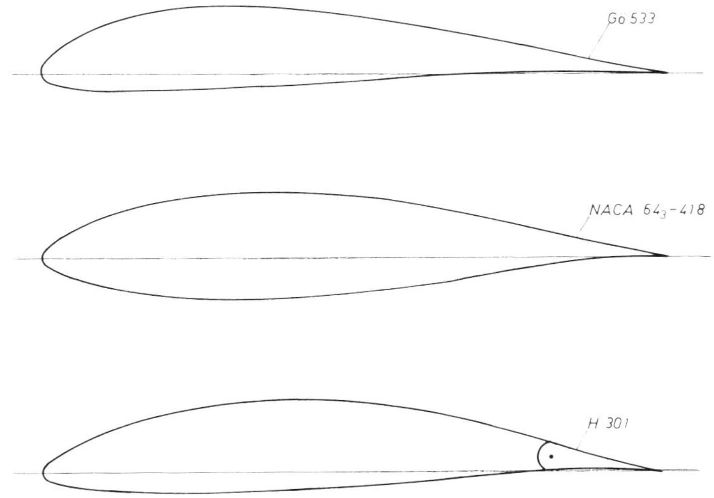

Das Normalprofil Gö 533 mit einem Laminarprofil aus der NACA-Reihe und dem von Wolfgang Hütter entwickelten Profil der H-301 Libelle.

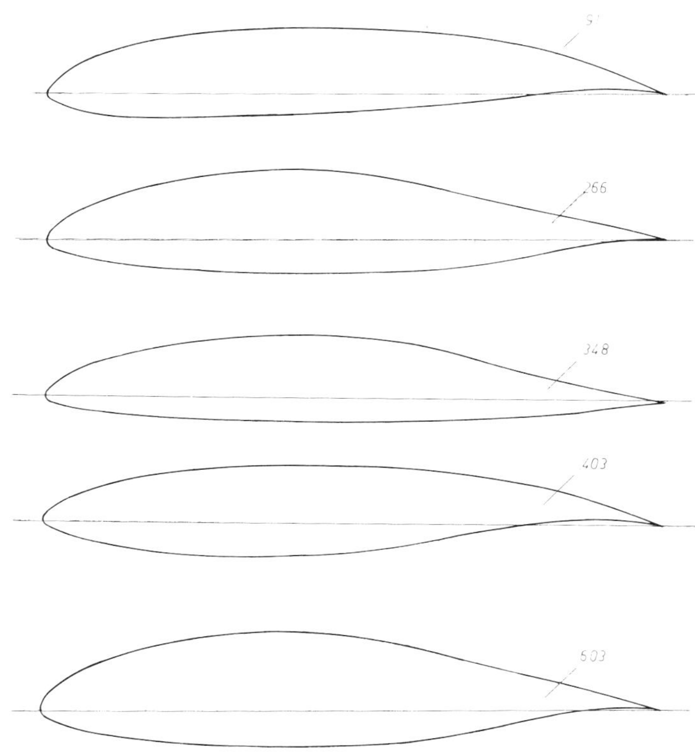

Fünf der bekanntesten Eppler-Profile.

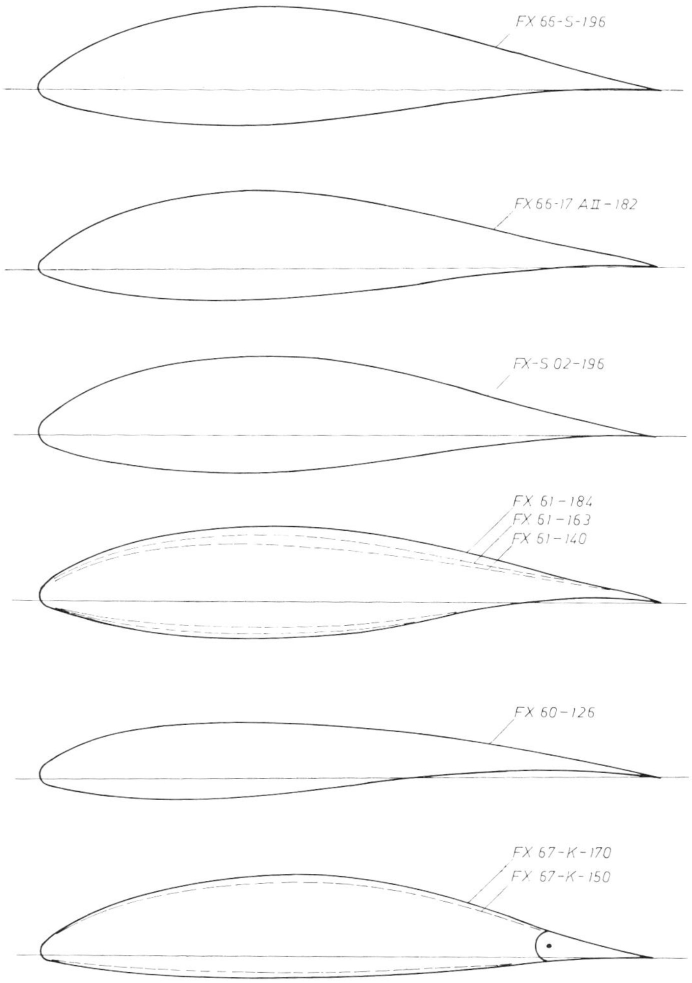

Die berühmtesten Wortmann-Profile.

Gö 533 (Normalprofil)	(13,7%)	Ka 2, Ka 7, Ka 8, ASK-13
NACA 64-418	(18,0%)	ähnlich bei der Ka 6 CR
Hütter W.	(15,0%)	H-30 TS und Hütter-301 Libelle
Eppler 91	(14,6%)	Phönix-T
Eppler 266	(17,0%)	Standard-Austria SH, SHK
Eppler 348	(14,2%)	BS-1
Eppler 403	(15,0%)	Phoebus A – C
Eppler 603	(19,0%)	Astir CS und Twin-Astir

FX 66-S-196 (19,6%)	D-37, Cirrus, LS-1 (mod.)
FX 66-17 A II-182	Standard-Libelle, Club-Libelle, Hornet
FX S 02-196	mod. im Standard-Cirrus
FX 61-184 bis 61-140	fs-23, fs-25, D-38, DG-100, ASW-15
FX 60-126	Querruderprofil
FX 67-K-170/K-150	Nimbus, Janus, Kestrel, Jantar, PIK-20, Mosquito, DG-200

Die Normalprofile der Göttinger-Reihe wurden etwa seit 1925 in vielen Segelflugzeugen in Deutschland verwendet, z. B. das Gö 535 in der D-28 Windspiel und das Gö 549 in der Weihe und im Kranich. Die größte Dicke dieser Profile liegt meistens schon bei 30% der Flügeltiefe, während bei den Laminarprofilen, die zuerst aus der amerikanischen NACA-Serie entnommen wurden (HKS, Ka 6), das Dickenmaximum meist erst nach 50% der Flügeltiefe erreicht wird.

Einige Bedeutung für die Konstrukteure hat der Wert der relativen Dicke der Profile, der in Prozent der Profiltiefe angegeben wird. Vorwiegend wegen der größeren Bauhöhe des Holmes kann nämlich ein Tragflügel mit einem Profil größerer Dicke grundsätzlich leichter gebaut werden. Bei den NACA-Profilen kann dieser Wert neben anderen Profildaten aus den letzten zwei Ziffern der Bezeichnung entnommen werden. Bei den Wortmann-Profilen steht üblicherweise zuerst das Entwurfsjahr und nach dem Bindestrich die relative Dicke. Das K steht für Wölbklappenprofile, wobei gelegentlich auch noch die prozentuale Tiefe der Klappe angegeben ist (FX 67-K-170/17).

Die Eppler-Profile sind in der Entwurfsreihenfolge durchnumeriert.

Allein das Eppler-Profil des Phönix-Prototyps wurde nach dem Muster der NACA-Profile bezeichnet (EC 86-(3-)914).

Die Angaben der Profilkoordinaten für die einzelnen Gruppen ist ebenfalls nicht einheitlich. Nachfolgend sind die Koordinaten für die Profile Gö 533, Eppler 603 und FX 67-K-170 aufgeführt.

Gö 533

X	YO	YU
0	3.20	3.20
1.25	6.05	1.75
2.50	7.20	1.35
5.00	8.80	0.95
7.50	10.05	0.65
10	11.10	0.50
15	12.40	0.25
20	13.25	0.10
30	13.70	0
40	13.05	0.15
50	11.65	0.60
60	9.65	1.10
70	7.50	1.40
80	5.20	1.35
90	2.70	0.85
95	1.40	0.45
100	0	0

Eppler 603

N	X	Y
0	100.000	0.000
1	99.625	0.085
2	98.549	0.365
3	96.873	0.853
4	94.683	1.495
5	92.005	2.228
6	88.838	3.038
7	85.222	3.945
8	81.227	4.952
9	76.930	6.043
10	72.409	7.193
11	67.743	8.369
12	63.009	9.527
13	58.283	10.612
14	53.631	11.543
15	49.058	12.223
16	44.515	12.624
17	40.001	12.785
18	35.553	12.729
19	31.208	12.470
20	27.003	12.025
21	22.979	11.414
22	19.177	10.654
23	15.636	9.762
24	12.390	8.754
25	9.472	7.651
26	6.907	6.474
27	4.720	5.246
28	2.930	3.995
29	1.552	2.752
30	0.597	1.557
31	0.083	0.465
32	0.075	–0.409
33	0.697	–1.143
34	1.949	–1.875
35	3.741	–2.573
36	6.045	–3.221
37	8.836	–3.814
38	12.078	–4.352
39	15.727	–4.833
40	19.738	–5.251
41	24.060	–5.600
42	28.642	–5.876
43	33.427	–6.072
44	38.357	–6.186
45	43.367	–6.207
46	48.393	–6.124
47	53.370	–5.907
48	58.260	–5.519
49	63.043	–4.927
50	67.745	–4.099
51	72.447	–3.092
52	77.144	–2.066
53	81.732	–1.148
54	86.086	–0.415
55	90.073	0.086
56	93.558	0.334
57	96.386	0.340
58	98.417	0.201
59	99.610	0.057
60	100.000	0.000

FX 67-K-170

NR.	X	YO	YU
1	.99983	.00027	.00005
3	.99039	.00243	.00044
5	.97347	.00631	.00105
7	.94844	.01201	.00124
9	.91573	.01991	.00037
11	.87592	.03040	–.00197
12	.85355	.03689	–.00386
13	.82967	.04437	–.00625
14	.80438	.05287	–.00913
15	.77779	.06229	–.01236
16	.75000	.07233	–.01572
17	.72114	.08259	–.01896
18	.69134	.09263	–.02187
19	.66072	.10208	–.02437
20	.62941	.11063	–.02654
21	.59755	.11808	–.02844
22	.56520	.12429	–.03012
23	.53270	.12919	–.03155
24	.50000	.13274	–.03272
25	.46730	.13490	–.03365
26	.43474	.13571	–.03435
27	.40245	.13526	–.03480
28	.37059	.13370	–.03501
29	.33920	.13119	–.03499
30	.30866	.12783	–.03474
31	.27886	.12365	–.03425
32	.25000	.11870	–.03354
33	.22221	.11305	–.03261
34	.19562	.10677	–.03146
35	.17033	.09994	–.03011
36	.14645	.09263	–.02856
37	.12408	.08490	–.02682
38	.10332	.07685	–.02490
39	.08427	.06856	–.02282
40	.06699	.06011	–.02062
41	.05156	.05158	–.01827
42	.03806	.04309	–.01580
43	.02656	.03487	–.01321
44	.01704	.02722	–.01057
45	.00961	.01912	–.00815
46	.00428	.01292	–.00514
47	.00107	.00653	–.00217

Erläuterungen zu den Angaben beim FX 67-K-170:

NR = Ordinatenzahl
X = Entfernung von der Vorderkante, Bruchteil der Profilsehne
YO = obere Ordinate in der Ebene
YU = untere Ordinate in der Ebene

Landehilfen

Die meisten Kunststoff-Segelflugzeuge sind mit Schempp-Hirth-Bremsklappen als Landehilfe ausgerüstet. Bei neueren Flugzeugen sind diese größer als üblich ausgeführt und öffnen nur noch auf der Flügeloberseite.
Endkanten-Drehklappen haben sich kaum durchgesetzt (LS-1 O, fs-25, Elfe) und werden heute nur noch, allerdings mit wesentlich größerer Spannweite, bei der Club-Libelle und der Hornet verwendet. Wölbklappen, die nur nach unten ausschlagen, sind oft in ihrer Wirkung nicht ausreichend und zudem schwierig zu bedienen. (LS-2, Nimbus-I, PIK-20-Prototyp)
Das bei der Mosquito näher beschriebene Klappensystem ist allerdings sehr vielversprechend, hat eine ausgezeichnete Wirksamkeit und kommt in der Bedienbarkeit den von der Ausbildung her vertrauten Schempp-Hirth-Klappen am nächsten.
Bremsschirme sind meist als zuzsätzliche Landehilfe bei Flugzeugen der Offenen Klasse üblich.

Rumpf – Leitwerke

Die Wirksamkeit des Höhen- und Seitenleitwerkes sowie die Quer- und Richtungsstabilität hängen neben anderen Faktoren (z. B. Schwerpunktlage) von der Dimensionierung der Leitwerke und der Rumpflänge, genauer des Leitwerkhebelarmes ab. Bei einem Vergleich der zwölf bekanntesten Kunststoff-Segelflugzeuge mit einer Spannweite von 15 Metern ergibt sich, daß die Werte der einzelnen Flugzeuge recht eng beieinander liegen. Für die Rumpflänge wurde ein Durchschnitt von 6,63 m ermittelt, hier hat die LS-1 mit 7,20 m den längsten Rumpf und die Libelle mit 6,20 m den kürzesten Rumpf.
Bei den Höhenleitwerken liegen die Durchschnittswerte für die Spannweite bei 2,48 m und für die Fläche bei 1,10 m². Die durchschnittliche Seitenleitwerkshöhe beträgt 1,32 m und die Fläche 0,69 m². Hier liegt in der Auslegung der Phoebus an der Spitze, während die fs-25 die kleinsten Leitwerke hat.

Rumpflängen und Leitwerksabmessungen von 12 Standard-Flugzeugen

	Rumpflänge (m)	Höhenleitwerk b (m)	F (m²)	Seitenleitwerk b (m)	F (m²)
Standard-Libelle	6,20	2,50	1,16	1,30	0,78
Phoebus	6,98	3,20	1,52	1,30	1,20
LS-1 c	7,20	2,30	0,84	1,30	1,00
fs-25	6,48	2,00	0,72	1,20	0,72
Standard-Cirrus	6,35	2,40	1,03	1,22	1,00
LS-1 f	6,80	2,20	0,89	1,30	1,00
DG-100	7,00	2,30	1,00	1,24	0,92
Club-Libelle	6,40	2,50	1,15	1,40	0,90
Hornet	6,40	2,50	1,15	1,40	0,90
Astir CS	6,47	2,80	1,49	1,40	0,95
ASW-15	6,48	2,60	1,15	1,56	1,13
ASW-19	6,82	2,50	1,10	1,25	1,00
Durchschnittswerte	6,63	2,48	1,10	1,32	0,96

Bevor diese Werte in einer kleinen Tabelle aufgeführt werden, soll noch kurz auf Rumpfbreite und -höhe eingegangen werden. Um bequem in einem Cockpit Platz zu finden, sollte der Rumpf erfahrungsgemäß eine Breite von 0,62 m und eine Höhe von 0,84 m haben.
Zur Anordnung der Leitwerke ist anzumerken, daß alle neueren Konstruktionen T-Leitwerke haben. Eine Tendenz zugunsten von gedämpften oder Pendel-Höhenleitwerken ist nicht festzustellen. Dabei steht fest, daß Pendelleitwerke insbesondere bei Flugzeugen ohne Wölbklappen aerodynamische Vorteile haben, da diese Flugzeuge stärkeren Längsneigungsänderungen unterworfen sind.

Gewichte – Flächenbelastung

Auch hier sollen die Durchschnittswerte als Orientierungshilfe kurz aufgeführt werden. Das durchschnittliche Rüstgewicht von Standard-Flugzeugen liegt bei etwa 220 kp, die übliche Zuladung im Rumpf beträgt 110 kp. Das Maximale Fluggewicht kann durch Aufnahme von Wasserballast bis 470 kp bei 15-m-Flugzeugen betragen, so daß sich Flächenbelastungen von etwa 28 kp/m² bis mehr als 45 kp/m² ergeben.

Flugleistungen

Es ist einer der großen Verdienste der DFVLR (Deutsche Forschungs- und Versuchsanstalt für Luft- und Raumfahrt e. V.), seit vielen Jahren meist anläßlich der IDAFLIEG-Treffen (Interessengemeinschaft Deutscher Akademischer Fliegergruppen) regelmäßig Flugeigenschafts- und Flugleistungsmessungen an Segelflugzeugen durchzuführen. Wo solche Daten erhältlich waren, sind diese auf den Blättern der einzelnen Flugzeuge aufgeführt. Erfahrungsgemäß liegen die errechneten Werte der Konstrukteure und Hersteller meist über diesen in der Praxis erflogenen Werten.
Auf die Veröffentlichungen der DFVLR wird in der Literaturangabe hingewiesen.

Die Geschwindigkeitspolaren von drei im Fluge vermessenen Segelflugzeugen aus den Jahren 1922, 1938 und 1970.

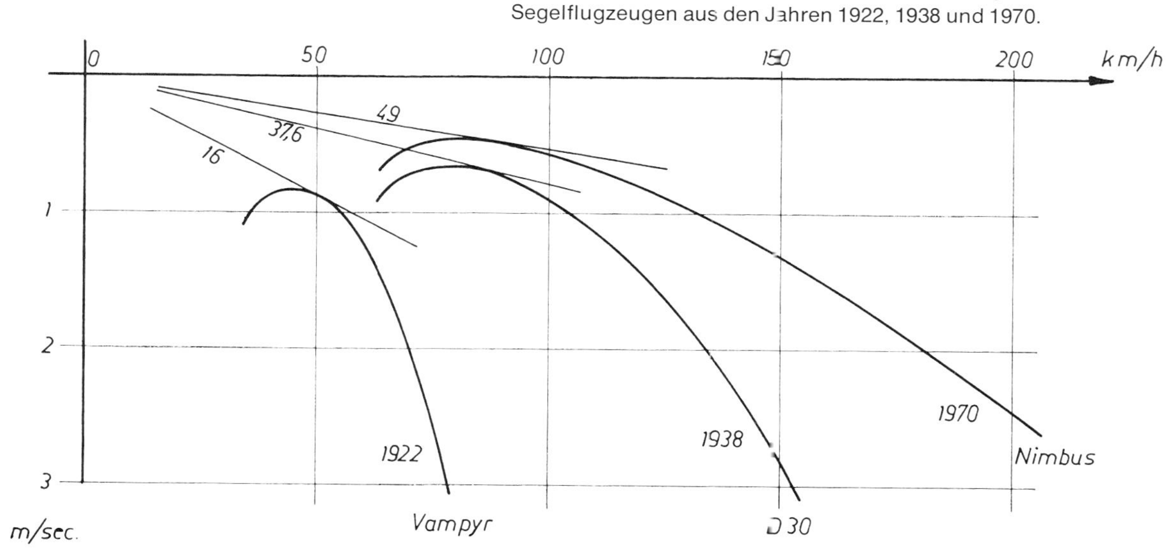

Die neuen Werkstoffe

Zu Beginn der Segelflugentwicklung wurden verschiedene Materialien aus der damals üblichen Schreinerei verwendet, in erster Linie Kiefernleisten und Sperrholz. Es wurde aber auch vieles improvisiert. Weidenruten, Bambusrohre und Besenstiele fanden in Segelflugzeugen Verwendung. Sogar Stuhlsitze sollen als Flugzeugräder zweckentfremdet worden sein. Als Bespannung dienten Betttücher, teilweise wurde gar Papier verwendet.
Bald aber war ein gewisser Standard erreicht, der ab etwa 1930 bis in die Sechzigerjahre kaum verändert wurde. Die Bauweise z. B. einer Ka 6 unterscheidet sich nicht wesentlich von der eines Fafnir oder einer Minimoa. Nach dem Krieg setzten sich teilweise Stahlrohrrümpfe stärker durch (Mü-13, Spatz, Ka 7, Ka 8), der eigentliche Metallflugzeugbau hatte aber in Deutschland im Segelflug nie eine Chance. Ausnahmen auf europäischen Fluggeländen sind der tschechische Leichtmetalldoppelsitzer Blanik und die in der Schweiz gebaute B 4. Eine Sonderstellung nehmen die USA ein, wo Metallflugzeuge vorwiegend der Firma Schweizer deutlich dominieren.
Nun tauchen ab 1960 vermehrt die Kunststoff-Segelflugzeuge auf, deren tragende Teile nicht mehr aus Holz oder Metall, sondern aus zerbrechlichen Fasern und flüssigen Grundstoffen bestehen. Mit diesen Werkstoffen wollen wir uns nun näher beschäftigen.
Schon die Bezeichnung für die neuen Werkstoffe ist unterschiedlich: Kunststoff, GFK, Fiberglas, Plastik, KFK, Glasfiber . . . Für diese Arbeit wurde der Begriff Kunststoff-Segelflugzeuge gewählt. Zwar sind die im Kunststoff gebetteten Fasern das Skelett der neuen Flugzeuge, dennoch ist es das Harz, der Kunststoff, der den Flugzeugen die Form und die Oberfläche gibt. Im weiteren Sinn können sogar die Fasern aus Glas, Kohlenstoff und anderem Material ebenso wie die im Sandwich verwendeten Schaumstoffe, auch das Plexiglas der Haube, als Kunststoffe bezeichnet werden.

Harz-Härter

Zwei-Komponenten-Kunststoffe sind in der Fliegerei eigentlich gar nicht so neu. Leime wie Kaurit und Aerodux sind in der Werkstatt seit vielen Jahren eine Selbstverständlichkeit.
Die im Flugzeugbau heute verwendeten Kunststoffe sind Duroplaste. Es handelt sich um Epoxidharze, die durch geeignete Härter in einen festen, unlöslichen und unschmelzbaren Zustand überführt werden (Thermoplaste sind dagegen durch Wärme wieder verformbar und sind uns in der Fliegerei z. B. durch das Plexiglas bekannt). Die gehärteten Produkte sind zähhart, elektrisch hochwertig und chemisch gut beständig.
Heute wird hauptsächlich das Gieß-, Laminier- und Klebeharz Shell Epikote 162 verwendet, zusammen mit dem Härter Laromin C 260 von BASF, die beide bei Normaltemperaturen flüssig sind. Die Mischung wird im Verhältnis von 100 Gewichtsteilen Harz und 38 Gewichtsteilen Härter durchgeführt. Dieses Gemisch bleibt bei Raumtemperatur etwa 30 Minuten verarbeitungsfähig. Größere Harzreste in Mischgefäßen können nach dieser Zeit spontan überhitzen und mit starker Rauchentwicklung verkohlen. In

dünnen Schichten ausgebreitet, kann der Härtungsprozeß 4–6 Stunden dauern, und wird durch Wärmezuführung (Heizlüfter) beschleunigt. Nach der Entformbarkeit des Kunststoffes ist die Härtung aber nicht vollständig abgeschlossen, bei Raumtemperatur kann das Monate dauern. Deshalb werden alle Teile, manchmal noch in der Form, durch spezielle Wärmeöfen etwa 12–24 Stunden lang mit 50 bis 60 Grad Celsius getempert.
Harz und Härter sind etwa so feuergefährlich wie Lacke. Das Lösungsmittel des Zwei-Komponenten-Polyester-Schwabbellackes erfordert sogar besondere Aufmerksamkeit. Das Harz und speziell der Härter sind recht giftig. Man muß besonders mit den Augen aufpassen. Nach dem Aushärten ist der Kunststoff allerdings absolut neutral.
Vielleicht interessiert auch der Preis: In Großmengen kostete im Frühjahr 1976 ein Kilogramm Harz etwa 12,– DM.

Fasern

Das Rückgrat der Kunststoff-Segelflugzeuge sind die im Harz eingebetteten Fasern. Hauptsächlich sind dies Glasfasern und gelegentlich auch Kohlenstoff-Fasern, mit denen sich zwar leichter bauen läßt, die aber auch sehr viel teurer sind. Neuerdings werden auch Versuche mit anderen Fasern wie Bor durchgeführt.
Wie kommt es zu dieser Festigkeit der Glasfasern, deren Material uns doch als Inbegriff der Zerbrechlichkeit bekannt ist? Diese beruht auf der Oberflächenspannung der enorm dünnen Glasfäden mit einem Durchmesser von $^{9}/_{1000}$ Millimeter. Die Zugfestigkeit der Fasern liegt bei 14000 kp/cm^2, sie ist doppelt so hoch wie die von Stahl und 20mal so hoch wie die des Kunststoffes. Um die Fasern aber in der richtigen Lage anordnen zu können, und um bei Druckbeanspruchungen ein seitliches Ausbrechen zu verhindern, brauchen wir das Harz. Der Verbundwerkstoff heißt GFK, Glas-Faser-Kunststoff, gelegentlich auch Fiberglas genannt. Die Festigkeit der Kombination hängt vom Glasgehalt (etwa 60% Faseranteil) und der Richtung der Fasern ab.

Kohlefaser-Rovings werden in den Holm des Flügelmittelstückes der SB-10 eingelegt. An der Flügelnase sind die Seile für die Ziehvorrichtung, im Hintergrund die Rollen der einzelnen Kohlefaserstränge zu erkennen.

Bündel von Parallelfasern bezeichnet man als Rovings. Sie werden hauptsächlich für GFK-Holme verwendet. Bei der DG-100 werden zum Beispiel 24 Einzelstränge aus Rollen zusammengeführt, gezogen wie man in der Fachsprache sagt, von denen jeder Glaseinzelstrang 30 Einzelfäden hat. 40 dieser zusammengeführten Rovingstränge liegen dann im Wurzelbereich eines Standardflugzeuges.
Für die Flügel- und Rumpfschalen verwendet man Glasgewebe, zumeist in Leinen- oder Köperbindung. Diese gibt es in unterschiedlicher Dicke, wobei in Segelflugzeugen hauptsächlich Qualitäten

Gut sind die Glasfaserrovings zu erkennen, die um den Wurzelbeschlag des Rotors einer Windenergieanlage geschlungen sind.

GFK-Rotoren einer Windturbine mit 34 m Durchmesser, die 1966 in Stötten auf der Schwäbischen Alb probeweise in Betrieb genommen wurde. Man beachte die Größe des Mannes an der Rotorachse. Die Blattspitzen erreichen bei der Nenndrehzahl von 42 Umdrehungen pro Minute eine Geschwindigkeit von etwa 270 km/h.

Glasfasergewebe mit verschiedenen Flächengewichten, wie sie im Segelflugzeugbau Verwendung finden.

zwischen 80 g/m² und 390 g/m² benötigt werden. Alle Glasfasern werden bei der Herstellung mit einer sog. Schlichte oder einem Finish benetzt, das eine gute Verbindung zwischen Harz und Glas herstellen soll. Geliefert werden die Gewebe auf Rollen mit 1 m Breite und etwa 200 m Länge. Der Preis beträgt je nach Flächengewicht etwa zwischen 2,– DM und 5,– DM pro Quadratmeter.

Sandwich-Stützstoffe

Unter Sandwich versteht man in der Technik eine Schichtenbauweise, die bei der Herstellung von Kunststoff-Segelflugzeugen vorwiegend bei der Konstruktion des Tragflügels Anwendung findet. Eine Flügelschale ist üblicherweise aus einer GFK-Außenhaut, dem Stützmaterial und einer inneren GFK-Lage aufgebaut. Als Stützmaterial wurde früher ausschließlich etwa 4 bis 6 mm starkes Balsa-

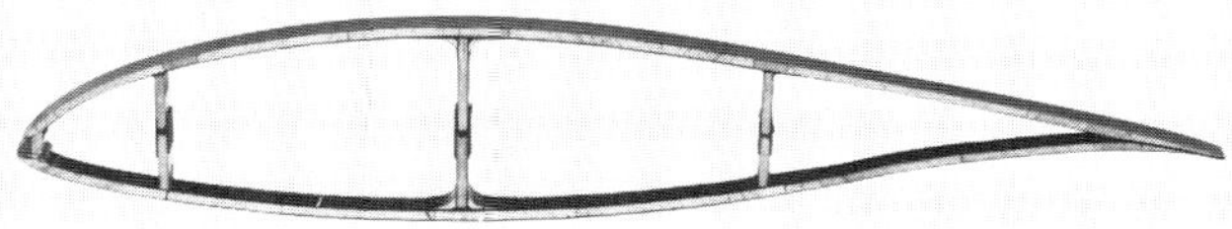

Eine »Scheibe« des Original-Bruchflügels der fs-23. Gut zu erkennen sind die inneren und äußeren Gewebelagen der Flügelschale mit dem Balsaholz als Stützstoff des Sandwich.

Der mit Hilfsspanten gebaute Balsarumpf der D-37 wird außen mit Glasgewebe überzogen.

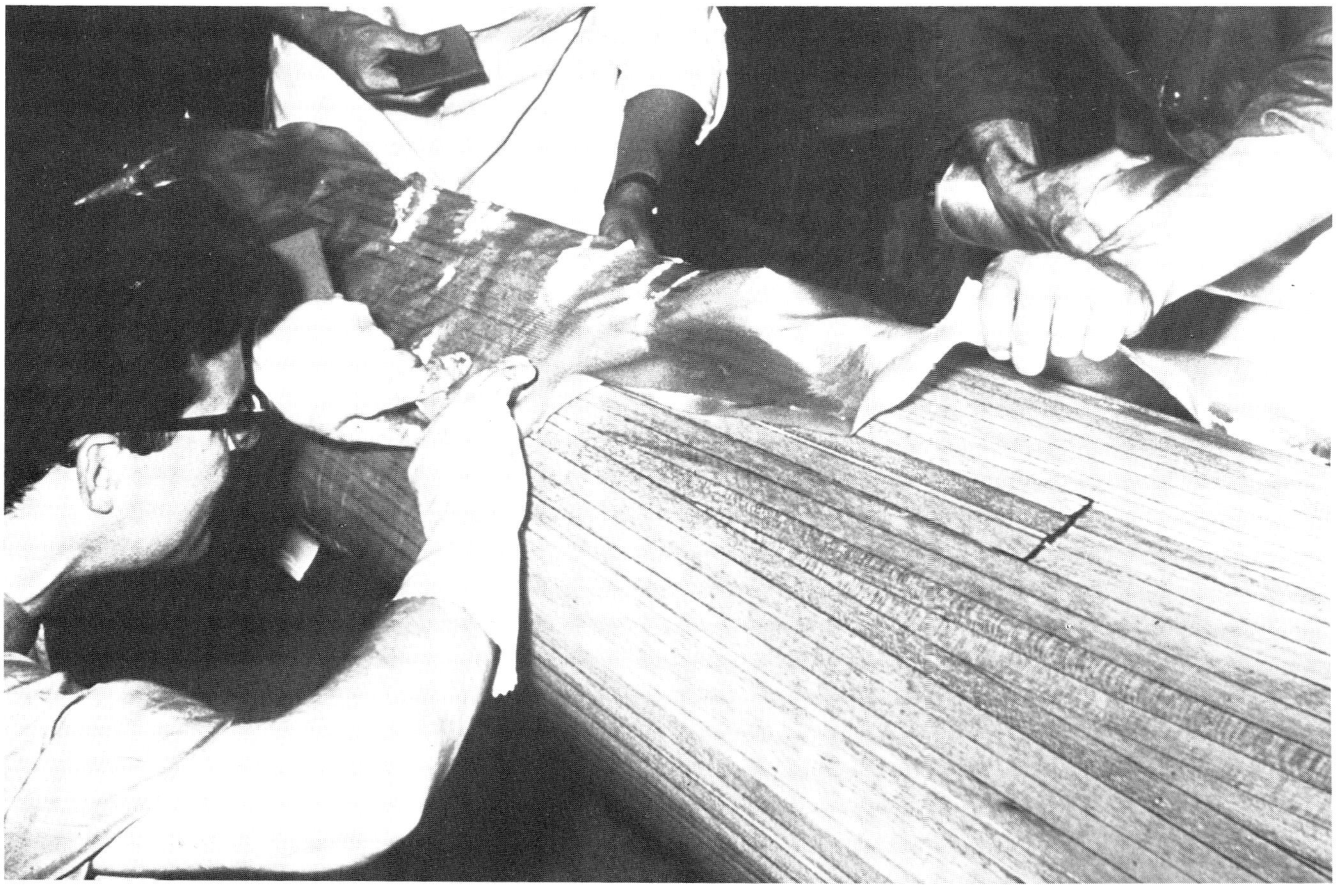

Verschiedene Stützstoffe, von links nach rechts: Nylon-Tubus-Waben, Conticell 60 und Balsaholz.

holz verwendet, das auch zur tragenden Konstruktion herangezogen werden konnte. Heute ziehen die meisten Hersteller einen Hartschaumstoff mit der Firmenbezeichnung Conticell 60 in Stärken von 3 bis 8 mm vor. Conticell 60 ist mit einem Raumgewicht von 60 kg/m^3 wesentlich leichter als Balsaholz. Noch leichter als Conticell sind Nylon-Tubus-Waben, die ebenso wie Styropor und gar Jute-Gewebe (Sackleinen) teilweise verarbeitet werden.

Füllstoffe – Trennmittel

Das Harz-Härter-Gemisch wird auch zum Kleben von Kunststoff-Teilen, unter anderem auch zum Verkleben der Flügel- bzw. Rumpfhälften verwendet. Da das Gemisch aber gerade vor Einsetzen der Reaktion sehr flüssig wird, verdickt man es mit pulverförmigen Füllstoffen wie Aerosil, Baumwollflokken oder auch Glasstaub. Eine Mischung mit Microballoons (sehr kleine, hohle, braune Kunststoff-Kügelchen) ergibt einen vorzüglichen Spachtel, der sich gut schleifen läßt, allerdings für Verklebungen nicht geeignet ist.

GFK-Teile werden in Negativ-Formen gebaut, die meist ebenfalls aus GFK bestehen. Um das fertige Teil leicht entformen zu können, wird die Negativform mit einem Trennmittel eingerieben, das keine Verbindung mit dem Harz eingeht. Dazu nimmt man spezielle Wachse; auch PVC-Folien lassen sich leicht wieder lösen.

Herkömmliche Werkstoffe

Natürlich werden bei Kunststoff-Segelflugzeugen auch herkömmliche Werkstoffe verwendet. So sind die meisten Beschläge aus Metall (Stahlrohr, Stahlblech, Aluminiumguß), auch Fahrwerke und Steuerstangen werden konventionell hergestellt. Wo es sinnvoll erscheint, wird auch heute noch Balsaholz oder Sperrholz vorgezogen.

Die industrielle Herstellung eines Kunststoff-Segelflugzeuges

Mehr als bei anderen Sportarten sind gerade Segelflieger mit ihrem Sportgerät verbunden. Sie interessieren sich für das Innenleben ihres Flugzeuges und sind durch besondere Fachkenntnisse meist auch in der Lage, kleinere Arbeiten selbst durchzuführen. Die Entstehung eines Kunststoff-Segelflugzeuges wird nachfolgend am Beispiel der DG-100, teilweise auch des Astir CS geschildert.

Die Negativ-Form

Für die Serien-Herstellung eines Kunststoff-Segelflugzeuges müssen Negativ-Formen zur Verfügung stehen. Diese gewinnt man durch Abformen von einem Positivkern, der oft aus Massivholz als Modell gebaut wird. Bei Prototypen werden zumeist Rümpfe in Positivbauweise aus Balsaholz hergestellt und

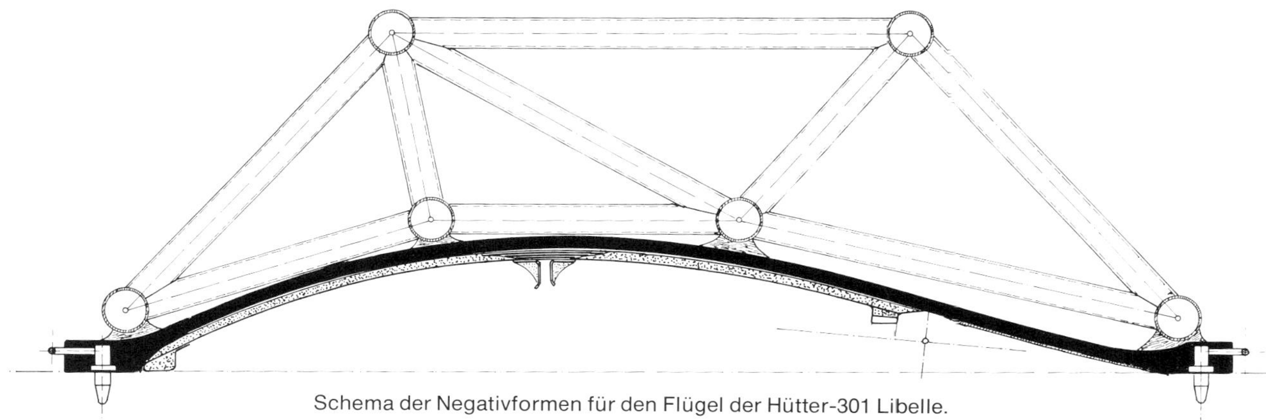

Schema der Negativformen für den Flügel der Hütter-301 Libelle.

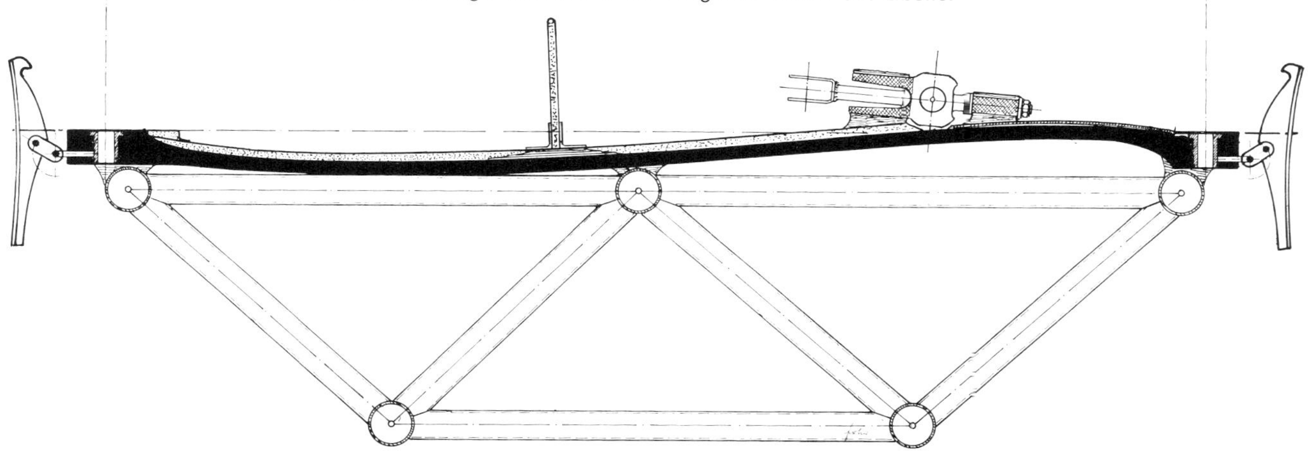

mit GFK überzogen, so daß von den Originalrümpfen die Negativschale abgenommen werden kann. Neuerdings ist es üblich, Tragflügel von Prototypen in einer Hilfs-Negativform zu bauen, die man aus Kunststoffplatten und Negativrippen aus Holz errichtet. Dieser erste Flügel wird dann sehr sorgfältig gespachtelt und geschliffen, denn von der Oberfläche dieses Flügels hängt die Qualität der Form ab. Die eigentliche Negativschale wird zumeist mit einem Stahlrohrgestell verstärkt und in der Werkstatt montiert. Selbstverständlich werden Flügel- und Leitwerksschalen in der Profilebene geteilt, während die Rumpfhälften zumeist in der Senkrechten getrennt sind. Für Rumpf und Leitwerke benötigt man je zwei Schalen, für einen zweiteiligen Tragflügel bereits vier Negativformen.

Der Arbeitsablauf bei der DG-100

Zuerst zum Tragflügel. Als Trennmittel wird in die Negativform Flüssigwachs mit einem Lappen eingerieben und poliert. Dann wird der weiße Schwabbel-Lack in die Form gespritzt und über Nacht ausgehärtet. Eine zweite Schicht wird am nächsten Morgen aufgebracht. Nach dem Antrocknen wird das mit dem Härter vermischte Harz in die Form gestrichen und das trockene Gewebe in zwei oder drei Lagen darübergelegt und getränkt. Zuvor ist der 8 mm starke Conticell-Schaum zugeschnitten, zusammengeklebt und an den Enden abgeschrägt worden, und wird nun auf die äußeren Gewebelagen aufgebracht. Auf den Schaum kommt nun noch eine innere Gewebelage, bevor eine Plastikfolie darübergelegt wird, die am Rand der Form mit Schraubzwingen fest verschlossen und mit einer Vakuumpumpe über Nacht abgesaugt wird. Dadurch wird das Sandwich fest in die Form gepreßt und kann aushärten.

Am zweiten Tag kommen die Einbauten in die oberen Flügelschalen. Es sind dies der zuvor in einer eigenen GFK-Form fertiggestellte Holm mit der Wurzelrippe und einer zweiten Rippe am Ende des Wasserballastsackes. Die Querruderstege und die Bremsklappenkasten werden aufgeharzt, die Öff-

In die vier Negativformen der Flügelschale ist der weiße Schwabbellack gespritzt worden. Nachdem von außen nach innen gebaut wird, bildet dieser Lack die äußerste Schicht des Laminats.

Absaugen der Sandwichschale mittels Vakuumpumpe und Folie.

Nach Entfernen der Folie wird der Holm mit der Wurzelrippe in die obere Flügelschale eingebaut.

nung für die Bremsklappe wurde bereits ausgespart. Nun wird das Gestänge für das Querruder und die Bremsklappe eingebaut und zum Schluß eine Blindklebekante an der Nase für den Zusammenbau der Flügelschalen angebracht.

Am dritten Tag wird die Flügelunterschale mit Hilfe eines Kranes mitsamt der Form auf die Oberseite gestellt und die beiden Hälften werden mit eingedicktem Harz verklebt. Nun kann am vierten Tag die Tragflügelhälfte entformt werden.

Die Flügelhälften werden dann in einer Vorrichtung in der genauen V-Form verbohrt, und anschließend werden die Messingbuchsen der Hauptbolzen in den Holmstummeln eingepaßt. Die endgültige Aushärtung erfolgt anschließend im Temperofen.

Der Rumpf ist eine reine GFK-Schale ohne Stützstoff; deshalb ist ein Absaugen nicht erforderlich. Das Laminat ist am Cockpit etwa 4 mm stark, bei der Rumpfröhre etwa 3 mm. Nur zwei Spanten werden eingebaut und im Bereich der Einschnürung drei GFK-Hohlprofile, sogenannte Sichelspanten. Alle

Die rechte Hälfte der Rumpfschale ohne Einbauten.

In die andere Rumpfschale werden die Spanten und die Lagerungen für die Bedienorgane eingeharzt.

Einbauten kommen ins nasse Laminat. Nach dem Aushärten und dem Einbau der Steuerung und des Fahrwerks werden die Rumpfhälften blind verklebt. Nun wird der Haubenrahmen und die Haube angepaßt, die bereits geteilt von Mecaplex geliefert wird. Der Rumpf wird anschließend zusammen mit der Haube getempert.
Die Bauweise der massenausgeglichenen Leitwerke ist genau wie beim Flügel, das Conticell im Höhenleitwerk ist 5 mm stark, im Seitenleitwerk 3 mm. In einer ersten Montage werden die Flügel und Leitwerke am Rumpf angepaßt. Dann kommt das Finish: Klebekanten lackieren, das ganze Flugzeug naßschleifen, zuerst mit 400-, dann mit 600-Körnung, anschließend schwabbeln und polieren. Vor der Fertigmontage werden noch das Kennzeichen und die Warnlackierung aufgebracht. Die Ruder werden eingestellt, das Flugzeug wird verwogen und muß durch den Prüfer eine Vielzahl von Kontrollen über sich ergehen lassen.

Viele Arbeitsstunden werden für das Naßschleifen des fertigen Flugzeuges aufgewendet. Hier das Rumpfvorderteil mit der Haube.

Da das Höhenleitwerk symmetrisch ist, können beide Schalen in einer Negativform hergestellt werden.

Nach dem Schleifen werden die Kennzeichen lackiert.

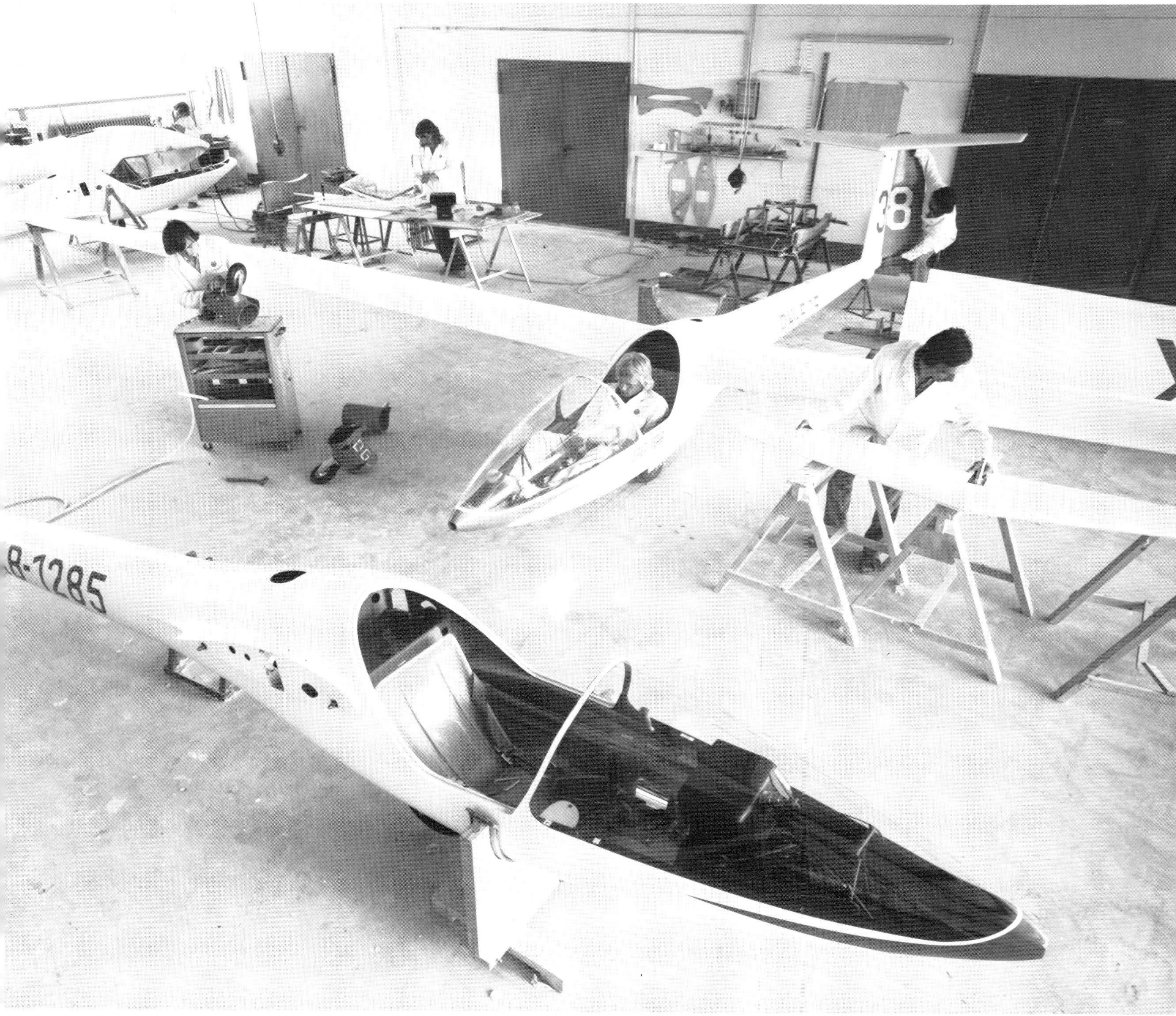

Fertigmontage: Die Ruder werden angepaßt und eingestellt. Anschließend wird das Flugzeug vom Prüfer abgenommen.

Zur Musterzulassung müssen Festigkeitsnachweise geliefert werden. Hier ein Flügel des Astir CS beim Bruchversuch.

Die Hersteller in Deutschland

In Deutschland gibt es zur Zeit sieben Herstellerfirmen von Kunststoff-Segelflugzeugen; drei frühere Firmen haben den Bau von GFK-Flugzeugen eingestellt (Wolf Hirth, Björn Stender, Bölkow). In der Reihenfolge des Beginns der Kunststoff-Fertigung sind sie mit Mitarbeiterzahlen aufgeführt, wobei bei Schleicher die Gesamtbelegschaft (auch Nicht-GFK-Flugzeugbau) aufgeführt ist. Die Anschriften der Hersteller sind im Anhang angegeben.

Glasflügel	70
Alexander Schleicher	120
Schempp-Hirth	80
Lemke-Schneider	38
Start + Flug	6
Glaser-Dirks	24
Grob	120

20 Jahre Kunststoff-Segelflugzeuge

Zu Beginn der GFK-Entwicklung waren viele namhafte Konstrukteure und aktive Flieger gar nicht sicher, welche Zukunftsaussichten den Kunststoff-Segelflugzeugen bevorstanden. Der Phönix-T, das erste Serienflugzeug aus Kunststoff, konnte sich noch nicht durchsetzen. Ja sogar die Anwendung der Laminarprofile war umstritten. Eugen Aeberli, der mit der ersten Libelle in der Schweiz flog, erinnert sich noch gut an die Bedenken, die an ihn herangetragen wurden. Während ein Teil seiner Sportfreunde befürchtete, das Flugzeug könne sich an heißen Tagen in der Sonne verbiegen, vertraten andere die Meinung, an kalten Wintertagen könnten bei harten Landungen die Flügel wie Glas abbrechen. Glücklicherweise hat sich solches kaum bewahrheitet.
Aber auch die Zulassungsbehörden waren mit Recht skeptisch, insbesondere nach dem Unfall von Björn Stender. Die geforderten Festigkeitsnachweise, die mit großem Aufwand erfüllt werden konnten, haben die Gesamtentwicklung abgesichert. Das Vertrauen der Segelflieger zu den neuen Vögeln wuchs nach und nach. Fast 20 Jahre nach den ersten Kunststoff-Segelflugzeugen ist das Eis endgültig gebrochen. Die herkömmlichen Flugzeuge sind auf dem Rückmarsch, auch kleinere Vereine nehmen an der Entwicklung teil.
Am Anfang der Entwicklung standen wie so oft einzelne, teilweise jüngere Leute, die technisches Neuland betraten. Wolfgang Hütter versuchte den Zugang von der im Großflugzeugbau erprobten Holzschalenbauweise her, Richard Eppler und Hermann Nägele kamen vom Modellbau mit der Verwendung von Balsaholz. In der Elektroindustrie wurden GFK-Teile als Isolatoren schon in den dreißiger Jahren verwendet, zusammen mit Bakelit und anderen damals bekannten Kunststoffen. Doch davon war unmittelbar nach dem Krieg in Deutschland nichts verfügbar. Wolf Hirth soll die ersten Glasfaserproben aufgetrieben und an die jungen Konstrukteure weitergegeben haben. In jenen Jahren führte Wolf Hirth den staunenden Segelfliegern einen biegsamen, elastischen GFK-Spazierstock vor mit der Bemerkung, aus diesem Material würden zukünftig Segelflugzeuge gebaut werden. Die neuen Werkstoffe machten schnell die Runde. Auch damals schon funktionierte die Flüsterpropaganda in Fliegerkreisen. Akademische Fliegergruppen zogen mit: Darmstadt, Stuttgart und Braunschweig in erster Linie, dann die Gruppe um Bircher und van Voornveld in Zürich. Begünstigt wurde in Deutschland die Entwicklung durch die Gewährung verschiedener staatlicher Forschungsaufträge. Verschiedene Institute leisteten ihren Beitrag; insbesondere das neue Deutsche Kunststoff-Institut und die spätere Deutsche Forschungs- und Versuchsanstalt für Luft- und Raumfahrt.
Die Hersteller zogen nach, als die jungen Diplom-Ingenieure jener Jahre ihr Studium abschlossen: Gerhard Waibel, Wolf Lemke, Klaus Holighaus. Erfreulich ist auch die langjährige Unterstützung der Akaflieg durch die Hersteller, wobei auch später immer wieder Leute aus den Akafliegs zur Segelflugzeugindustrie gehen: Helmut Treiber, Horst Wilser, Eberhard Schott zum Beispiel. Die deutsche Segelflugzeugindustrie festigt mit den Kunststoff-Segelflugzeugen die dominierende Stellung auf dem Weltmarkt. Die Teilnehmerlisten der letzten Segel-

flugweltmeisterschaften zeigen dies deutlich.
Zusammenfassend läßt sich sagen, daß der hohe Stand der Entwicklung der Kunststoff-Segelflugzeuge auf allen drei Faktoren beruht. Auf der wissenschaftlichen Grundlagenforschung an den Instituten und Hochschulen, der praxisbezogenen Forschungsarbeit in den Akademischen Fliegergruppen und auf der soliden ingenieurmäßigen und handwerklichen Basis der Segelflugzeugindustrie.
Die durch die Bauweise bedingten Fortschritte bei der Verarbeitung und Entwicklung der armierten Kunststoffe sind sicher auch im Boots- und Karosseriebau festzustellen. Besonders deutlich werden diese aber ohne Zweifel bei den Leistungssegelflugzeugen. Hier scheint sich bedingt durch die besonderen Ansprüche an Oberflächengüte, Festigkeit und Formbarkeit der faserverstärkte Kunststoff als der optimale Werkstoff schlechthin herauszustellen. Selbst andere Bereiche der Fliegerei werden kaum erfaßt: Der Motorsegler und das Motorflugzeug. Hier läßt sich offensichtlich bei reduzierten Ansprüchen mit anderen Materialien einfacher und billiger bauen. Das GFK-Motorflugzeug LFU 205 fand seinerzeit (noch?) keine Anhänger, die französische Firma Wassmer scheint mehr Erfolg zu haben.
Es ist versucht worden, bei der Entwicklung der Kunststoff-Segelflugzeuge verschiedene Generationen abzugrenzen. Dafür ist aber wohl die zeitliche Ausdehnung noch zu kurz und die Differenzierbarkeit der einzelnen Muster zu gering, wenn man einmal von den Flugzeugen der Gründerjahre absieht (Phönix, Kria, H-30 GFK, D-34d). Die weitere Entwicklung läßt sich sicher nicht absehen. Vielleicht werden doch noch andere Bereiche der Fliegerei erfaßt, möglicherweise auch andere Gebiete der Technik.
Die Entwicklung der Kunststoff-Segelflugzeuge ist sicher noch nicht abgeschlossen. Bisher schon hat sie aber den Segelfliegern neue Dimensionen gebracht. Der Würdigung dieser Arbeiten, die außergewöhnliche Mühen und viele persönliche Opfer erforderten, ist dieses Buch gewidmet.

Im März 1968 führte das erste GFK-Motorflugzeug in Deutschland, die LFU 205, ihren Erstflug in Laupheim durch. Sie war von den Firmen Bölkow, Rhein-Flugzeugbau und Pützer gemeinsam gebaut worden. Allerdings konnte sich die Kunststoffbauweise im Motorflugzeugbau bisher nicht durchsetzen.

Akademische Fliegergruppe Stuttgart

Die Akaflieg Stuttgart ist eine der jüngeren Akademischen Fliegergruppen, die unter der Leitung von Wolf Hirth im Jahre 1926 als selbständiger Verein eingetragen wurde. Die fs-16 aus dem Jahre 1936 war nicht die 16. Konstruktion, sondern orientierte sich an der Spannweite von 15,85 m. Auffallendstes Merkmal des Segelflugzeuges fs-17 ist die Gestaltung des Rumpfes mit dem auf dem Bauch liegenden Flugzeugführer. Die fs-18 des Jahres 1938 ist ein recht elegantes Flugzeug mit 18 m Spannweite. Unter der Leitung von Herbert Plasa wird im Jahre 1953 als erstes Nachkriegsflugzeug die fs-23 »Hidalgo« entworfen.

fs-24

Schon vor den ersten Arbeiten an der fs-23 beschäftigten sich bereits im Jahre 1951 Hermann Nägele und Richard Eppler mit der fs-24, die als Leistungsflugzeug mit relativ geringer Flächenbelastung konzipiert war. Nach Erfahrungen im Flugmodellbau stand die Verwendung von Balsaholz im Vordergrund. Der Flügel hatte einen normalen Holm, während Schalen aus Balsaholz mit einer Papier-Leim-Schichtung vorgesehen waren. Aus finanziellen Gründen zog sich der Bau ziemlich in die Länge und wurde schließlich ganz eingestellt. Die Reste dieses Papier-Balsa-Flugzeuges wurden wie schon zuvor ein verbotenerweise erprobtes Motorflugzeug in Rauch aufgelöst. Aus der Asche entstieg der »Phönix«, ein neuer Entwurf der fs-24, der sich als erstes Kunststoff-Segelflugzeug in die Luft erheben sollte und so zum Stammvater einer neuen Bauweise und einer neuen Epoche wurde.

Mittlerweile waren neue Erkenntnisse in der Schalenbauweise und in der Aerodynamik gewonnen worden. Einige dieser grundlegenden Arbeiten von Dr. Eppler mit Optimierungsrechnungen für günstigste Reisegeschwindigkeit für verschiedene Flügelflächen, Spannweiten und Flächenbelastungen bereits seit dem Jahre 1956 sind in der Literaturangabe aufgeführt. (Nr. 1 + 2)

Balsaholz als Stützstoff wurde beibehalten, die Außenhaut der Sandwichschale bestand jedoch aus glasfaserverstärktem Polyesterharz. Im Gegensatz zu den heutigen Harztypen wurde beim Prototyp des Phönix also noch nicht Epoxydharz verwendet.

In Hunderten von Arbeitsstunden wurden Festigkeitsuntersuchungen mit verschiedenen Harz-Glas-Balsa-Kombinationen durchgeführt. Beim Phönix ist in der Tat zum ersten Mal der Versuch gelungen, ein Flugzeug in dieser neuen Bauweise ohne üblichen Holm in Schalenbauweise mit einem neuartigen Hauptbeschlag fertigzustellen.

Sehr aufwendig wurde bei der Herstellung der Schalen verfahren. Der Rumpf wurde auf einem hölzernen Innenkern aufgebaut, die Schale in der Horizontalen aufgeschnitten (bei allen Rümpfen außer dem Phoebus wurde später die Schale in der Senkrechten geteilt), und nach dem Einbau der Steuerung wieder verleimt. Für den Flügel wurden Positiv-Kerne aus Holz gebaut (diese Positive sind heute noch bei Rudi Lindner in Walpertshofen bei Laupheim zu sehen), von denen die Negativ-Formen abgenommen wurden, in denen dann die eigentlichen Flügel hergestellt wurden. In der Abb. ist die Ober-

Flügelschale des Phönix.

schale des Flügels in der Form liegend zu sehen. Gut sind die drei Stege und die 13 Rippen, sowie die Form des Hauptbeschlages zu erkennen. Die Anschlußrippe fehlt noch; bei den ersten Rippen ist die Form der Spreizklappe ausgespart. Die Bohrungen für die Antriebsstangen von Bremsklappe und Querruder liegen hinter dem dritten Steg. Links neben dem Flügel ist die Form für die Flügelunterseite zu sehen, die zum Schluß aufgeleimt wird.

Der Prototyp des Phönix mit dem Kennzeichen D-8258 unterschied sich in einigen Merkmalen von der Serienversion Phönix-T. So wurde noch ein normales Kreuzleitwerk und eine Kufe ohne Rad

Der Prototyp des Phönix mit der Teck im Hintergrund.

Hermann Nägele im Phönix, an der linken Bordwand der Kurbelgriff für die Spreizklappe.

verwendet, während die Serie T-Leitwerk und ein Einziehfahrwerk erhielt. Das Profil des Prototyps hatte in Anlehnung an die NACA-Profile die Bezeichnung EC 86 (−3) – 914 und hieß dann in der Serie Eppler Nr. 91. Insgesamt wurden 8 Flugzeuge gebaut, die alle heute noch fliegen sollen.
Beide Flügel wogen zusammen nur 95 kp, der Rumpf 61 kp, das Höhenleitwerk 8 kp, so daß sich ein Leergewicht von 164 kp ergab. Der Phönix kommt damit auf die niedrigste Flächenbelastung aller Kunststoff-Segelflugzeuge von 18,5 kp/m².
Hermann Nägele führte am 27. 11. 1957 in Schwaighofen bei Ulm den Erstflug im Windenstart durch. Schleppmaschinen waren damals noch rar. Ernst-Günter Haase flog 1960 mit einem Phönix-T bei der

Phönix-T mit Ernst-Günter Haase bei der Segelflugweltmeisterschaft 1960 in Köln.

Weltmeisterschaft in Köln, Rudi Lindner gewann 1962 in Freiburg die Deutsche Meisterschaft. Der Prototyp des Phönix wurde 1958 bei der Mississippi State University in den USA vermessen, wobei die beachtliche beste Gleitzahl 40 ermittelt wurde. Richard Eppler schreibt einmal in einem Aufsatz, daß der Phönix im Gegensatz zum Beispiel zur Ka 6 die »Kunst des Möglichen« nicht beherrscht habe. Tatsächlich war zum damaligen Zeitpunkt (1957) weder die Fertigung reif für ein solches Flugzeug, noch konnte sich die Mehrheit der Segelflieger für den neuen Werkstoff begeistern. Der Phönix war seiner Zeit voraus. Erst sieben Jahre später gingen mit der Libelle und dem Phoebus die ersten Serienflugzeuge in die Fertigung.

Datenblatt: fs-24 Phönix (D-8258)
Spannweite: 16,00 m
Flügelfläche: 14,36 m², Streckung 17,8
Flügeltiefe Wurzel: 1,25 m, Ende: 0,52 m
Profil: EC 86 (– 3) – 914 (Später Eppler 91)
V-Form: 4° Flügelunterseite
Pfeilung: 0° Flügelvorderkante
Landehilfe: Spreizdrehklappe auf Flügelunterseite bis 90° ausfahrbar
Höhenleitwerksspannweite: 3,20 m, Fläche: 1,55 m²
Seitenleitwerkshöhe: 0,95 m
Kreuzleitwerk mit Ruder und Flosse (Serie: T-Leitwerk)
Rumpflänge: 6,84 m, Breite: 0,58m, Höhe: 0,95 m
Rüstgewicht: 164 kp, Zuladung: 101 kp
Max. Fluggewicht: 265 kp
Flächenbelastung: 18,5 kp/m²
Mindestgeschwindigkeit: 58 km/h
Höchstgeschwindigkeit: 180 km/h
Flugleistungen (Messungen USA 1958):
Geringstes Sinken: 0,51 m/sec bei 69 km/h
Beste Gleitzahl: 40 bei 78 km/h

Segelflugweltmeisterschaft 1960: Phönix-T mit Ernst-Günter Haase am Schleppseil.

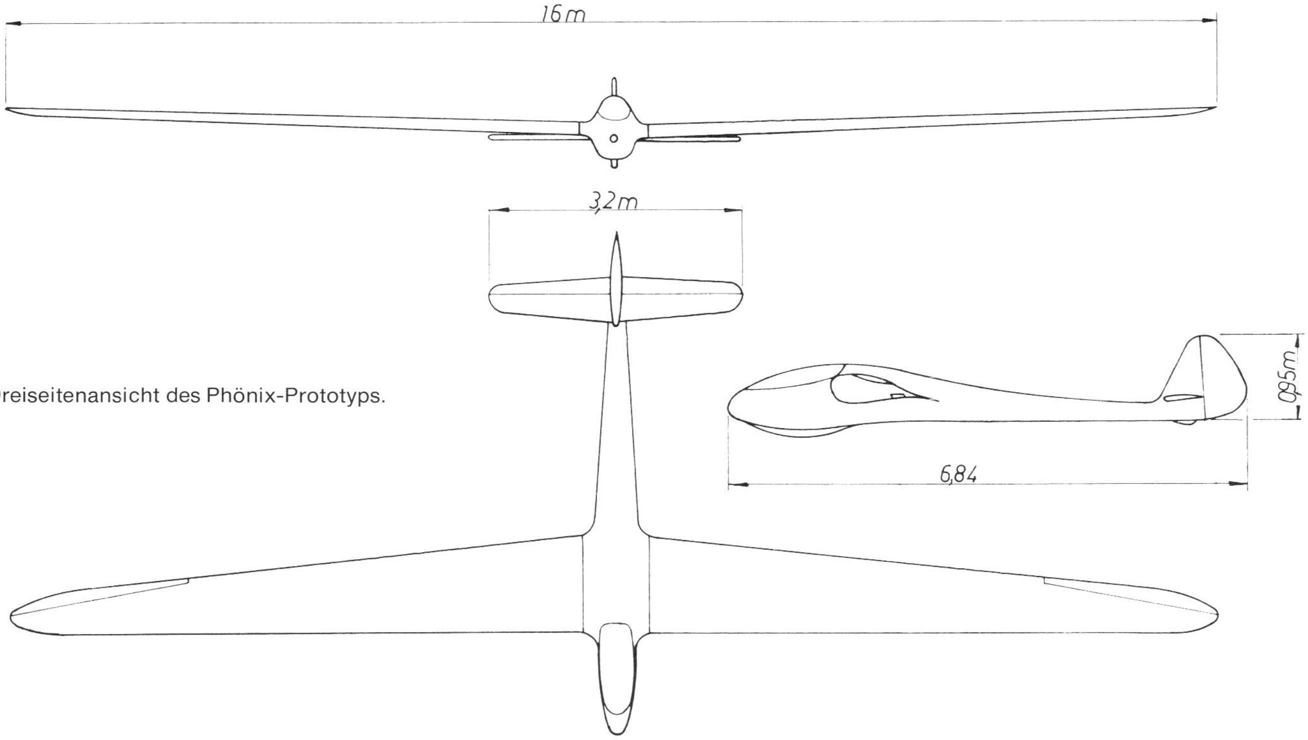

Dreiseitenansicht des Phönix-Prototyps.

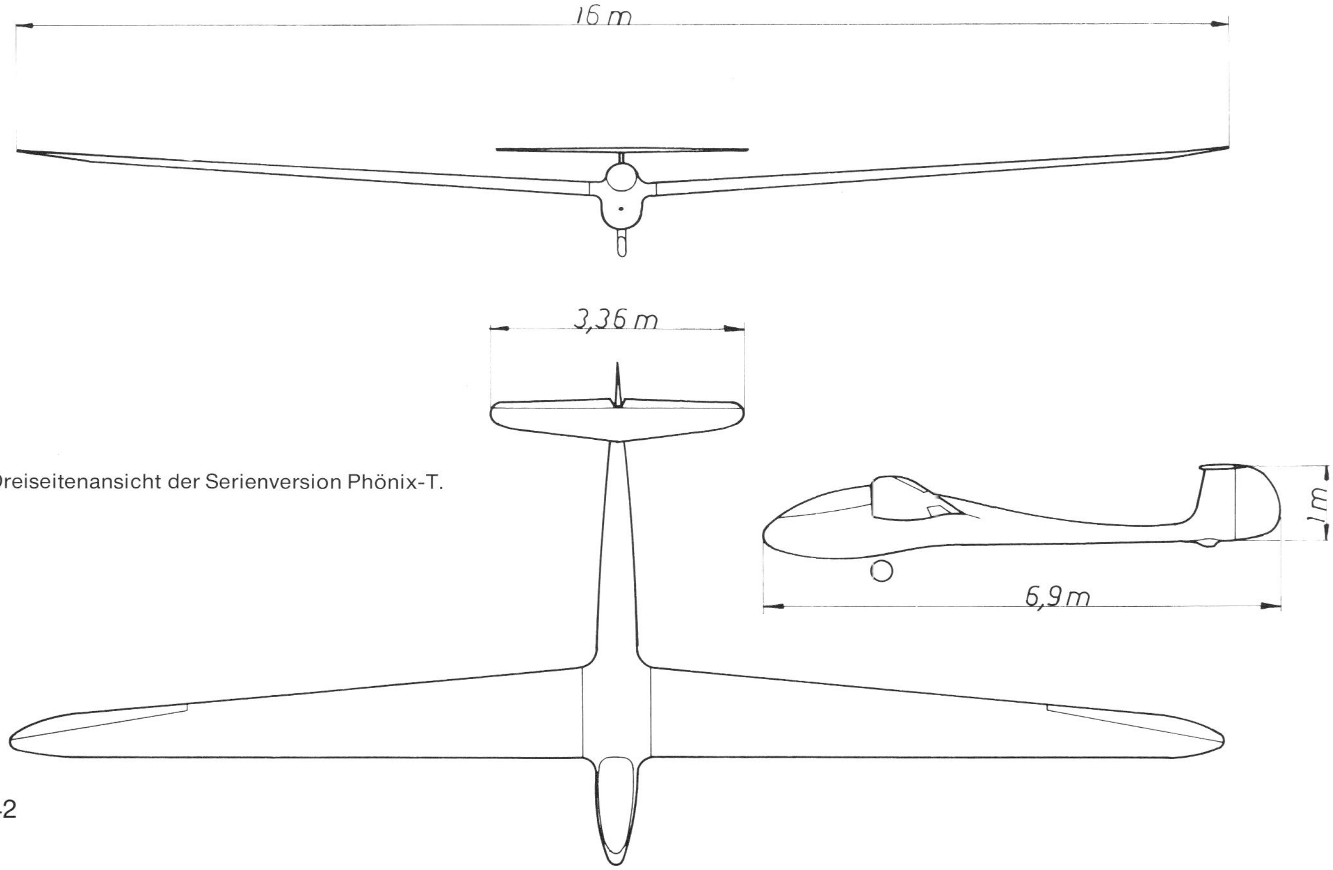

Dreiseitenansicht der Serienversion Phönix-T.

fs-23

Wohl die längste Entwicklungsgeschichte aller Kunststoff-Segelflugzeuge hat die bereits erwähnte fs-23 zu verzeichnen, die von 1953 bis 1966 entstanden ist. Verschiedene Strömungen innerhalb der Akaflieg ließen das Projekt kaum gedeihen, nachdem zuvor der Entwurf eines Doppelsitzers von 18 m Spannweite mit der Bezeichnung fs-22 aufgegeben wurde. So entspricht die Entstehungszeit von 13 Jahren immerhin der Spannweite dieses leichtesten Kunststoffseglers, der für ein Rüstgewicht für nur 100 kp im Jahre 1961 neu ausgelegt wurde. Dafür erhält der »Hidalgo« mit dem FX 61-184 ein brandneues Profil, welches 10 Jahre später bei der D-38 bzw. DG-100 wieder auftaucht. Die extreme Leichtbauweise kann nur durch den Bau in Negativformen erreicht werden, was für einen Prototyp ein erheblicher Aufwand ist. Rumpf und Leitwerk werden wie beim Phönix auf Positivkernen gebaut, aufgeschnitten und nach Installation der Einbauten wieder verleimt. Es gelingt tatsächlich, eine Flügelhälfte mit einem Gewicht von nur 27 kp zu bauen, der Rumpf wiegt 40 kp und das Leitwerk 5 kp, so daß sich ein Rüstgewicht von 102 kp ergibt. Das vorgesehene Einziehfahrwerk muß aus Gewichtsgründen einem starren Rad weichen. Als Landehilfe wird ein reffbarer Bremsschirm eingesetzt, der in vielen Autoschlepps auf der Startbahn in Malmsheim auf seine Betriebssicherheit überprüft wird.
Charakteristisch für den »Hidalgo« ist ferner das V-Leitwerk sowie die negative Pfeilung des Trag-

fs-23 Hidalgo mit 13 m Spannweite.

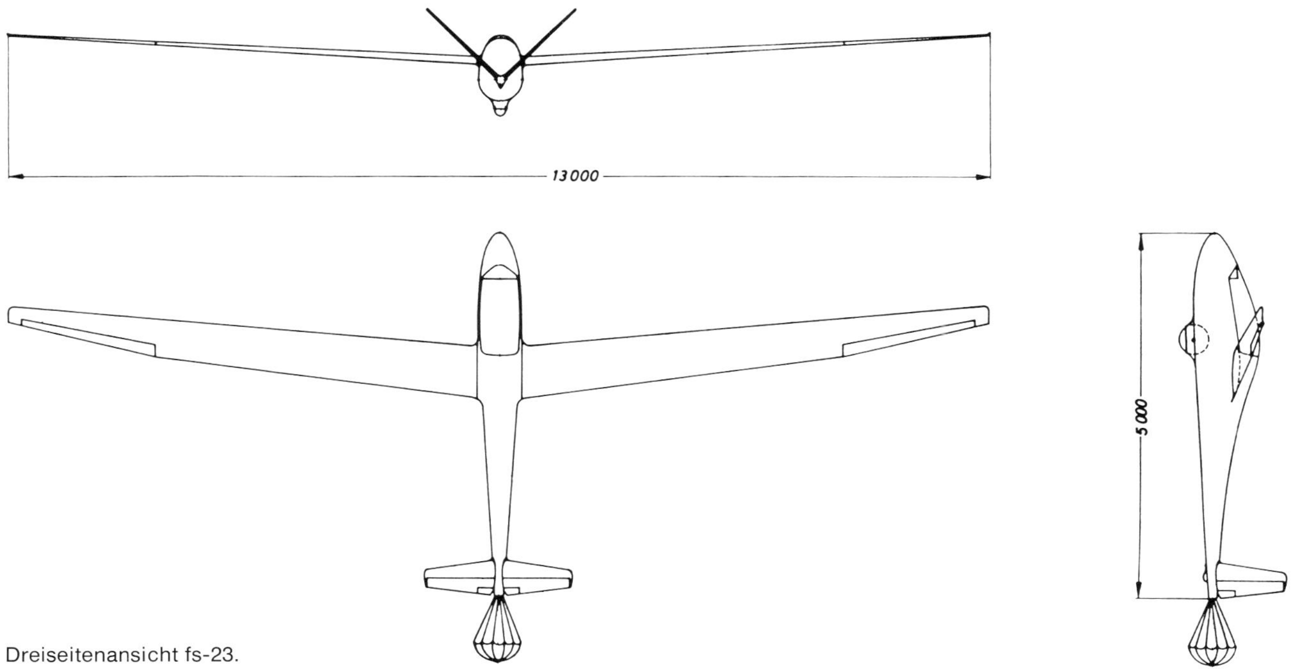

Dreiseitenansicht fs-23.

flügels mit der hohen Streckung von 24,1. Zum Festigkeitsnachweis mußte ein Bruchflügel hergestellt werden, von dessen Resten der Verfasser seinerzeit auch eine »Scheibe« abgeschnitten bekam, die in der Abb. auf Seite 28 zu sehen ist.
Der Erstflug der fs-23 mit dem Kennzeichen D-8011 fand am 1. 2. 1966 in Giebelstadt bei Würzburg im Schlepp einer Klemm 107 statt. Im Jahre 1971 wurde das Flugzeug bei einem Absturz auf dem Hornberg zerstört.

Datenblatt: fs-23 »Hidalgo« (D-8011)
Spannweite: 13,00 m
Flügelfläche: 7,0 m², Streckung: 24,1
Flügeltiefe Wurzel: 0,72 m, Ende: 0,24 m
Profil: FX 61–184
FX 61–168
FX 61–147 von innen nach außen
FX 60–126
V-Form: 3°, Pfeilung: minus 6° ($\frac{t}{4}$-Linie)
Keine Bremsklappen, Bremsschirm 0,6 m Durchmesser
Spannweite Höhenleitwerk: 1,96 m (horizontale Projektion)
Fläche Höhenleitwerk: 0,74 m² (horizontale Projektion)
Winkel V-Leitwerk: 90°, Ruder und Flosse mit Trimmruder
Rumpflänge: 5,00 m, Breite: 0,58 m, Höhe: 0,89 m
Rüstgewicht: 102 kp Zuladung: 88 kp
Max. Fluggewicht: 190 kp
Flächenbelastung: 27,1 kp/m²
Flugleistungen: (Messung Idafliegtreffen Braunschweig 1966)
Beste Gleitzahl: 34

fs-25

Das Nachfolgemuster der fs-23 ist die fs-25 »Cuervo«, die nicht einmal zwei Jahre nach dem Hidalgo ihren Erstflug durchführen kann. Ohne Zweifel ist der Leichtbau-Standardsegler in Segelfliegerkreisen zuwenig bekannt, wenn man bedenkt, daß er bereits im Jahre 1968 mit bisher nicht überbotenen Flugleistungen der Standard-Klasse aufwarten kann.

Der Flügel ist unmittelbar vom Hidalgo abgeleitet. Die Original-Negativformen wurden an der Wurzel um einen Meter verlängert und das 19,6% dicke Profil FX 66-S-196 eingestrakt. Dadurch erhöhte sich die Streckung auf 26,4, die bisher höchste Streckung eines 15-m-Flugzeuges. Die Flügelfläche stieg von 7,0 m^2 auf 8,53 m^2. Wegen der geringen Bauhöhe, die Flügeltiefe an der Wurzel beträgt nur 0,76 m, konnten keine Schempp-Hirth-Bremsklappen eingebaut werden. So wurden DFS-Bremsklappen wie zum Beispiel beim Spatz und dem Bergfalken, allerdings an der Flügelhinterkante verwendet, die aber im Langsamflug beim Ausschweben nur mäßig wirken. Interessant am Flügel sind ferner die reinen GFK-Gurtstummel aus 42 Lagen Gewebe, auf die die Beschlagsbleche aus Titan und die Hauptbeschläge der finnischen »Vasama« eingenietet und geklebt wurden. Die Rumpfgeometrie stützt sich auf eine Studienarbeit von drei Akafliegern, die verschiedene Rumpfformen im Laminarwindkanal untersuchten und dabei eine Verringerung des Widerstandes durch eine starke Einschnürung hinter dem größten Querschnitt ermittelten. Der recht dünne Leitwerksträger ließ sich am besten durch eine Aluminium-Rumpfröhre von VFW verwirklichen, wie sie schon beim Heinkel-Greif verwendet wurde. An diese Rumpfröhre wurde ein Stahlrohrgerüst angeschlossen, welches die Flügelanschlüsse und das starre Fahrwerk aufnimmt. Über eine Schubwand ist wiederum mit dem Rohrgerüst das GFK-Balsa-Rumpfboot verbunden.

Höhen- und Seitenleitwerk sind in GFK-Balsa-Bauweise hergestellt. Das Seitenleitwerk ist auf die Rumpfröhre aufgeklebt, wobei die äußeren Gewebelagen um die Aluminiumröhre herumgeführt sind. Das Höhenruder trägt einen außenliegenden Gewichtsausgleich.

fs-25 bei der Deutschen Meisterschaft 1975 in Bayreuth.

fs-25 mit abgeworfener Bremsschirmkappe. Gut ist auch die negative Pfeilung zu erkennen.

Der Erstflug der fs-25 »Cuervo« mit dem Kennzeichen D-8141 fand am 30. 1. 1968 in Schwäbisch Hall statt. Langsamflug und Kreisflugeigenschaften wurden allgemein bewundert. Zur Verbesserung der Landeeigenschaften wurde in späteren Jahren ein Bremsschirm zusätzlich eingebaut.
Helmut Reichmann war anläßlich eines Probefluges mit der fs-25 während des Hahnweide-Wettbewerbs 1969 von dem grazilen Flugzeug so sehr begeistert, daß er sie sich für die anschließenden Deutschen Meisterschaften vom 25. 6.–6. 7. 1969 in Roth auslieh und den 4. Platz belegen konnte. Neben der Wendigkeit und der hervorragenden Ruderabstimmung lobte er besonders die guten Steigleistungen. Lediglich im höheren Geschwindigkeitsbereich ab 130 km/h war die fs-25 den anderen Standard-Segelflugzeugen unterlegen.

Datenblatt: fs-25 »Cuervo«, D-8141, Wettbewerbs-Nr. 24 X
Spannweite: 15,00 m
Flügelfläche: 8,53 m^2, Streckung: 26,4
Flügeltiefe Wurzel: 0,73 m, Ende: 0,24 m
Profil: FX 66-S-196
FX 61-184
FX 61–168 von innen nach außen
FX 61–147
FX 60–126
V-Form: 2,7°, Pfeilung ($\frac{t}{4}$ – Linie): −3°
Landehilfen: 1,2 m lange DFS-Drehklappen an der Flügelhinterkante, später zusätzlich Bremsschirm mit 1,3 m Durchmesser
Höhenleitwerksspannweite: 2,00 m, Fläche: 0,72 m^2 (Pendel-T-Leitwerk)
Seitenleitwerkshöhe: 1,20 m, Fläche: 0,72 m^2
Rumpflänge: 6,48 m, Breite: 0,58 m, Höhe: 0,80 m
Fahrwerk: fest, ungefedert
Rüstgewicht: 154 kp, Zuladung: 96 kp
Max. Fluggewicht: 250 kp
Flächenbelastung: 29,3 kp/m^2
Höchstgeschwindigkeit: 200 km/h

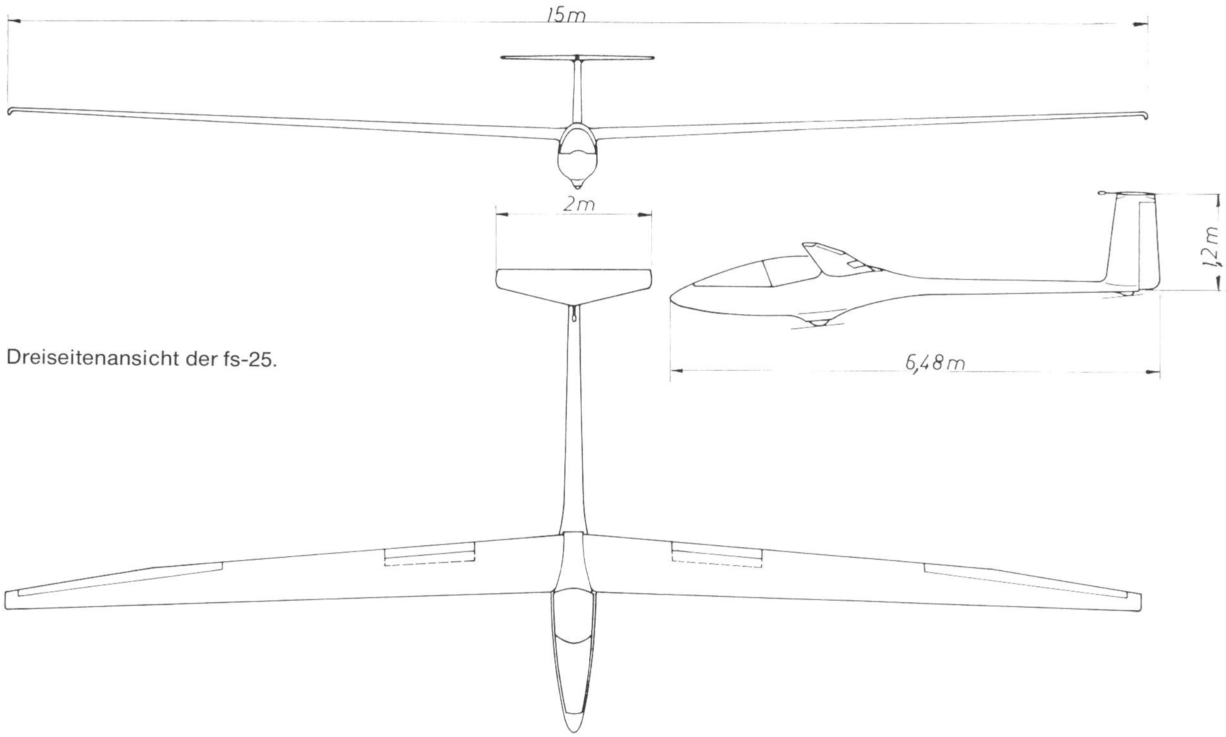

Dreiseitenansicht der fs-25.

Flugleistungen: (DFVLR-Messung August 1971 bei 28,6 kp/m²)
Geringstes Sinken: 0,60 m/sec bei 99 km/h
Bestes Gleiten: 38,5 bei 87 km/h

fs-26

Als nicht voll gelungene Konstruktion darf wohl der Motorsegler fs-26 bezeichnet werden, der seinen

Motorsegler fs-26 in Aalen-Elchingen. Am linken Flügel Professor Eppler.

Erstflug am 25. 9. 1970 in Aalen-Elchingen durchgeführt hat. Es ist ein Nurflügel mit separatem Höhenleitwerk und zwei gepfeilten Seitenleitwerken. Der Rumpf wird aus einem Phoebus-Vorderteil gebildet. Ein 30-PS-Zweitaktmotor treibt eine Druckschraube an. Der dreiteilige Flügel mit einem Mittelstück von 1,90 m hat eine Spannweite von 12,60 m und das Profil Eppler 515. Die Flugstabilität war teilweise nicht befriedigend, so daß insgesamt nur 22 Starts mit 15 Flugstunden durchgeführt wurden. Das Flugzeug steht seit Jahren eingemottet auf dem Fluggelände Bartholomä auf der Schwäbischen Alb.

fs-25 M/fs-27

Als fs-25 M wird ein Projekt bezeichnet, die fs-25 als Motorsegler mit integrierter Mantelschraube weiterzuentwickeln. Durch den Motoreinbau in die fs-25 wäre jedoch die Flächenbelastung zu hoch geworden. Bei der fs-27 sollten deshalb Tragflügel und Leitwerk vergrößert werden. Zugunsten der fs-26 und des Motorflugzeuges fs-28 wurde jedoch der Entwurf aufgegeben.

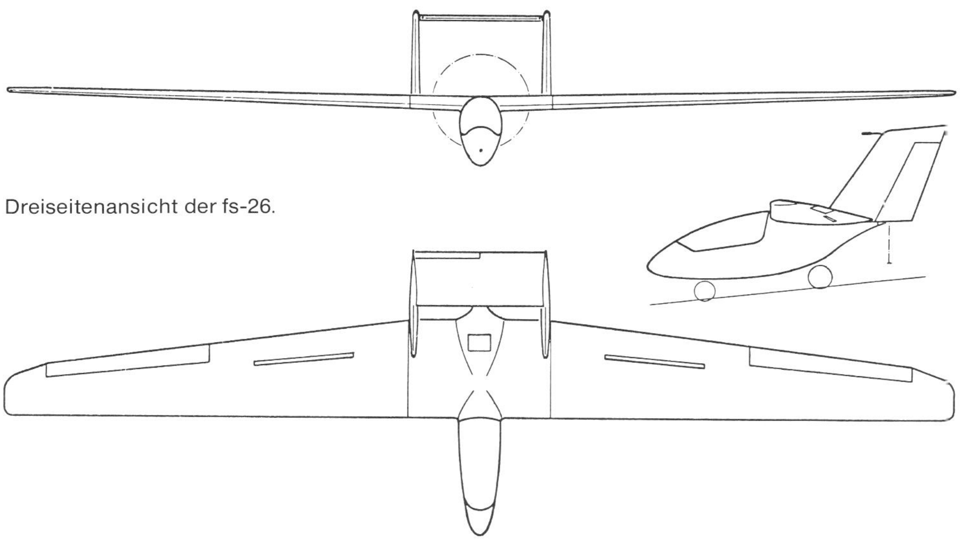

Dreiseitenansicht der fs-26.

Die wichtigsten Daten der fs-26, D-KFFS:
Spannweite: 12,60 m
Flügelfläche: 13,20 m^2, Streckung: 12,1
Höhenleitwerksspannweite: 1,75 m, Fläche: 1,32 m^2
Seitenleitwerkshöhe: 1,16 m, Fläche: $2 \times 1{,}33$ m^2
Rumpflänge: 3,94 m
Rüstgewicht: 250 kp
Max. Fluggewicht: 360 kp
Flächenbelastung: 27,3 kp/m^2

fs-28

Über das Motorflugzeug fs-28 soll im Rahmen dieser Arbeit nur kurz berichtet werden. Es handelt sich um einen Zweisitzer mit Druckschraube in Kunststoff-Bauweise. Als Leitwerksträger werden wieder Aluminiumröhren von VFW verwendet, die ein nach unten geöffnetes gedämpftes V-Leitwerk tragen. Das Profil des einteiligen Flügels mit einer

Zweisitziges Motorflugzeug fs-28 in Kunststoff-Bauweise.

Spannweite von 9,40 m ist das Eppler 530, welches aus der LFU-205 weiterentwickelt wurde. Als Triebwerk wird ein Lycoming mit 115 PS verwendet. Der Erstflug konnte am 20. 12. 1972 durchgeführt werden.

Die wichtigsten Daten der fs-28, D-EAFS, »Avispa«
Spannweite: 9,40 m
Flügelfläche: 12,70 m^2, Streckung: 7,0
Höhenleitwerksspannweite: 2,40 m, Fläche: 2,29 m^2 (horizontale Projektion)
Rumpflänge: 7,20 m
Leergewicht: 720 kp
Max. Fluggewicht: 800 kp
Flächenbelastung: 63 kp/m^2

fs-29

Variable Geometrie heißt das Zauberwort, mit dem man dem alten Problem des schnellen Überlandfliegens näherkommen will. Der Steigflug (natürlich auch Start und Landung) soll mit möglichst geringer Geschwindigkeit und der Gleitflug mit hoher Geschwindigkeit durchgeführt werden.
Wölbklappen ermöglichen mit relativ einfachen Mitteln den ersten Schritt. Eine weitere Leistungssteigerung kann durch Variation der Flächenbelastung mit Wasserballast erfolgen.
Nachteil: Man muß bereits mit hohem Ballast starten und einmal abgeworfener Ballast kann nicht mehr zurückgeholt werden. Die variable Flügelgeometrie

Gesamtansicht des Teleskop-Segelflugzeuges fs-29.

Die Flügel der fs-29 sind ganz bis an den Rumpf eingefahren.

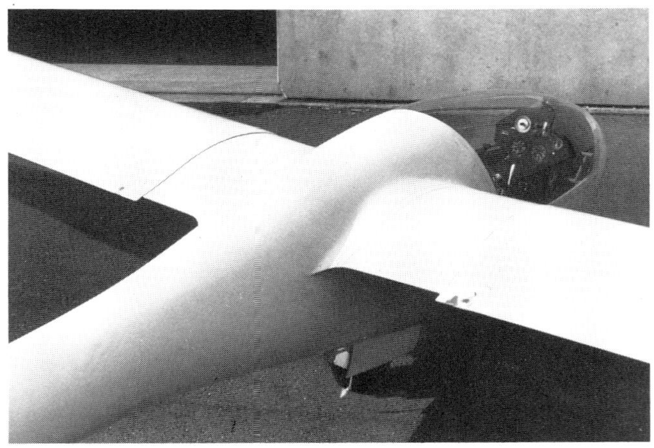

bringt den dritten Schritt. Die Variation in Tiefenrichtung wurde mit der AN 66 C von Albert Neukom und dem englischen Sigma-Projekt durch die Verwendung von Fowler-Klappen bereits verwirklicht. Die Nachteile sind dabei eine recht begrenzte Variationsmöglichkeit, außerdem nimmt durch die Verringerung der Streckung der gerade im Langsamflug sehr bedeutsame Anteil des induzierten Widerstandes entscheidend zu.

Die eigentlich schon ältere Idee der Variation in Spannweitenrichtung hat diese Nachteile nicht. Erst die neueren Werkstoffe jedoch ermöglichen im Jahre 1973 die Verwirklichung dieser Konzeption, die trotz des hohen Aufwandes sicherlich in der Zukunft noch von sich reden machen wird.

Technisches und konstruktives Neuland betrat also die Akaflieg Stuttgart mit der fs-29, einem Leistungssegelflugzeug mit Teleskopflügeln. Wie der Name vermuten läßt, lassen sich die Flügel in Spannweitenrichtung ineinander verschieben, so daß die Spannweite zwischen 19,00 m und 13,30 m variiert werden kann. Die äußeren Flügel werden dabei auf einem Rechteckmittelstück verschoben, haben also auch eine etwas größere Flügeltiefe. Die Spannweitenverstellung wird mechanisch über einen Schwenkhebel an der linken Cockpitseite betätigt. Ein Schaltgetriebe treibt über ein Winkel-

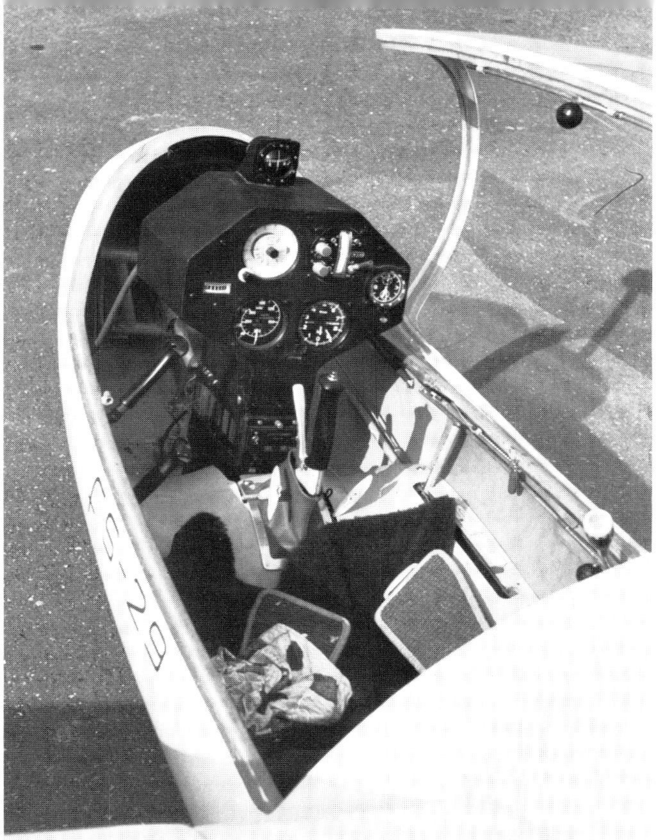

Cockpit der fs-29. Der zweite Hebel an der linken Bordwand dient zur Betätigung der Spannweitenverstellung.

getriebe einen wartungsfreien Zahnriemen an. Die Kräfte werden durch den überkragenden Holm des Innenflügels sowie die 3 mm starke KFK-Schale des beweglichen Außenflügels aufgenommen.

Als Kohlenstoff-Faser wurde das Gewebe einer japanischen Firma gewählt. Der Aufbau des Außenflügels ist eine GFK-Schaumstoff-KFK-Sandwich-Konstruktion. Der Innenflügel hat einen Kastenholm aus KFK-Rovings, während die Schale aus einem üblichen GFK-Conticell-Sandwich besteht. Der Holmanschluß wurde mit zwei Zungen ausgeführt.

Einigen Aufwand erforderte auch der Antrieb der Querruder. Im Innenflügel sind Schempp-Hirth-Bremsklappen untergebracht, die natürlich schon bei einem teilweisen Einfahren des Außenflügels

Flugbild der fs-29 mit Maximalspannweite.

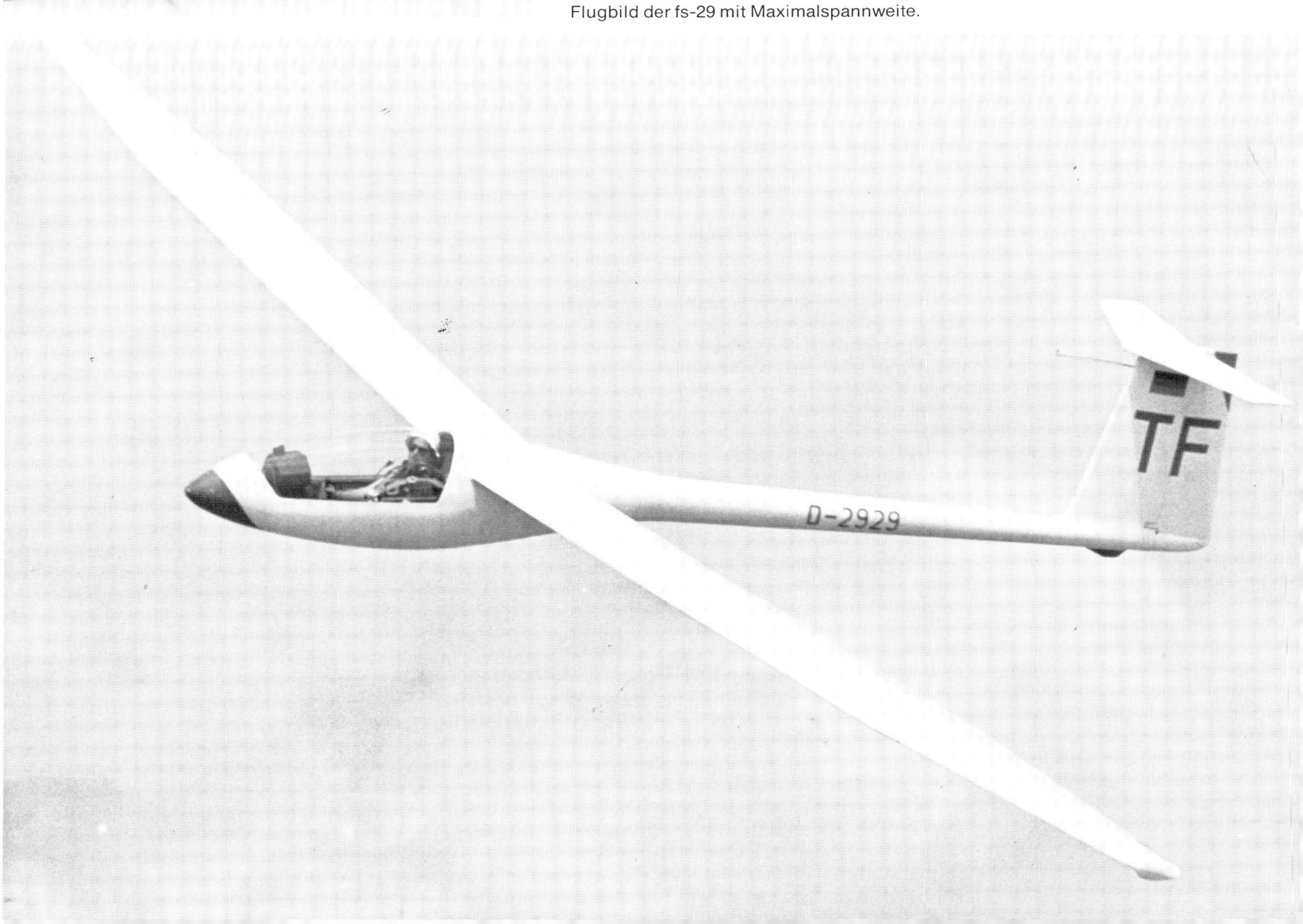

nicht mehr benutzt werden können. Im Seitenleitwerk ist auch aus diesem Grund zusätzlich ein Bremsschirm eingebaut. Als Profil für den Rechteckteil wurde das FX 73-170, für den Trapezteil FX 73-K-170/22 gewählt.

Zur Gestaltung der Rumpfform wurden wie bei der fs-25 Windkanaluntersuchungen durchgeführt. Als Ergebnis wurde die Rumpfspitze etwas stumpfer und die Einschnürung hinter dem Dickenmaximum nicht mehr so extrem gestaltet. Nachdem für den Flügel ein großer Aufwand getrieben werden mußte, wurden für den Rumpf soweit als möglich industriegefertigte Teile verwendet. Die Firma Schempp-Hirth durfte also zur fs-29 nicht nur das komplette Seiten- und Höhenleitwerk, sondern auch die Haube, das Einziehfahrwerk, die Sitzwanne und die Knüppelsteuerung des Nimbus-II beisteuern. Als Leitwerksträger diente wiederum eine Aluminiumröhre, die über ein Stahlrohrgerüst, das auch den rumpfseitigen Teleskopantrieb aufnehmen konnte, mit dem GFK-Rumpfvorderteil verbunden wurde.

Eberhard Schott konnte am 15. 6. 1975 den 2 h 20′ dauernden Erstflug mit der fs-29 in Bartholomä-Amalienhof durchführen. Das Flugzeug mit dem Kennzeichen D-2929 wurde dabei mit Maximalspannweite geflogen. Die Flugeigenschaften ent-

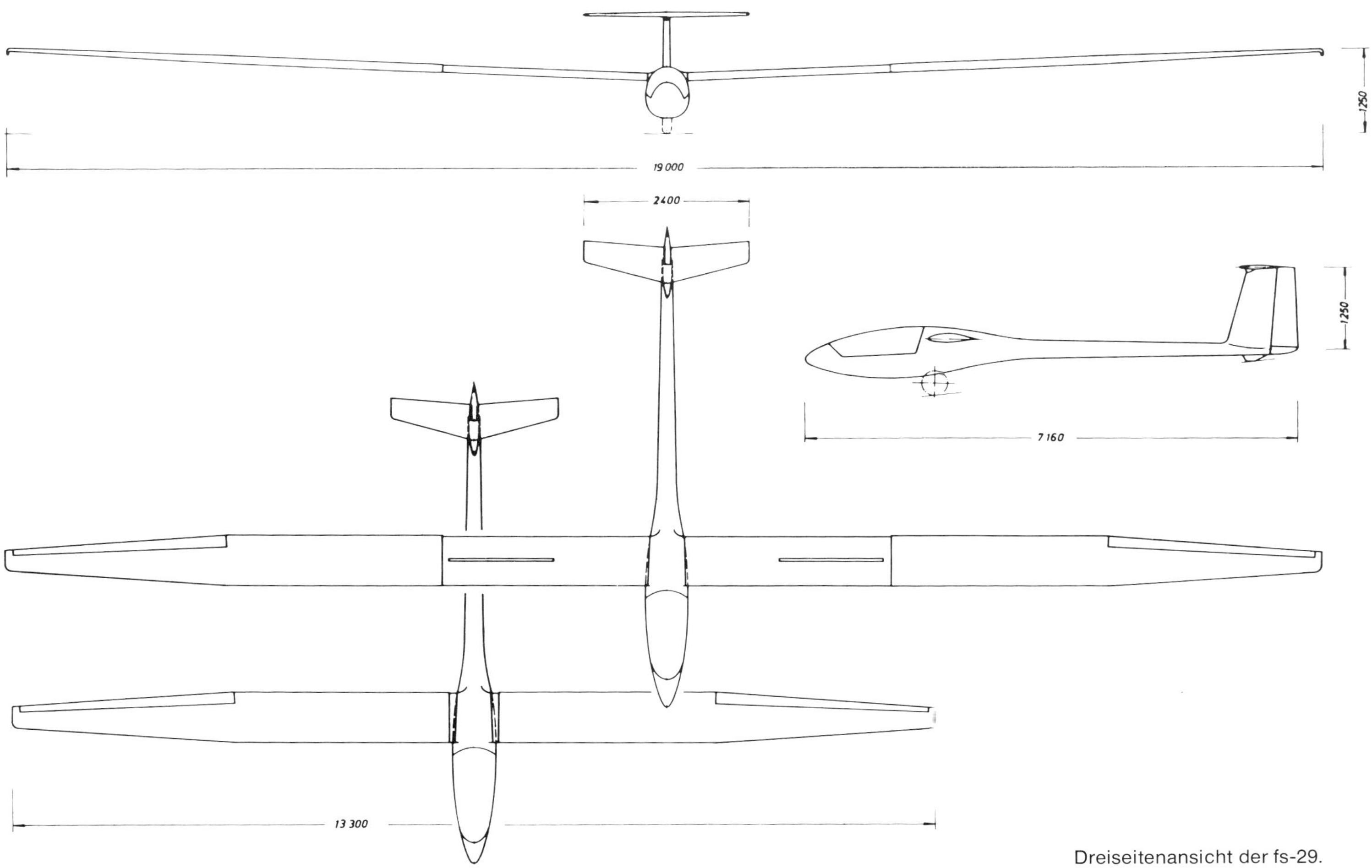

Dreiseitenansicht der fs-29.

sprachen etwa denen des Nimbus-II. Beim dritten Flug wurde zum ersten Mal die Spannweite auf das Minimum reduziert.

Datenblatt fs-29, D-2929, Wettbewerbs-Nr. TF

Spannweite: 19,00 bis 13,30 m

Flügelfläche: 12,65 bis 8,56 m^2, Streckung: 28,5 bis 20,7

Profil: FX 73-170 Rechteckteil
FX 73-k-170/22 Trapezteil

V-Form: 2,5°, Pfeilung ($\frac{t}{4}$ – Linie): 0°

Landehilfen: Schempp-Hirth-Bremsklappen Flügeloberseite und Bremsschirm 1,3 m Durchmesser

Leitwerke: wie Nimbus-II

Höhenleitwerksspannweite: 2,40 m, Fläche: 1,03 m^2

Seitenleitwerkshöhe: 1,27 m, Fläche: 1,11 m^2

Rumpflänge: 7,16 m, Breite: 0,62 m, Höhe: 0,78 m

Fahrwerk: einziehbar, ungefedert

Rüstgewicht: 365 kp, Zuladung: 85 kp ohne Ballast

Max. Fluggewicht: 450 kp

Flächenbelastung: 35,6 kp (bei 19 m), 250 km/h (bei 13,3 m)

Flugleistungen: noch nicht veröffentlicht.

Akademische Fliegergruppe Darmstadt

Die Akaflieg Darmstadt hat wohl die älteste Geschichte der führenden Akademischen Fliegergruppen. Vorgeschichtlich für die Akaflieg sind die Darmstädter Schüler und späteren Studenten Gutermuth, von Lößl, Fischer u. a., die bereits seit 1909 Segelflugzeuge gebaut haben. Als D-1 (Darmstadt 1) wird ein von Eugen von Lößl entworfener Hochdecker mit 11,20 m Spannweite aus dem Jahre 1920 geführt. Vorkriegsflugzeuge hatten berühmte Namen wie D-4 Edith, D-6 Geheimrat, D-7 Margarete, D-9 Konsul, dann die D-28 Windspiel (54 kp Leergewicht, bei 12,00 m Spannweite) und die D-30 Cirrus, auf die bereits hingewiesen wurde.

Die »Erfindermannschaft« der D-36 am Flügel der D-34 d, von links: Gerhard Waibel, Heiko Frieß, Wolf Lemke.

Die D-34 d der Akaflieg Darmstadt

D-34

Erstes Nachkriegsflugzeug war die D-34, die in vier Versionen mit einer Spannweite von 12,65 m ab 1955 flog. Sehr früh beschäftigte sich die Akaflieg Darmstadt mit der Verwendung von Kunststoffen. Der Sperrholzflügel der D-34a erhielt eine Füllung aus Schaumstoff, während der Flügel der D-34d aus einer GFK-Schale ohne Holm bestand, welche durch Papierwaben gestützt war. Die D-34d hatte den konventionellen Holz-Rumpf der D-34b mit einem gedämpften T-Leitwerk. Der einteilige Flügel, der in einem aufsehenerregenden Transportwagen untergebracht war, hatte eine Flügelfläche von 9,18 m^2 und das Profil NACA 644-618. Er hatte keine V-Form, als Landehilfen dienten Schempp-Hirth-Bremsen. Der Entwurf stammte hauptsächlich von Alfred Puck und Horst Wurtinger. Interessant war der Leistungsvergleich zwischen der D-34d und der D-34b, die den gleichen Rumpf und das gleiche Leitwerk und auch fast das gleiche Flügelprofil hatten. Allerdings hatte der Flügel der D-34b bei gleicher Spannweite eine Fläche von 8,0 m^2 und eine Streckung von 20,0. Als Folge der wesentlich besseren Oberfläche des Kunststoff-Tragflügels erreichte die D-34d die beachtliche beste Gleitzahl von 31,5 im Vergleich zu 28,3 der D-34b.

Klaus Weise führte im April 1961 in Heppenheim den Erstflug mit der D-34 d durch. Bei der Deutschen Segelflugmeisterschaft 1962 in Freiburg mußte der damals 23jährige Wolf Lemke mit dem 12,65-m-Flugzeug wegen des Einziehfahrwerks in der Offenen Klasse fliegen, belegte einen hervorragenden 6. Platz von 13 Teilnehmern und konnte beim Freien Streckenflug des letzten Wertungstages am 7. Juni 1962 425 km zurücklegen. Am 25. Juli 1965 wurde die D-34d bei einem schweren Unfall in Samedan/ Schweiz zerstört.

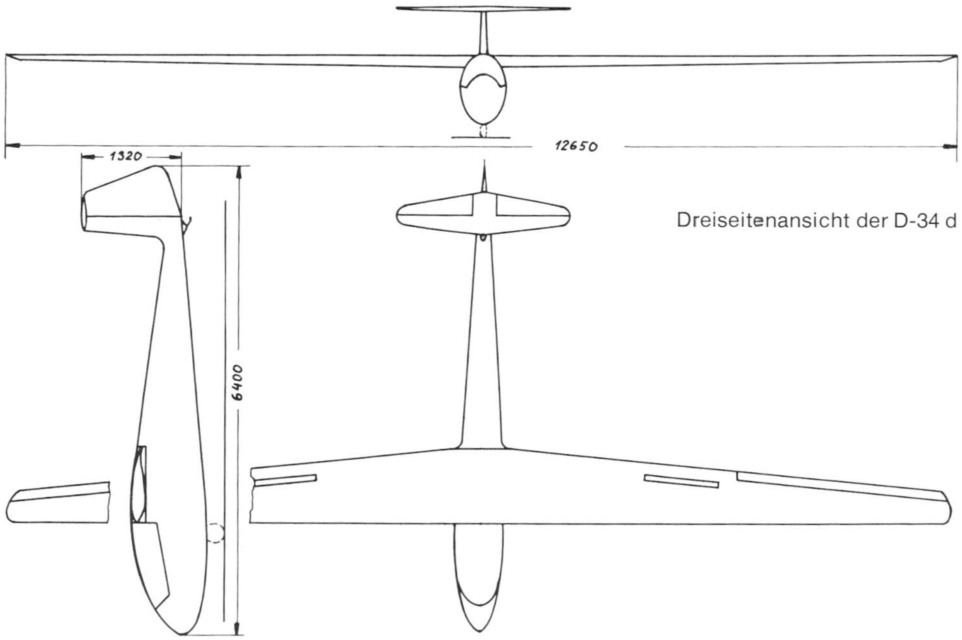

Dreiseitenansicht der D-34 d

Datenblatt: D-34d, D-4507, Wettbewerbsnummer 9
Spannweite: 12,65 m
Flügelfläche: 9,18 m², Streckung: 17,5
Profil: NACA 644-618, V-Form: 0°, Flügel einteilig
Flügeltiefe Wurzel: 1,03 m
Höhenleitwerksspannweite: 2,26 m, Fläche: 1,02 m²
T-Leitwerk mit Flosse und geteiltem Ruder
Seitenleitwerkshöhe: 1,32 m, Fläche: 0,99 m²
Rumpflänge: 6,40 m, Breite: 0,62 m, Höhe: 1,01 m
Fahrwerk: einziehbar, ungefedert
Rüstgewicht: 169 kp, Zuladung: 86 kp
Max. Fluggewicht: 255 kp
Flächenbelastung: 27,8 kp/m²
Flugleistung (gemessen FFM Juli 1961)
Geringstes Sinken: 0,69 m/sec bei 73 km/h
Bestes Gleiten: 31,5 bei 84 km/h

Der Kunststoff-Flügel der D-34d wurde eigentlich als Versuchsträger für einen Doppelsitzer D-35 gebaut, der allerdings nicht fertiggestellt wurde. Der dreiteilige Flügel sollte eine Spannweite von 19,00 m mit einer Fläche von 18,05 m² und einer Streckung von 20 bekommen. Als Profil war das Eppler Nr. 260 vorgesehen. Der Rumpf mit Fahrwerk und V-Leitwerk war im Rohbau fertig, als das Projekt wegen Schwierigkeiten mit der Schalenbauweise des Tragflügels aufgegeben wurde.

D-36

Im Jahre 1962 begannen die Arbeiten an der D-36. Kurz vor der D-34d war auch die SB-6 zum ersten Mal geflogen, die in ihrer Positivbauweise mit Holmen aus GFK-Gurten und dem Gabel-Zungen-Flügelanschluß, sowie der Rumpfbauweise zum Vorbild einer ganzen Reihe von Konstruktionen wurde. Nach den Problemen bei der D-35 fanden die in Braunschweig gewonnenen Erkenntnisse auch in Darmstadt Eingang.
Von der Auslegung her hat allerdings die D-36 so viele Konstruktionsmerkmale neuerer Segelflugzeuge, daß sie als Mitbegründer einer zweiten GFK-Generation zu gelten hat. Einmal bringt die Darmstädter Rumpfform mit der langen, eingestrakten Haube mit festem Vorderteil und der Einschnürung im Flügelbereich eine Abkehr von der »polnischen«

Die D-36 V1 hat die Entwicklung der Kunststoff-Segelflugzeuge entscheidend beeinflußt.

Rumpfform (Zephir), wie sie für die SB-7, die BS-1 und den Diamant charakteristisch ist. Ferner rechnet und vermißt Prof. Wortmann speziell für die D-36 das Profil FX 62-K-131; welches in späteren Jahren auch bei der ASW-12 und ASW-17, sowie bei den Flügeln der SB-8, SB-9 und SB-10 wieder verwendet wird, und welches der D-36 zusammen mit der BS-1 zum ersten Mal zu einer Gleitzahl von 44 verhilft. Auch das Innenleben wie Steuerungen und Klappenantriebe hat spätere Serienfertigungen nachhaltig beeinflußt, nachdem drei »Darmstädter« aus jenen Jahren erfolgreiche Konstruktionsleiter bedeutender Segelflugzeughersteller geworden sind. Die eigentliche »Erfindermannschaft« der D-36 sind Gerhard Waibel, Wolf Lemke und Heiko Frieß (heute LBA). Klaus Holighaus ist vier Semester jünger und hat den beiden D-36 ein neues Höhenleitwerk verpaßt, nachdem Flattererscheinungen aufgetreten sind.

Der zweiteilige Flügel der D-36 hat Doppeltrapezform mit dem erwähnten Profil von 17% Wölbklappentiefe im Innenteil, während im Querruderbereich das FX 60-126 mit einer Rudertiefe von 25% verwendet wird. Querruder und Wölbklappen sind differenziert überlagert. Die D-36 V1 hat vierteilige Schempp-Hirth-Bremsklappen ohne Bremsschirm, während die von Walter Schneider gebaute V2 keine Bremsklappen und nur einen Bremsschirm hat.

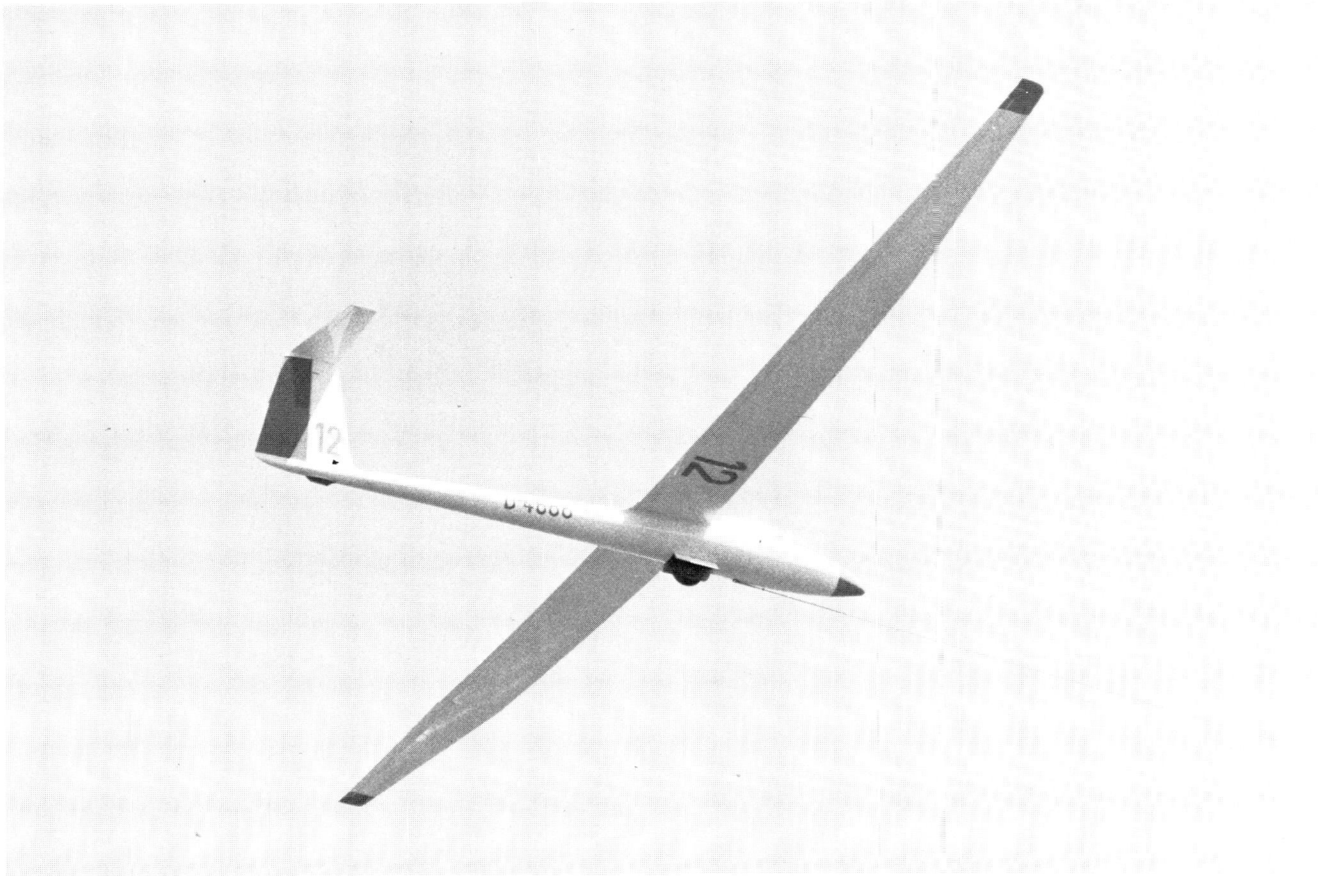

Die von Walter Schneider gebaute D-36 V2 bei der Deutschen Meisterschaft 1973 auf der Hahnweide.

Wegen der schwachen V-Form des relativ weichen Flügels sind durch die geringe Bodenfreiheit gelegentlich Schwierigkeiten aufgetreten.

Die D-36 V1 »Circe« mit dem Kennzeichen D-4685 fliegt zum ersten Mal mit Wolf Lemke am 28. 3. 1964 in Gelnhausen und bereits im Mai 1964 wird Gerhard Waibel in Roth mit Abstand Deutscher Meister. Im Sommer 1964 trainiert Rolf Spänig mit dem neuen Vogel, vollendet das erste 500-km-Dreieck in Deutschland, und erreicht bei der Weltmeisterschaft 1965 in England den zweiten Platz. Im Sommer 1967 geht die D-36 V1 leider verloren, nachdem der Pilot nach einem Bedienungsfehler mit dem Fallschirm aussteigen muß und glücklicherweise ohne Verletzung davonkommt.

Datenblatt: D-36 V1, D-4685, Wettbewerbs-Nr. 9

Spannweite: 17,80 m

Flügelfläche: 12,80 m², Streckung: 24,8

Profil: FX 62-K-131 innen
60-126 außen

Landehilfe: vierteilige Schempp-Hirth-Bremsklappen, kein Bremsschirm

Höhenleitwerksspannweite: 2,30 m, Fläche: 1,0 m²
gedämpftes T-Leitwerk

Seitenleitwerkshöhe: 1,50 m, Fläche: 1,27 m²

Rumpflänge: 7,35 m, Breite: 0,60 m, Höhe: 0,72 m

Fahrwerk: einziehbar, ungefedert

Rüstgewicht: 285 kp, Zuladung: 116 kp

Max. Fluggewicht: 401 kp

Flächenbelastung: 32,0 kp/m²

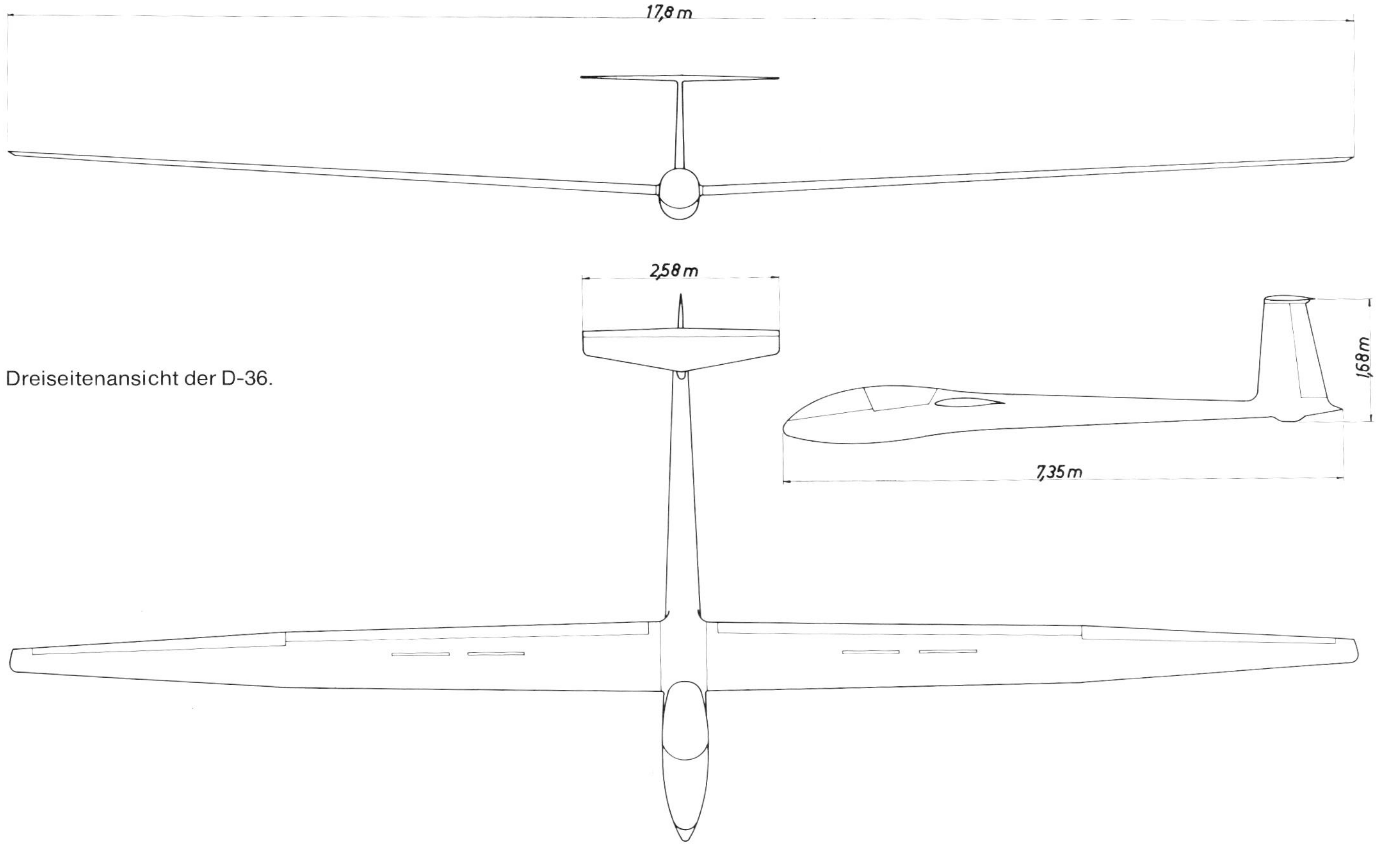

Dreiseitenansicht der D-36.

Mindestgeschwindigkeit: 64 km/h, Höchstgeschwindigkeit 200 km/h
Flugleistungen (gemessen DFVLR, Oktober 1966)
Geringstes Sinken: 0,53 m/sec bei 82 km/h
Bestes Gleiten: 44 bei 87 km/h

D-37

Nach der D-36 verschrieben sich die Darmstädter dem Motorsegler. Dieser sollte wie die SF-27-M ein Klapptriebwerk hinter dem Holm haben. Allerdings sollte es ein Hochleistungsmotorsegler mit einer Spannweite von 18 Metern werden. Auf Eigenstartfähigkeit wurde verzichtet. Ursprünglich sollte die D-37 das Wölbklappenprofil der D-36 bekommen. Im Jahre 1966 schlug aber ein Versuch fehl, den Flügel über einem von Rippen gestützten Wabenkern mit Hilfe eines Zweikomponentenschaumes auszufüllen. Was im Modellversuch funktioniert hatte, klappte im großen nicht: Die Form wurde gesprengt. So wurde in nun schon »konventioneller« GFK-Bauweise ein Roving-Holm gebaut. Zugunsten der leichteren Handhabung und wegen der größeren Holmhöhe und dadurch leichteren Bauweise wählte man das starre Profil FX 66-S-196, das später auch beim großen Cirrus und der LS-1 verwendet wurde.
Als Stützmaterial wurde zum ersten Mal ein Hartschaum gewählt, der mit Hilfe einer Vakuumpumpe und einer Folie mit Unterdruck in die Negativform gepreßt wurde. Die Bremsklappen wurden nur zweiteilig gebaut, das Flugzeug erhielt zusätzlich einen Bremsschirm.

DD

Der Motorsegler D-37 mit eingefahrenem Triebwerk über Dossenheim.

Die D-37 mit herausgeklapptem Triebwerk.

Der Rumpfquerschnitt mußte gegenüber der D-36 größer gewählt werden. Die Rumpfröhre und das T-Leitwerk wurden ziemlich genau übernommen.
Als Klapptriebwerk fand ein 18-PS-Wankelmotor Verwendung. Mit 5500 Umdrehungen pro Minute trieb er mit einigem Lärm eine Druckschraube von 0,90 m Durchmesser an. Versenkt wurde der Motor in einem Kasten aus Stahlblech. Die Tanks faßten 40 Liter Treibstoff, was für rund fünf Flugstunden ausreichte. Der Motor hatte keinen elektrischen Anlasser. Am 5. August 1969 flog die D-37 zum ersten Mal im Flugzeugschlepp mit Wilhelm Dirks, der zusammen mit Franz-Georg Sator die Arbeit leitete. Besonders gelobt wurden die guten Flugeigenschaften und die außergewöhnliche Sicht. Beim Idafliegtreffen lag die D-37 in den Flugleistungen wie der Cirrus der DFVLR. Im April 1970 führte die D-37 sogar Eigenstarts auf der Betonbahn in Worms durch. Das Steigen betrug 0,90 m/sec und die Reisegeschwindigkeit etwa 100 km/h. Auch das Aus- und Einfahren des Triebwerkes in der Luft klappte ganz gut.
Wegen der Anlaßschwierigkeiten und des Lärms des Zweitaktmotors wird seit einigen Jahren der Motorsegler mit dem Kennzeichen D-KEDD als normales Segelflugzeug betrieben (D-2278).

Datenblatt D-37 »Artemis« (D-KEDD, D-2278, Wettbewerbs-Nr. DD)
Spannweite: 18,00 m

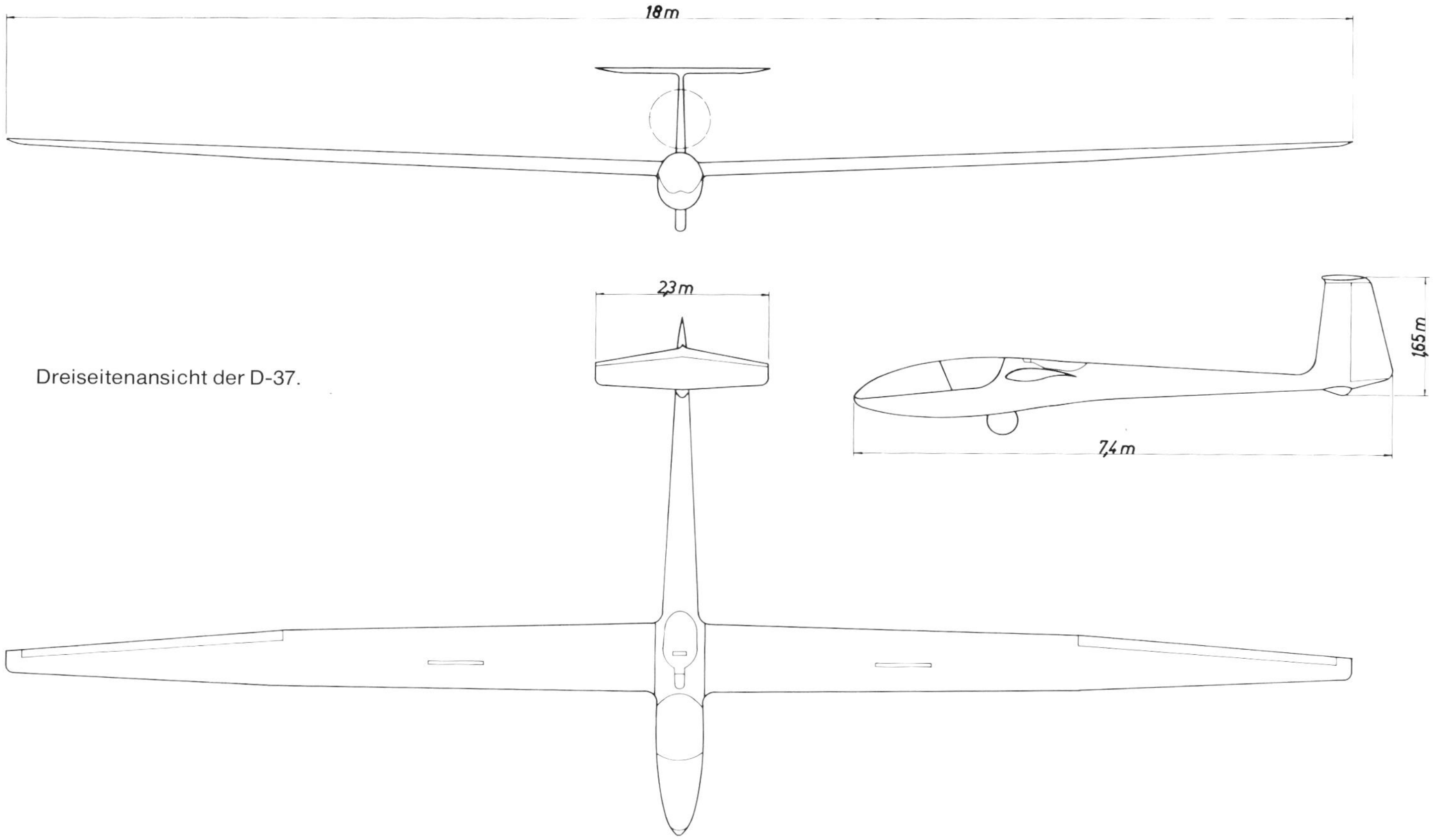

Dreiseitenansicht der D-37.

Flügelfläche: 13,0 m^2, Streckung: 24,8
Profil: FX 66-S-196 innen
FX 66-S-160 außen
V-Form: 2°, Pfeilung: ($\frac{t}{4}$ – Linie) 0°
Landehilfen: Schempp-Hirth-Bremsklappen und Bremsschirm
Abmessungen Höhen- und Seitenleitwerk wie D-36
Rumpflänge: 7,40 m, Breite: 0,60 m, Höhe: 0,80 m
Fahrwerk: einziehbar, ungefedert
Rüstgewicht: 307 kp, Zuladung: 153 kp
Max. Fluggewicht: 460 kp
Flächenbelastung: 35,4 kp/m^2
Flugleistungen (Angaben Akaflieg)
Geringstes Sinken: 0,60 m/sec bei 78 km/h
Bestes Gleiten: 38 bei 85 km/h

D-38

Die Auslegung der D-38 im Jahre 1970 zielte von Anfang an darauf hin, die Flugleistung der derzeitigen Standard-Flugzeuge zu verbessern. Neueste Profilmessungen wurden ausgewertet und Optimierungsrechnungen zur Ermittlung der günstigsten Streckung bei verschiedenen Wetterlagen durchgeführt. Gleichzeitig sollten die Flugeigenschaften insbesondere im Kurbeln verbessert werden. Das sollte einmal durch längere Leitwerkshebelarme sowie durch ein handkrafterhöhendes trimmbares Flettnerruder am Pendelhöhenleitwerk erreicht werden.
Das hauptsächlich verwendete Profil FX 61-184, das auch schon für die fs-23 und fs-25 benutzt wurde,

Die D-38 auf der Hahnweide. ▲

▼ Die D-38, Vorläufer des Serienflugzeuges DG-100, im Fluge bei Heppenheim.

hatte sich in neueren Messungen als das beste starre Profil herausgestellt. Im Querruderbereich wird das Profil FX 60-126 verwendet, das einen höheren Höchstauftriebsbeiwert hat, was sich ebenfalls im Langsamflug günstig auswirkt. Als optimale Streckung ergab sich 20,5. Die Flächenbelastung kann durch Wassertanks zwischen 26 und 33 kp/m² variiert werden. Besonderer Wert wurde auch auf die Gestaltung des Rumpfes gelegt. Die Rumpfröhre liegt parallel zur Profilsehne, während das Rumpfvorderteil um etwa 4° nach unten abgeknickt ist. Als Profil für den Rumpf wurde das NACA 641-012 verwendet. Bei 95 km/h liegt der Rumpf in der Umströmung.

Die D-38 ist in üblicher GFK-Balsaholz-Bauweise aufgebaut. Der Rumpf wurde im Positiv hergestellt. Für die Flügel- und Leitwerksschalen wurden Formen aus fertigen GFK-Platten gebaut, die auf Negativrippen eines Holzrahmens aufgeleimt wurden. Dieses Verfahren hat sich für die Herstellung von Prototypen eingebürgert.
Die D-38 entstand von 1970 bis 1972 und wurde am 19. 12. 1972 von Wilhelm Dirks in Worms eingeflogen. Das Flugzeug hat das Kennzeichen D-0938 und die Wettbewerbsnummer AA. Auf dem Hahnweide-Wettbewerb 1973 belegte sie gleich einen guten Platz.
Seit 1974 wird sie in einer Serienversion als DG-100 unter der Leitung von Wilhelm Dirks in Untergrombach bei Bruchsal gebaut.

Datenblatt D-38, D-0938
Spannweite: 15,00 m
Flügelfläche: 11,0 m², Streckung: 20,5
Flügeltiefe Wurzel: 0,94 m, Flügeltiefe außen: 0,38 m
Profil: FX 61-184 innen
60-126 außen
V-Form: 2°, Pfeilung ($\frac{t}{4}$ – Linie) 0°

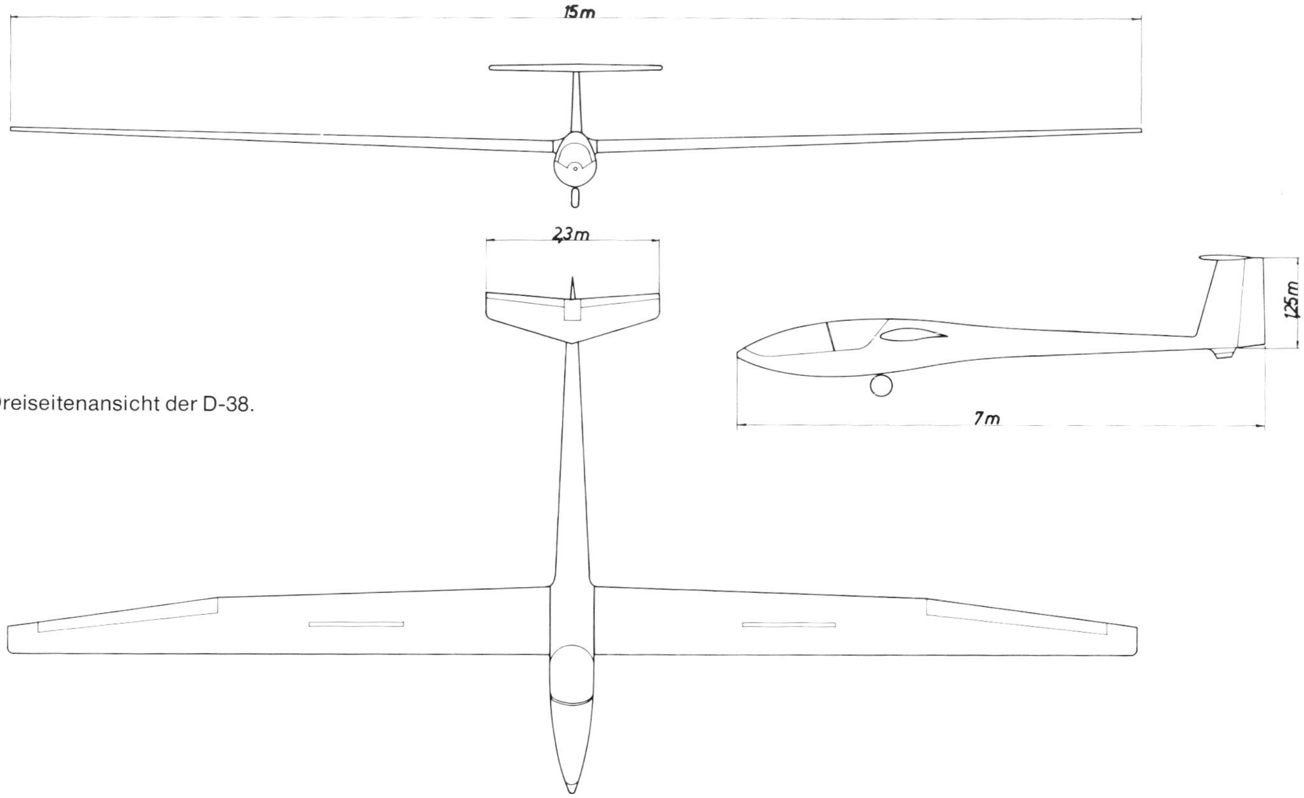

Dreiseitenansicht der D-38.

Landehilfen: Schempp-Hirth-Bremsklappen nach oben
Bodeneinstellwinkel: 7°
Höhenleitwerksspannweite: 2,30 m, Fläche: 1,00 m^2 (wie D-36 und D-37)
Seitenleitwerkshöhe: 1,25 m, Fläche: 0,92 m^2
Rumpflänge: 6,89 m, Breite: 0,59 m, Höhe: 0,80 m
Fahrwerk: einziehbar, ungefedert
Rüstgewicht: 210 kp, Zuladung: max. 150 kp
Max. Fluggewicht: 360 kp, Wassertanks: 50 Liter
Flächenbelastung: 26 bis 33 kp/m^2
Höchstgeschwindigkeit: 250 km/h
Flugleistung (gemessen bei Flächenbelastung 27,3 kp/m^2):
Geringstes Sinken: 0,66 m/sec bei 83 km/h
Bestes Gleiten: 36,5 bei 96 km/h

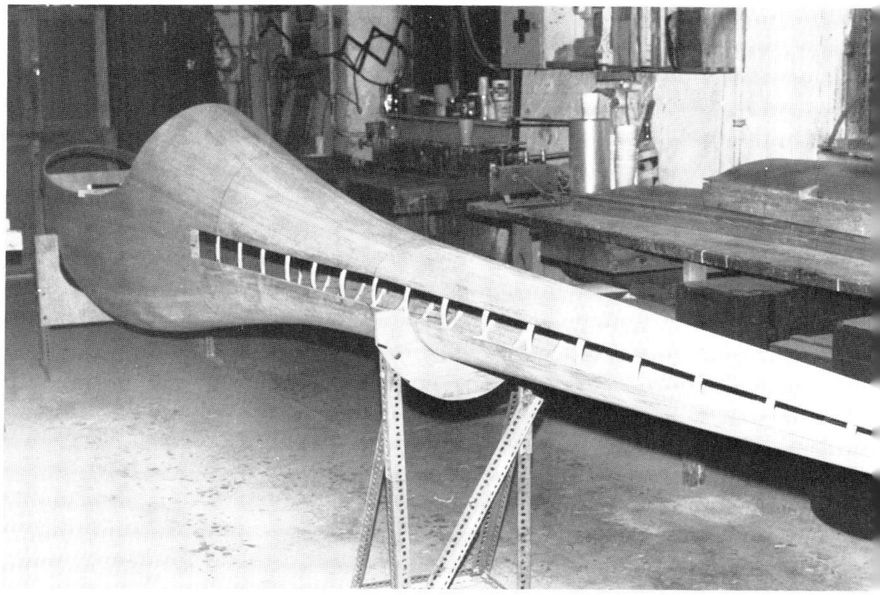

Der in Postivbauweise hergestellte Rumpf der D-39.

D-39

Neuestes Projekt der Akaflieg Darmstadt ist wiederum ein Motorsegler. Die D-39 erhält die verstärkten Flügel und Leitwerke der D-38 in einer Tiefdeckeranordnung. Neu ist der Motor im Rumpfbug, der eine für den Segelflug anklappbare Luftschraube mit 1,35 m Durchmesser antreibt. Diesen Antrieb bilden zwei zusammengekoppelte Fichtel & Sachs-Kreiskolbenmotoren mit einer Leistung von zusammen 47 PS bei 5000 Umdrehungen pro Minute, wie sie serienmäßig in Schneeschlitten eingebaut sind. Der für einen Einsitzer recht starke Motor soll ein Steigen von etwa 4 m/sec und eine Reisegeschwindigkeit von 180 km/h bringen. Trotz der hohen Flächenbelastung von 36,3 kp/m^2 soll das geringste Sinken immer noch deutlich unter einem Meter liegen. Der Pilot sitzt ziemlich genau im Schwerpunkt und das gefederte Einziehfahrwerk wird nach Art der RF-Typen zwischen die Beine eingezogen. Im Winter 1975/76 war das Flugzeug im Rohbau ziemlich fertig und der Erstflug war für Anfang 1977 geplant.

Als Triebwerk der D-39 dienen zwei zusammengekoppelte Wankelmotoren mit einer Leistung von zusammen 47 PS.

Datenblatt D-39, einsitziger Motorsegler
Spannweite: 15,00 m, Flügel und Leitwerk wie D-38, V-Form: 4°
Rumpflänge: 7,15 m, Höhe: 1,02 m, Breite: 0,59 m
Fahrwerk: einziehbar, gefedert
Triebwerk: 2 × Fichtel & Sachs KM 914, 47 PS

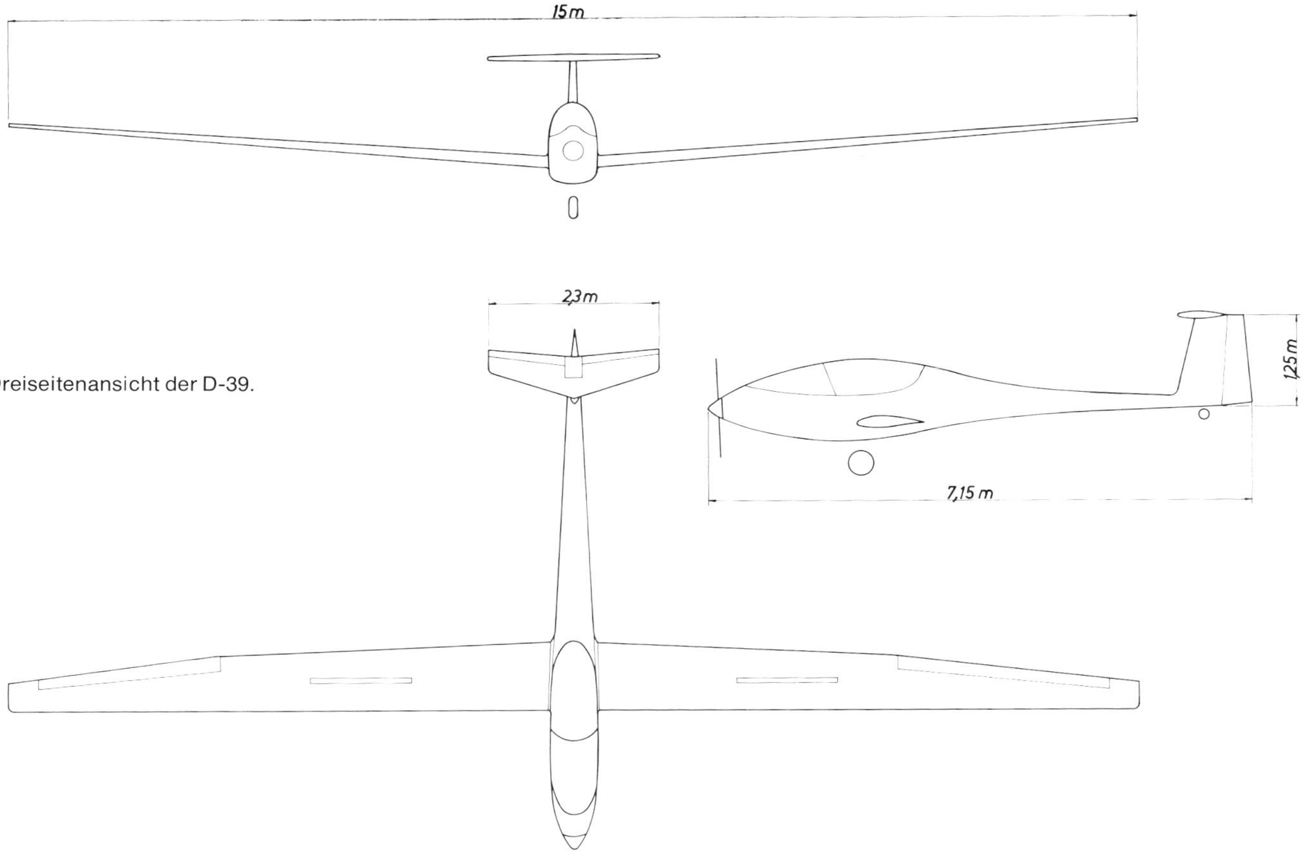

Dreiseitenansicht der D-39.

Rüstgewicht: 280 kp, Zuladung: 120 kp
Max. Fluggewicht: 400 kp
Flächenbelastung: 36,3 kp/m²

Startrollstrecke: 150–200 m
Reisegeschwindigkeit: 180 km/h
Höchstgeschwindigkeit im Segelflug: 260 km/h

Akademische Fliegergruppe Braunschweig

Die Geschichte der Akaflieg Braunschweig beginnt im Jahre 1922, dem Jahr der ersten Stundenflüge auf der Wasserkuppe. Flugbegeisterte Studenten und Assistenten beschlossen die Gründung einer Flugwissenschaftlichen Vereinigung. Bereits im ersten Jahr wurde mit dem Bau eines Doppeldecker-Segelflugzeuges der Typenbezeichnung SB-1 (Segelflugzeug Braunschweig 1) mit einer Spannweite von 7 m begonnen. Nach der Wiederzulassung des Segelfluges im April 1951 wurde auch die Akaflieg Braunschweig wiedergegründet. Bereits im Jahr 1952 konnte das erste Nachkriegsflugzeug vom Muster Baby getauft werden. 1954 schloß sich nach halbjähriger Bauzeit eine Weihe an.
Erste Nachkriegskonstruktion war die SB-5 mit dem Erstflug am 3. 6. 1959. Dieses konventionelle Flugzeug mit 15 m Spannweite und V-Leitwerk wurde in Fliegergruppen und industriell nachgebaut und fliegt heute noch in Deutschland in etwa 45 Exemplaren.

SB-6

Das Kunststoffzeitalter begann in Braunschweig mit der SB-6 im Jahre 1960. Björn Stender leitete die Konstruktions- und Bauarbeiten. Der Entwurf wurde von Vergleichsuntersuchungen an den erfolgreichsten Flugzeugen der Weltmeisterschaften 1958 in Polen und 1960 in Köln, sowie von der Bauweise her von einem Besuch der Phönix-Fertigung in Nabern wesentlich beeinflußt. Die Entwurfsunterlagen wurden festgelegt: 18 m Spannweite, die für damalige Verhältnisse sehr hohe Streckung von 25, ein nur 14%, dickes Profil von Dr. Eppler (STE 817-514), schmaler, niedriger Rumpf mit eingestrakter Haube und Kreuzleitwerk-Pendelruder. Die SB-6 wurde im Gegensatz zum Phönix nicht in Formmulden gebaut, sondern mit einem Kastenholm in Balsaholz, der an der Wurzel mit bis zu 31 Lagen Längsgewebe belegt war. Auf diesen Holm wurden glasfaserarmierte Rippen aufgeleimt und mit Balsa beplankt. Grundprinzip: Das Flugzeug wird in Balsa auf Untermaß gebaut und mit GFK überzogen. Zum ersten Mal verwendet wird die Gabel-Zungen-Verbindung der Flügelhälften, wie sie später bei vielen Kunststoff-Segelflugzeugen üblich ist. Der Rumpf wird mit Pappspanten auf einer Rohrhelling aufgebaut und mit 10 mm starken Balsaleisten beplankt. Nach dem Aufbringen der Außenhaut aus Gewebe wird das Rohr aus dem Rumpf herausgezogen und die Pappspanten werden entfernt. Anschließend kommen ein Hauptspant und die Einbauten hinein.
Das Flugzeug mit der Zulassungsnummer D-6299 macht am 2. 2. 1961 mit Georg Raddatz in Braunschweig seinen Erstflug. Getauft wurde sie auf den wohlklingenden Namen Nixope, der seine Bedeutung preisgibt, wenn man ihn von hinten liest. Abb. 65 zeigt die noch etwas rohe SB-6 beim Einfliegen. Bei Abb. 66 ist gut die Rumpfform mit dem Leitwerk, sowie das Einziehfahrwerk zu erkennen. Flugleistungen und Flugeigenschaften waren sehr zufriedenstellend. Bei den Deutschen Meisterschaften 1961 in Braunschweig belegte Björn Stender in seinem ersten größeren Wettbewerb in der Offenen Klasse den 6. Platz. Beim Idafliegtreffen in Braunschweig im Jahre 1964 erlitt die SB-6 durch den

Die noch etwas rohe SB-6 beim Einfliegen.

Fehler eines gruppenfremden Piloten einen Totalschaden. Sicher war das Flugzeug nicht einfach zu landen, da es weder Wölb- noch Bremsklappen, sondern nur einen Bremsschirm hatte.

Datenblatt:
SB-6, D-6299, Erstflug: 2. 2. 1961
Spannweite: 18,00 m
Flügelfläche: 12,95 m²
Streckung: 25,0
Flügeltiefe Wurzel: 0,90 m
Flügeltiefe Ende: 0,45 m

Die SB-6, das erste Kunststoff-Segelflugzeug der Akaflieg Braunschweig.

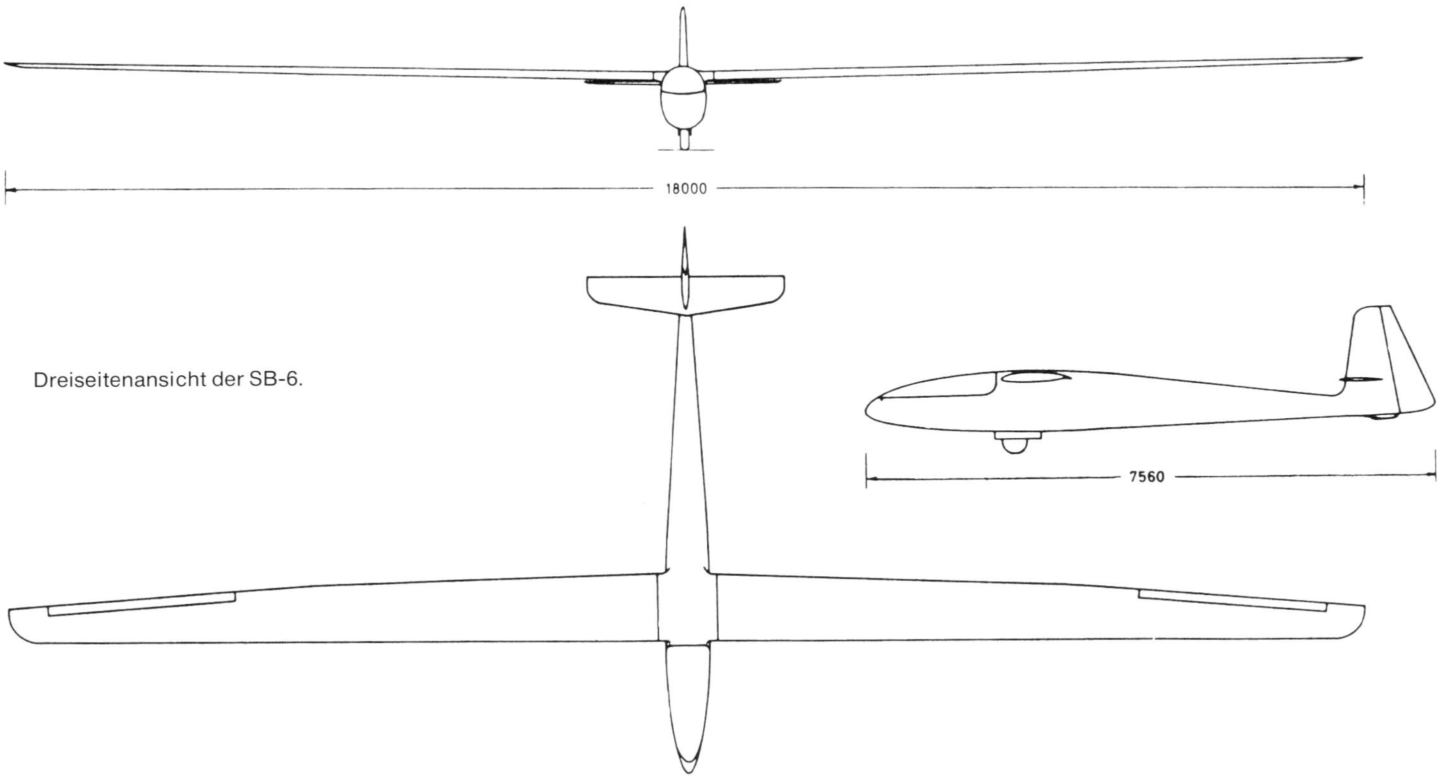

Dreiseitenansicht der SB-6.

Profil: Eppler STE 871-514
Bremsschirm: 1,3 m Durchmesser
Höhenleitwerksspannweite: 2,60 m, Fläche 1,20 m², Pendelruder ohne Trimmung
Seitenleitwerkshöhe: 1,50 m, Fläche 1,27 m²
Rumpflänge: 7,50 m, Breite: 0,56 m, Höhe: 0,84 m
Fahrwerk: einziehbar, ungefedert
Rüstgewicht: 260 kp, Zuladung: 90 kp
Max. Fluggewicht: 350 kp
Flächenbelastung: 27,8 kp/m²
Höchstgeschwindigkeit: 200 km/h
Flugleistungen: (Angaben Akaflieg)
Geringstes Sinken: 0,62 m/sec bei 88 km/h
Bestes Gleiten: 39 bei 90 km/h

SB-7

Eine recht bewegte Entwicklungsgeschichte hat das Nachfolgeflugzeug SB-7, das eigentlich nicht eine Weiterentwicklung der SB-6 war. Voll genutzt wurden natürlich die Erfahrungen mit der neuen Bauweise.
Ursprünglich sollte die SB-7 ein »Grunau-Baby«-Nachfolger in GFK mit einer Spannweite von 12 m und einem Gö-Profil werden. Dann wurde die Spannweite doch auf 15 m vergrößert und das nur 12% dicke Laminarprofil Eppler 306 verwendet. Der Flügel hatte Rechtecktrapezform mit einer Fläche von 11,85 m², eine Streckung von 19 und vierteilige Schempp-Hirth-Bremsklappen. Mit 0,74 m war der Rumpf recht niedrig und hatte durch die weit zurückliegende größte Bauhöhe eine sehr charakteristische Form. Das Pendel-T-Höhenleitwerk zeichnete sich durch eine recht große Spannweite (2,90 m) und einer Fläche von 1,30 m² aus. Das Fahrwerk war einziehbar und ungefedert wie bei der SB-6.
Der Erstflug in dieser Version mit dem Kennzeichen D-6103 führte am 25. 10. 1962 in Braunschweig

Die Hilfsspanten für den Rumpf der SB-7 auf dem Hellingrohr.

Georg Raddatz mit wenig Begeisterung durch. Durch die niedrige Bauhöhe des Flügels ergaben sich zudem Schwierigkeiten mit den Bremsklappen, so daß die äußeren Bremsklappen später zugespachtelt wurden und das Flugzeug als zusätzliche Landehilfe einen Bremsschirm mit einem Durchmesser von 1,10 m bekam. Rolf Kuntz war 1963 mit der SB-7 bei der Weltmeisterschaft in Argentinien, hatte dort ebenfalls Schwierigkeiten mit dem Flugzeug und belegte den 17. Platz von 25 Teilnehmern. Hauptproblem dieser »scharfen« SB-7 mit einer Flächenbelastung von mehr als 30 kp/m^2 war das Abreißverhalten im Kurvenflug, so daß es »manchem Piloten vergönnt war, die Landschaft stehend zu betrachten«, wie es in einem Akaflieg-Bericht über das Flugzeug heißt.

1967/68 wurden einige entscheidende Änderungsarbeiten durchgeführt. Der Flügel wurde außen um je einen Meter auf eine Spannweite von 17 m vergrößert. Die Streckung erhöhte sich dadurch von 19,0 auf 22,8 und die Flächenbelastung verringerte sich von 30,4 kp/m^2 auf 28 kp/m^2. Die Rumpfhöhe wurde um 5 cm vergrößert, die Haube zweigeteilt, und neue Bremsklappen näher am Holm eingebaut. Ein Jahr später wurde dann das Profil aufgedickt und aus dem Eppler 306 entstand ein modifiziertes Wortmann FX 61-163. Auch der Einbau eines Flettnerruders trug zur Verbesserung der Flugeigenschaften bei.

Beim Entwurf der SB-7 wurde auch durch Anfertigung ausführlicher Zeichnungsunterlagen ein möglicher Nachbau berücksichtigt, der allerdings dann in Deutschland nicht zugelassen wurde. Angeregt durch die Bekanntschaft mit der SB-6 anläßlich eines Ferienlagers in Samedan wurden dann aber zwei SB-7 ebenfalls im Positivverfahren in der Schweiz gebaut. Die Flügel bekamen aber gleich eine Spannweite von 16,5 m und das 14% dicke

Zwei Exemplare der SB-7 wurden in der Schweiz nachgebaut. Hier die HB-723 von Paul Kummer und Oskar Wiesendanger.

Eine interessante Perspektive des Schwesterflugzeuges HB-857 von Peter Scherrer.

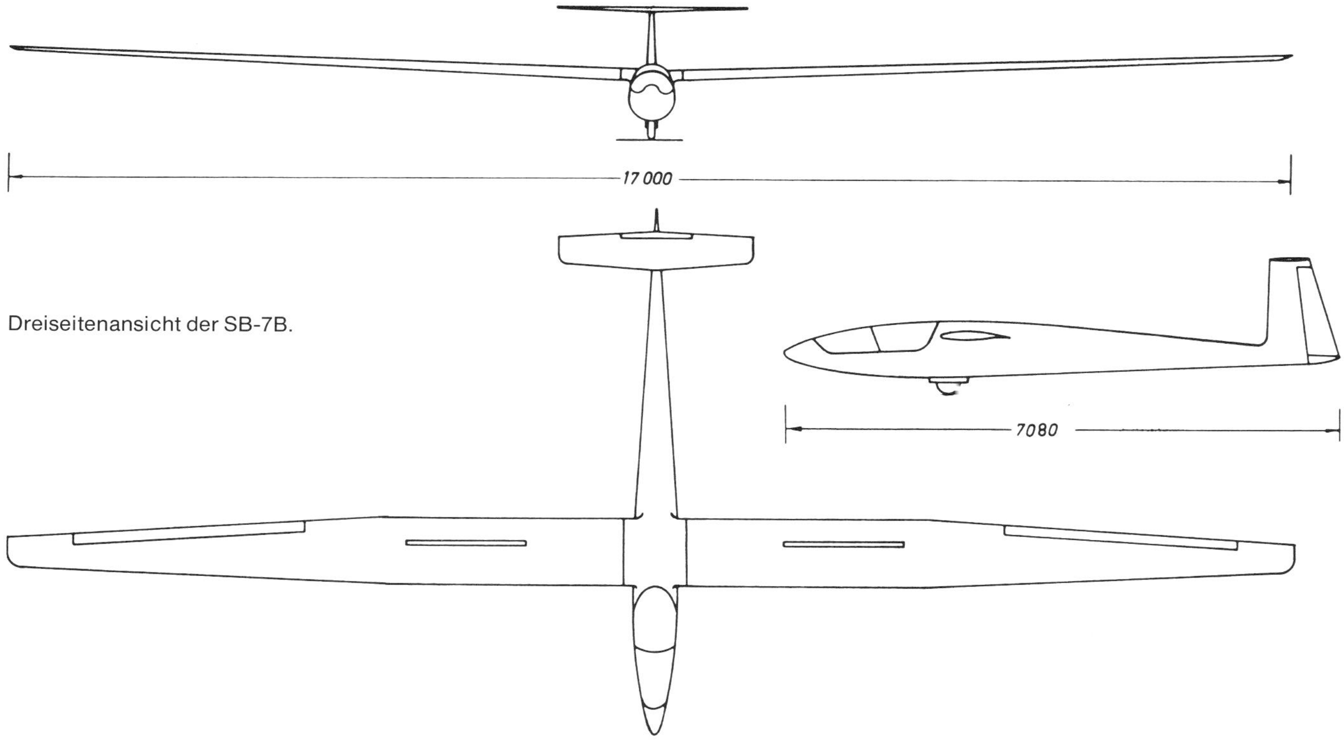

Dreiseitenansicht der SB-7B.

Eppler-Profil Nr. 417. Als Landehilfen dienten vierteilige Bremsdrehklappen, sowie ein Bremsschirm mit 1,3 m Durchmesser. Die HB-723 (Abb. S. 71) führte am 20. 5. 1967 nach 4500 Arbeitsstunden durch Paul Kummer und Oskar Wiesendanger ihren Erstflug im Birrfeld durch. Am 8. 7. 1967 flog zum ersten Mal die von Peter Scherrer erbaute HB-857 (Abb. S. 71). Beide Flugzeuge fliegen heute noch zur vollen Zufriedenheit ihrer Besitzer in der Schweiz. Auch die Braunschweiger SB-7 wird heute noch gern und viel geflogen und im Überlandflug eingesetzt.

Datenblatt SB-7 B, D-6103
Spannweite: 17,00 m
Flügelfläche: 12,66 m²
Streckung: 22,8
Profil: Wortmann FX 61-163 mod.
Landehilfen: Schempp-Hirth-Bremsklappen und Bremsschirm
Höhenleitwerksspannweite: 2,50 m, Fläche: 1,05 m² Pendelruder mit Flettnertrimmung
Seitenleitwerkshöhe: 1,35 m, Fläche 1,00 m²
Rumpflänge: 7,08 m, Breite: 0,57 m, Höhe: 0,79 m
Fahrwerk: einziehbar, ungefedert
Rüstgewicht: 283 kp, Zuladung: 107 kp
Max. Fluggewicht: 390 kp
Höchstgeschwindigkeit: 160 km/h
Flugleistungen: (Angaben Akaflieg)
Geringstes Sinken: 0,60 m/sec bei 75 km/h
Bestes Gleiten: 37 bei 85 km/h

SB-8

Nach den eigenen Erfahrungen mit der SB-7 und unter Berücksichtigung der zwischenzeitlich erschienenen BS-1 und D-36, sollte mit der SB-8 ein 18-m-Leistungsflugzeug entstehen, bei welchem gute Flugeigenschaften im Gruppenbetrieb sowie überdurchschnittliche Steigleistungen im Vordergrund standen. Die Flächenbelastung sollte

Das charakteristische Rumpfvorderteil der SB-8.

23 kp/m² (Wert etwa wie Ka 6) nicht übersteigen, andererseits sollte eine Streckung von 23 nicht unterschritten werden. Somit ergab sich eine Flugfläche von 14 m². Als Profil für den Doppeltrapezflügel wurde wie bei der D-36 das Profil FX 62-K-131 (innen 62-K-153) gewählt, welches dann außen auf das Querruderprofil FX 60-126 gestrakt wurde. Auf große Schempp-Hirth-Bremsklappen sollte nicht verzichtet werden. Die V-Form beträgt 1,5° und die Flügelvorderkante läuft gerade durch.
Der Rumpf erhielt mit 0,82 m wieder eine größere Bauhöhe. An der nicht eingestrakten Haube und dem recht spitzigen, etwas heruntergezogenen Rumpfvorderteil ist das Flugzeug gut zu erkennen. Das großspannige T-Höhenleitwerk hat Ruder und Flosse.
Der Flügelaufbau erfolgte wie bei der SB-6 und SB-7, nur daß die Oberschale des Flügels in einer Negativform gebaut wurde. Das Höhenleitwerk konnte wegen der Profilsymmetrie mit beiden Halbschalen in einer Form hergestellt werden. Erstmals wurde auch Conticell-Schaumstoff verwendet. Das Seitenruder ist stoffbespannt.
Der Erstflug der SB-8 V1 fand am 25. 4. 1967 statt und bestätigte voll die Erwartungen, die man in dieses Flugzeug gesetzt hatte.

Daten der SB-8 V 1, D-6015
Spannweite: 18,00 m
Flügelfläche: 14,10 m², Streckung: 23,0
Profil: FX 62-K-153 innen
62-K-131 Mitte
60-126 außen
Schempp-Hirth-Bremsklappen, kein Bremsschirm

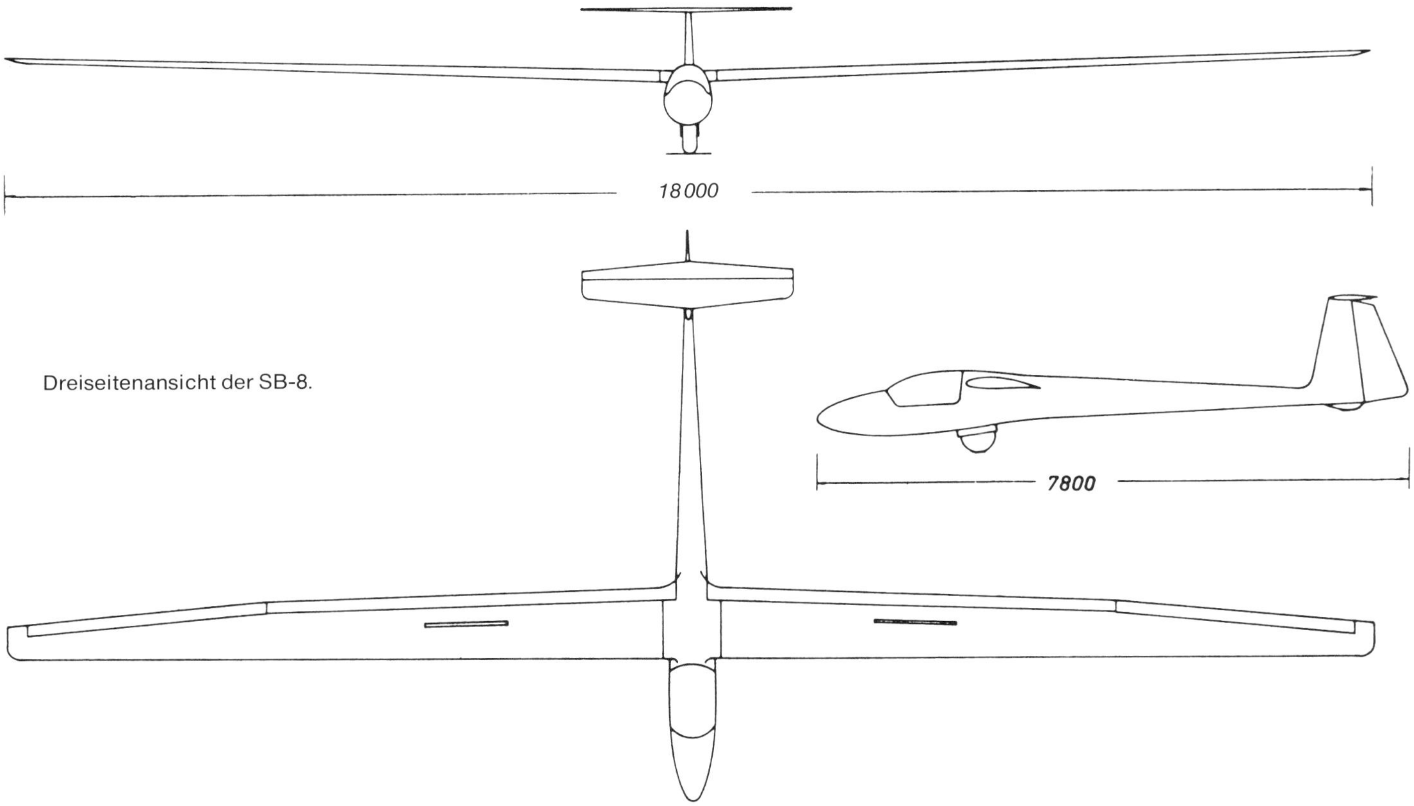

Dreiseitenansicht der SB-8.

Höhenleitwerksspannweite: 2,70 m, Fläche: 1,30 m², (Flosse-Ruder)
Seitenleitwerkshöhe: 1,45 m, Fläche: 1,30 m²
Rumpflänge: 7,70 m, Höhe: 0,82 m, Breite: 0,60 m
Rüstgewicht: 260 kp, Zuladung: 105 kp
Fluggewicht: 365 kp
Flugleistungen: (DFVLR-Messung, August 1968 Flächenbelastung: 27,7 kp/m²) SB-8 V2, D-6085
Geringstes Sinken: 0,62 m/sec bei 86 km/h
Bestes Gleiten: 40 bei 97 km/h
Höchstgeschwindigkeit: 200 km/h
Mindestgeschwindigkeit: 60 km/h

Nach den guten Erfahrungen mit der SB-8 V1 lag es nahe, die vorhandenen Flügelformen noch einmal zu nutzen. Natürlich sollten in der SB-8 V2 auch einige Verbesserungsmöglichkeiten versucht werden. Einmal hatte es sich gezeigt, daß es nur in Ausnahmefällen sinnvoll war, mit der minimalen Flächenbelastung von etwa 22 kp/m² überland zu gehen. So wurden bei der V1 in den Tragflügeln Halterungen für Bleiballast eingebaut, so daß die Flächenbelastung bis auf 27 kp/m² erhöht werden konnte. Die Flügel der V2 wurden zur Erhöhung der Steifigkeit also gleich schwerer gebaut, und die Flächenbelastung konnte mit Hilfe von Wasserballasttanks dann bis auf 32 kp/m² gesteigert werden.

Zum anderen hatte eine Studienarbeit eine Verbesserung der Reisegeschwindigkeit in Aussicht gestellt, wenn die übliche starre Wölbklappe mit einem Spalt auf der Flügeloberseite durch eine flexible, elastische Wölbklappe ersetzt wurde. Bei der Akaflieg Braunschweig wurden mit den Typen HKS-1 und HKS-3 bereits früher Erfahrungen mit dieser elastischen Profilverwölbung gesammelt, und auch

Björn Stender hatte sich ausführlich mit diesem Problem beschäftigt.
Nachdem von der V1 nur Negativformen der Flügeloberseite existierten, wurde zur Herstellung der V2 auch die Unterseite abgeformt. Der Holm wurde zum ersten Mal nicht aus Längsgewebe, sondern aus Rovings hergestellt. Der Ruderanteil des Seitenleitwerks wurde vergrößert, da der Rumpf aus Steifigkeitsgründen 20 cm kürzer gebaut wurde. Mit 200 kp auf der Waage wurden die beiden Flügelhälften der V2 dann doch einiges schwerer als erwartet. Nicht einmal ein Jahr nach dem Erstflug der V1 erhob sich die SB-8 V2 mit dem Kennzeichen D-6085 (wird beibehalten bis zur SB-10) am 17. 4. 1968 in ihr Element. Mit Spannung wurde der Leistungsvergleich der beiden Schwesterflugzeuge erwartet. Überraschenderweise ergaben sich selbst bei gleicher Flächenbelastung trotz des fehlenden Klappenspaltes im Langsamflug keine Vorteile für die V2, vielmehr zeigte diese wohl auch durch die geringere Schränkung im Außenflügel und durch den torsionssteiferen Flügel einen Leistungsgewinn im Schnellflug.

SB-9

Der Tragflügel der SB-8 V2 war aus Steifigkeitsgründen stark überdimensioniert. So bot sich an, durch ansteckbare Außenflügel die Spannweite von 18,00 auf 22,00 m zu erhöhen. Festigkeitsmäßig wäre sogar eine Vergrößerung auf 23,00 m möglich gewesen. Das Risiko war gering. Sollte sich die Spannweitenvergrößerung nicht bewähren, konnte das Flugzeug wie bisher geflogen werden. Die Holme wurden mit einer Zungenverbindung gekoppelt, die Querruder mit Steckbolzen verbunden.
Die 22-m-Version der SB-8 V2 wurde fortan SB-9 genannt. Die Streckung war mit 31,3 beachtlich. Drei Tage vor dem Erstflug des Nimbus-I konnte Helmut Treiber am 23. 1. 1969 im Schlepp einer Do 27 mit der SB-9 den ersten Start eines Nachkriegssegelflugzeuges mit einer Spannweite von mehr als 20 m durchführen.

Die vier Personen demonstrieren den vierteiligen Flügel der SB-9.

Flugbild der SB-9.

Leistungen und Flugeigenschaften waren sehr zufriedenstellend. Lediglich die Querruderkräfte waren etwas hoch, und der Flügel war doch recht weich. Im Winter 1969/70 wurden teilweise die Holmgurte verstärkt. In der Folge davon sind Flattererscheinungen im Querruder aufgetreten, die durch Massenausgleich behoben werden konnten. Über diese Flatteruntersuchungen ist ein eindrucksvoller Lehrfilm hergestellt worden. Um für den Überlandflug die Maximalgeschwindigkeit von 180 km/h auf 200 km/h zu erhöhen, mußte die Spannweite um einen Meter auf 21 m verringert werden.

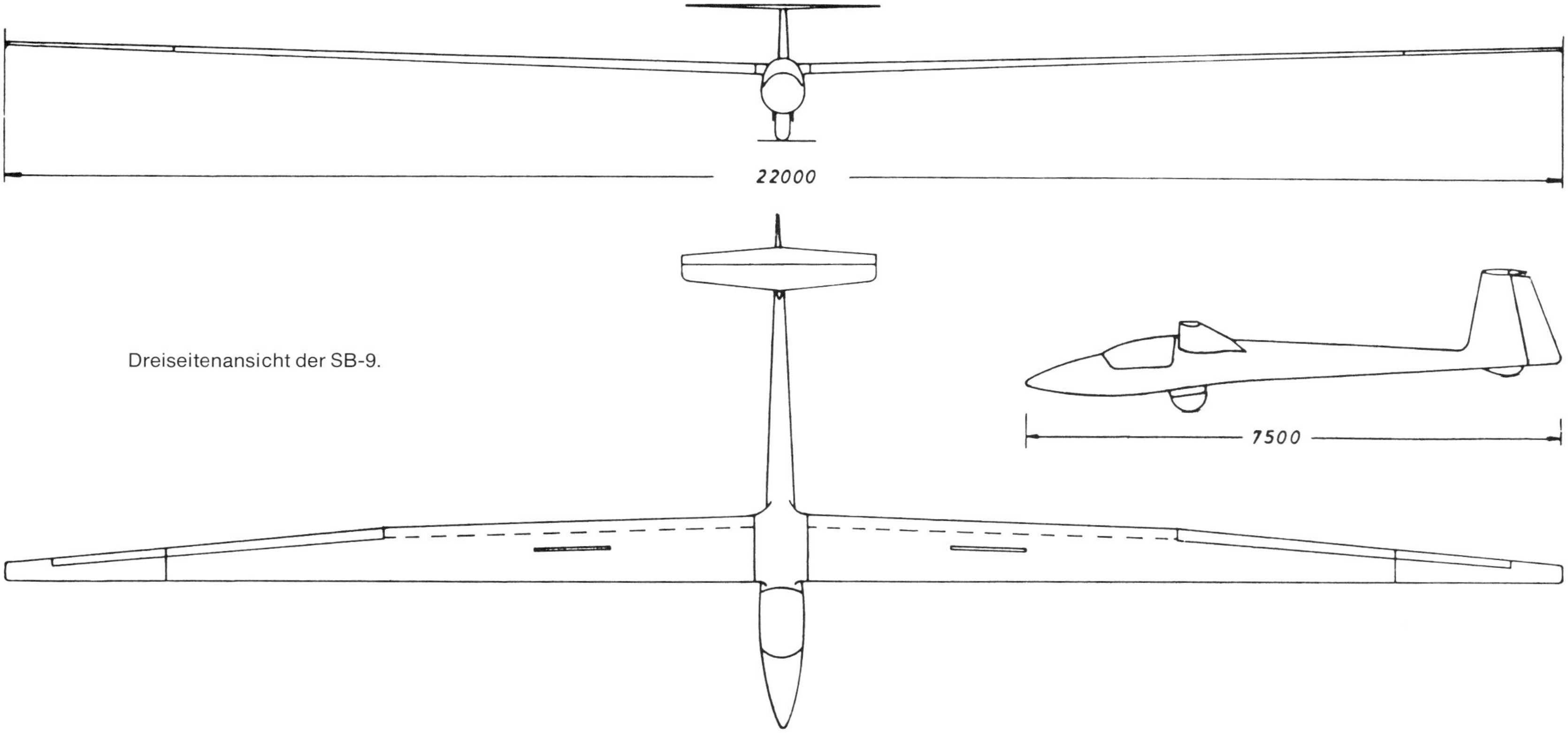

Dreiseitenansicht der SB-9.

Datenblatt SB-9 (= SB-8 V2 mit 22 m Spannweite) D-6085

Spannweite: 22,00 m
Flügelfläche: 15,48 m^2, Streckung: 31,3
V-Form: 1,5°, Pfeilung (Nase): 0°
Profil: FX 62-K-153 innen
FX 62-K-131 Mitte
FX 60-126 außen
Schempp-Hirth-Bremsklappen
Seiten- und Höhenleitwerk wie bei der SB-8
Rumpflänge: 7,50 m, Höhe: 0,82 m, Breite: 0,59 m
Rüstgewicht: 321 kp, Zuladung: 100 kp
Max. Fluggewicht: 412 kp
Mindesgeschwindigkeit: 59 km/h
Höchstgeschwindigkeit: 180 km/h
Flugleistungen (DFVLR-Messung April 1972, mit 21 m Spannweite und Flächenbelastung 27,3 kp/m^2)
Geringstes Sinken: 0,51 m/sec bei 81 km/h
Bestes Gleiten: 46 bei 88 km/h

SB-10

Mit der Erhöhung der Spannweite von der SB-8 (18,00 m) zur SB-9 (22,00 m) hatte die Akaflieg Braunschweig einen Weg beschritten, die Flugleistungen mit relativ einfachen Mitteln entscheidend zu verbessern. Vier Meter Spannweite erhöhten die beste Gleitzahl von 40 auf 46. Die höhere Streckung verringerte den induzierten Widerstand; der Anteil des schädlichen Widerstandes, der hauptsächlich durch den Rumpf verursacht wird, wurde relativ kleiner.
Dieser Weg wurde konsequent weitergegangen und führte zu einem Segelflugzeug mit 29 m Spannweite: zur SB-10. Es würde nun zu weit gehen, all die Probleme und Schwierigkeiten zu erwähnen, die bei der Verwirklichung dieses Projekts auftauchten. Grundsätzlich muß allerdings gesagt werden, daß es eine beinahe unglaubliche Leistung darstellt, dieses Vorhaben im Rahmen einer Akaflieg zu verwirklichen.

Helmut Treiber vor dem Erstflug mit der SB-10. ▲ SB-10 mit einer Spannweite von 29 Metern. ▼

Die SB-10 beim Flugzeugschlepp in Aalen-Elchingen.

Wenn man dieses Flugzeug zum ersten Mal sieht, so machen die Dimensionen der SB-10 einen gewaltigen Eindruck. Da ist der über 10 m lange Rumpf mit dem 60 cm hohen Fahrwerk, das über 2,20 m hohe Seitenleitwerk, und natürlich der Flügel mit einer Spannweite von zwei Standard-Segelflugzeugen. Das Rüstgewicht ist mit 577 kp gleich dreimal so hoch wie bei der Ka 6, und nur gut 100 kp fehlen, und das Höchstfluggewicht würde eine Tonne betragen.

Anläßlich des Idafliegtreffens 1975 in Aalen-Elchingen scherzte ein Teilnehmer, es sei ihm nun klar geworden, woher das Flugzeug seine Bezeichnung habe: Es seien mindestens 10 Mann notwendig, um das Flugzeug am Boden zu bewegen.

Der fünfteilige Flügel der SB-10 setzt sich aus einem einteiligen Rechteckmittelstück von 8 m Spannweite und den Außenflügeln der SB-9 zusammen. Es war von vornherein klar, daß das Mittelstück nicht aus GFK zu bauen war. Nach einem Versuch mit Bor-Fasern entschied man sich für Kohlenstoff-Fasern, die durch Verkohlung von organischen Kunststoff-Fasern wie Dralon oder Rayon bei Temperaturen von etwa 2000°C hergestellt werden. Zum Zeitpunkt der Herstellung der SB-10 hatten diese Kohlenstoff-Fasern einen stolzen Preis. Je nach Fasertyp kostete ein Kilogramm zwischen DM 300,– und DM 1800,–.

Dieses Mittelstück mit einer V-Form von 1,5° hat einen Kastenholm mit Gurten aus KFK-Rovings (KFK = Kohlenstoff-Faser-Kunststoff) und Stegen aus Sperrholz. Die tragende Schale besteht auf der

Die besonderen Dimensionen der SB-10 werden auch auf diesem Foto deutlich.

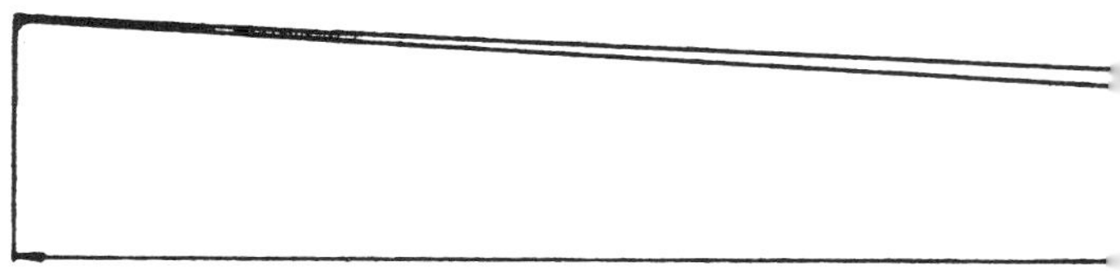

Ober- und Unterseite aus GFK, 6 mm starkem Balsa und KFK. Als Bettungsmaterial (Matrix) wird ein besonderer Harztyp mit entsprechendem Härter verwendet. Die Wölbklappe des Mittelstücks, das allein ein Gewicht von 160 kp hat, kann für den Landeanflug bis zu 75° ausgefahren werden.

Zur Erhöhung der Rollwendigkeit wurden die damals noch elastischen Wölbklappen des SB-9-Flügels zur Quersteuerung mit herangezogen. Die Steuerkräfte wären aber zu groß geworden. Deshalb wurden die elastischen Wölbklappen wieder durch normale Wölbklappen ersetzt. Um die Schwerpunktswanderung durch den zweiten Piloten zu verringern, bekam der Flügel auf die Nase bezogen eine Pfeilung von minus 1 Grad.

Die Auslegung zum Doppelsitzer ergab sich zwangsläufig. Wegen des großen Trägheitsmomentes des Tragflügels war ein großes Seitenleitwerk mit einem langen Leitwerkshebelarm erforderlich. Aus flugmechanischen Gründen mußte deshalb der erste Pilot sehr weit vorn sitzen, so daß Raum genug für einen zweiten Piloten blieb. Der Rumpf besteht abweichend von der bisherigen Bauweise aus einem durch eine GFK-Balsa-Schale verkleideten Stahlrohrgerüst, an welches mit 4 Laschen eine bei VFW-Fokker gebaute konische Leichtmetallröhre angeschraubt ist. Auf diese Rumpfröhre ist der Leichtmetallholm des Seitenruders aufgenietet. Das Höhenleitwerk mit Ruder und Flosse aus Conticell und Sperrholz ist mit einem nur 6% dicken Profil als Kreuzleitwerk ausgebildet. Das Fahrwerk ist gut gefedert und besitzt eine hydraulische Scheibenbremse. Der Erstflug fand am 27. Juli 1972 mit Helmut Treiber zuerst in der 26-m-Version und anschließend in der 29-m-Version im Schlepp einer Do 27 statt. Die Ruderabstimmung war gut und die Wendigkeit für dieses große Flugzeug verblüffend.

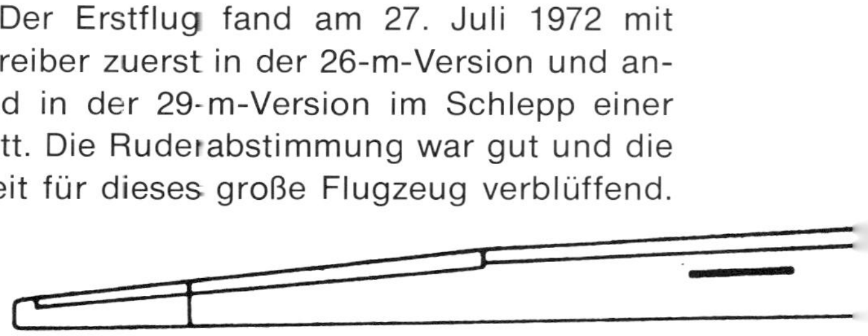

Zur Verringerung der Seitenruderkräfte wurde später ein Hilfsruder eingebaut, Fahrwerks- und Bremsklappenbetätigung wurden verbessert.
Auch im Überlandflug bewährte sich die SB-10 sehr gut. 1973 gewann sie einen Doppelsitzerwettbewerb in Poitiers (Frankreich) und am 16. 4. 1974 stellten Benno Schmaljohann und Günther Knorr einen deutschen Rekord im Freien Streckenflug mit 896 km auf.

Datenblatt SB-10
Spannweite: 29,00 m
Flügelfläche: 22,95 m², Streckung: 36,6
V-Form: 1,5°, Pfeilung: −1° (Nase)
Profil: FX 62-K-153 innen
FX 62-K-131 Mitte
FX 60-126 außen
Höhenleitwerksspannweite: 3,30 m, Fläche: 1,46 m²
Kreuzleitwerk mit Ruder und Flosse
Seitenleitwerkshöhe: 2,21 m, Fläche: 2,45 m²
Rumpflänge: 10,36 m, Höhe: 0,94 m, Breite: 0,68 m
Rüstgewicht: 577 kp, Zuladung: 320 kp (davon 100 kp Wasser)
Maximales Fluggewicht: 897 kp
Flächenbelastung: 29–39 kp/m²
Mindestgeschwindigkeit: 65 km/h
Höchstgeschwindigkeit: 200 km/h
Flugleistungen (Angaben Akaflieg)
Geringstes Sinken: 0,41 m/sec bei 75 km/h
Bestes Gleiten: 53 bei 90 km/h

SB-11

Mit der SB-11 wendet sich die Akaflieg Braunschweig der neuen 15-m-Klasse zu. Im Frühjahr 1976 ist die Planungsphase ziemlich abgeschlossen, wobei folgende Entwurfsunterlagen festliegen: Einsitzer in KFK-Bauweise, Spannweite 15,00 m, spaltloses Fowler-Klappen-Profil mit angefügter Wölbklappe, Rumpflänge 7,40 m.

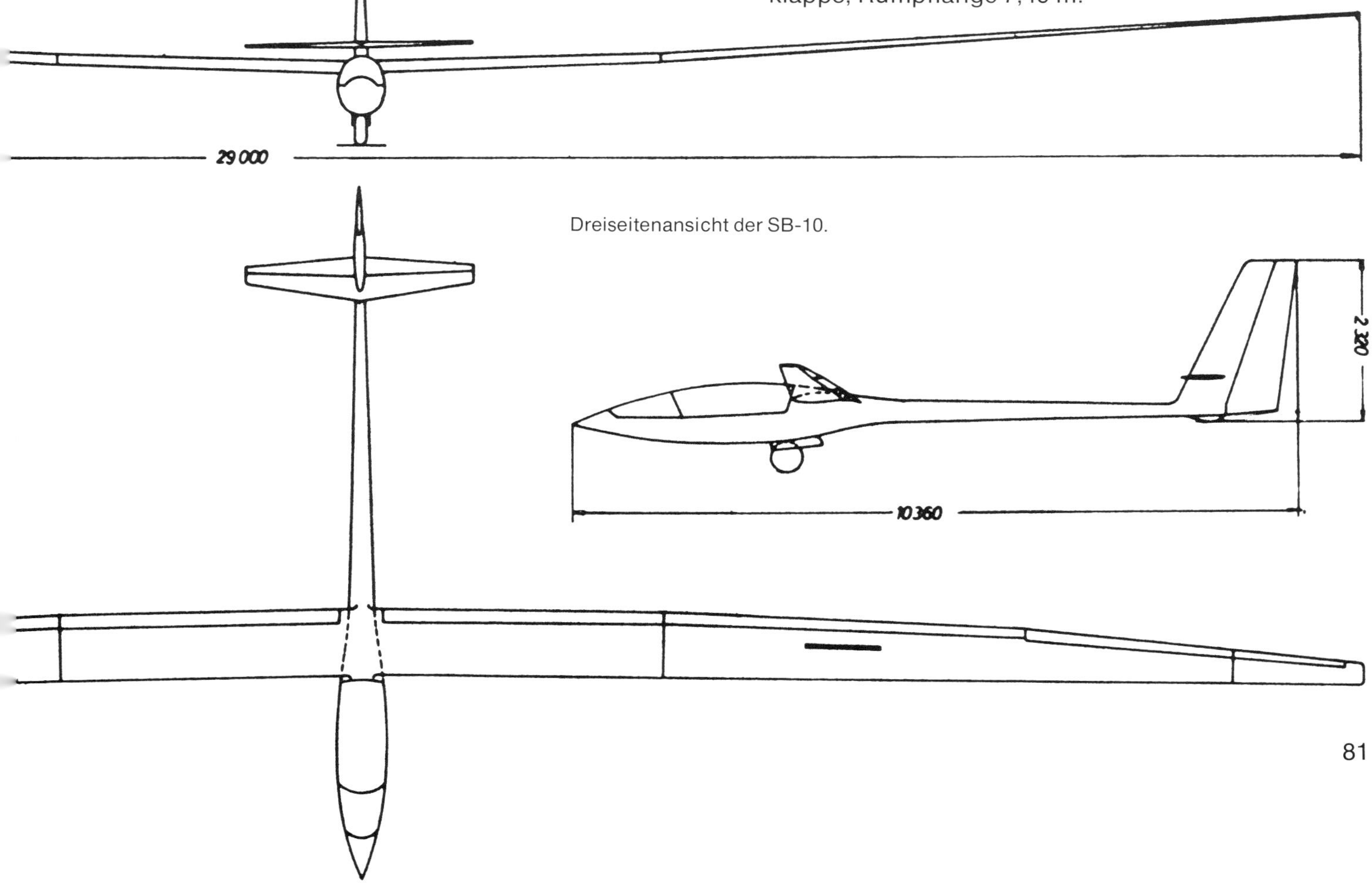

Dreiseitenansicht der SB-10.

Die anderen Akademischen Fliegergruppen
Einzelstücke in Deutschland

Hi-25 »Kria«

Zuordnen zur Epoche und zur Abstammung des Phönix muß man die Hi-25 mit dem Namen einer isländischen Schwalbe. Zu ihren Vätern gehören Wolf Hirth, Hermann Nägele und Richard Eppler. Gebaut wurde die Kria in den Jahren 1957/58 bei Wolf Hirth in Nabern. Mit 11,90 m Spannweite ist sie die kleinste aller Kunststoffsegler. Besondere Kennzeichen sind der einteilige Flügel ohne V-Form mit Spreizklappen nach Art des Phönix. Auch die Bauweise mit Rumpfkern und Negativschalen wurde komplett von Phönix übernommen. Charakteristisch sind ferner die eingeschnürte Rumpfform mit abwickelbarer Haube und das gedämpfte V-Leitwerk mit einem Öffnungswinkel von 110°. Der Minisegler hat eine Kufe mit einem Kuller für den Start. Rudi Lindner führt am 31. 12. 1958 auf der Hahnweide den Erstflug durch. 1960 wurde die Kria der Akaflieg Stuttgart geschenkt. In den folgenden Jahren kann man sie oft am Himmel über dem Hornberg sehen. Die Querruderwirkung ist nicht ganz ausreichend. Große Piloten haben keinen Platz im kurzen Cockpit. Heute noch fliegt die Kria mit dem Kennzeichen D-8308 bei der Flugtechnischen Gruppe Eßlingen.

Datenblatt Hi-25, Kria, D-8308, Wettbewerbs-Nr. 9
Spannweite: 11,90 m (Flügel einteilig)
Fläche: 9,88 m², Streckung: 14,3

Mit 11,90 m Spannweite ist die Hi-25 Kria das kleinste Kunststoff-Segelflugzeug.

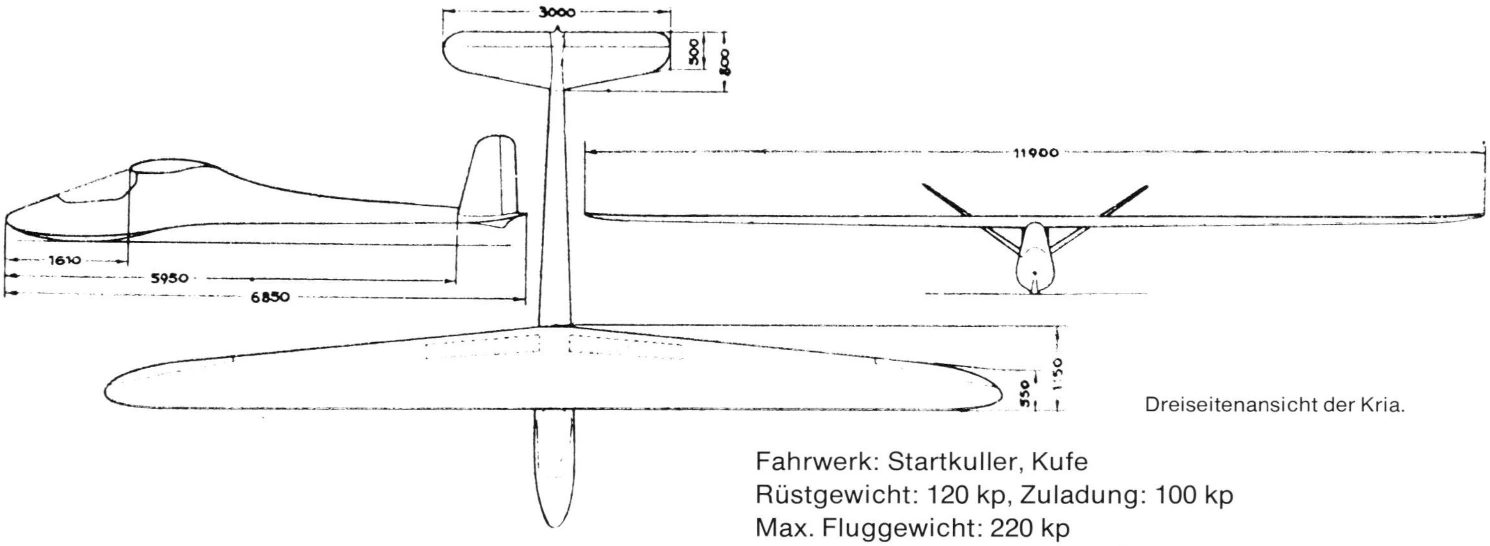

Dreiseitenansicht der Kria.

Flügeltiefe Wurzel: 1,15 m, Ende: 0,55 m
Profil: Eppler 27
V-Form: 0°, Pfeilung: 0° (Flügelvorderkante)
Landehilfen: Drehklappen an der Flügelunterseite bis 90° ausfahrbar
Höhenleitwerksspannweite: 3,00 m, Fläche: 1,9 m²
(horizontale Projektion)
Seitenleitwerkshöhe: 1,28 m
Rumpflänge: 6,85 m, Breite: 0,58 m, Höhe: 0,85 m
Fahrwerk: Startkuller, Kufe
Rüstgewicht: 120 kp, Zuladung: 100 kp
Max. Fluggewicht: 220 kp
Flächenbelastung: 22,3 kp/m²
Flugleistungen: (Angaben Flugwelt 12/59)
Geringstes Sinken: 0,70 m/sec bei 68 km/h
Bestes Gleiten: 30 bei 92 km/h

Mistral

Die Mistral ist ein Kunststoffsegler der Standardklasse, der im Eigenbau in den Jahren von 1972 bis

Ein recht elegantes Flugzeug der Standardklasse ist die 1975 fertiggestellte Mistral.

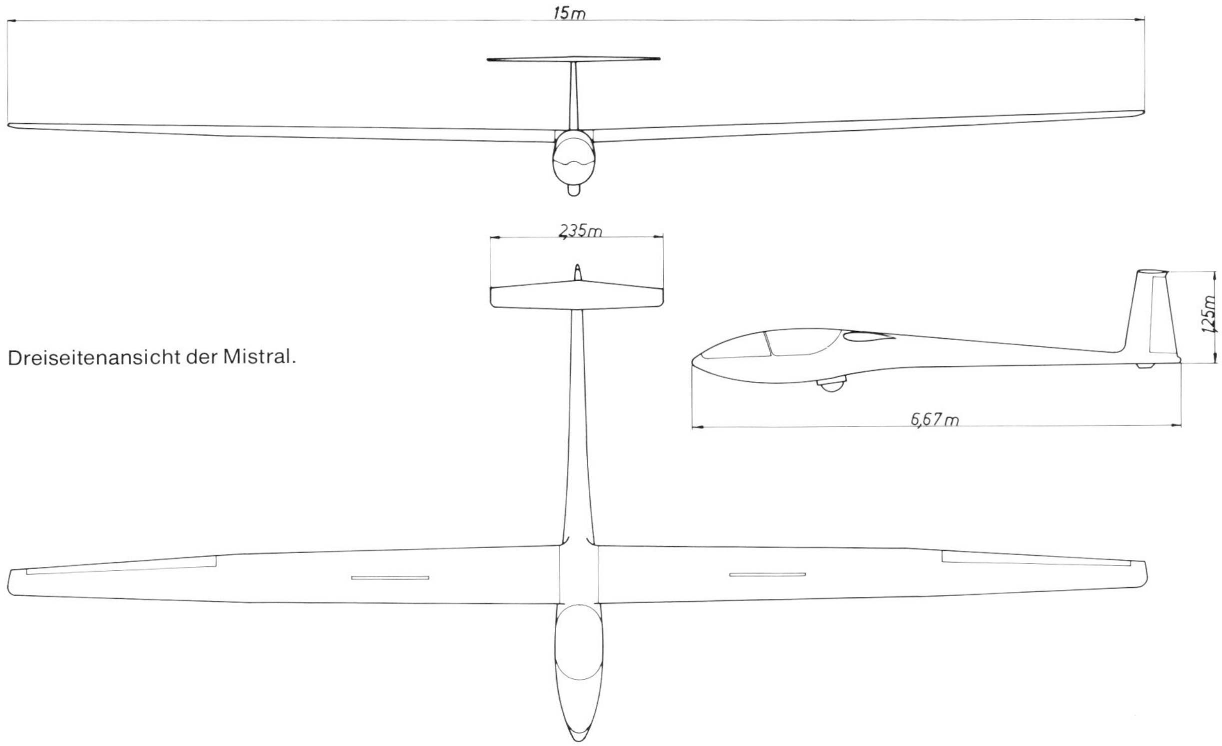

Dreiseitenansicht der Mistral.

1975 entstanden ist. Erbauer sind Hartmut Frommhold, Horst Graber und Alois Fries von der Segelfluggruppe Bensheim und Dipl.-Ing. Manfred Strauber vom Aero-Club Heppenheim. Charakteristisch für das recht elegante Flugzeug ist die hohe Streckung von 23,9 sowie die relativ geringe V-Form von 0,5°. Die Mistral ist in konventioneller GFK-Balsa-Sandwich-Bauweise hergestellt. Hartmut Frommhold hat den Erstflug am 9. 7. 1975 in Worms durchgeführt.

Datenblatt Mistral, D-4998
Spannweite: 15,00 m
Flügelfläche: 9,40 m², Streckung: 23,9
Flügeltiefe Wurzel: 0,78 m, Ende: 0,34 m
Profil: FX 66-S-196 Wurzel
FX 66-S-164 außen
V-Form: 0,5°
Landehilfe: Schempp-Hirth-Bremsklappen auf Flügeloberseite
Höhenleitwerksspannweite: 2,35 m, Fläche: 0,79 m² (Pendel-T)
Seitenleitwerkshöhe: 1,20 m, Fläche: 0,75 m²
Rumpflänge: 6,67 m, Breite: 0,62 m, Höhe: 0,80 m
Fahrwerk: einziehbar ungefedert
Rüstgewicht: 213 kp, Zuladung: 97 kp
Max. Fluggewicht: 310 kp
Flächenbelastung: 33 kp/m²
Flugleistungen (gerechnet)
Geringstes Sinken: 0,59 m/sec bei 82,6 km/h
Bestes Gleiten: 39 bei 98 km/h

FVA-20

Die Flugwissenschaftliche Vereinigung Aachen ist nach dem Kriege weniger aktiv hervorgetreten. Die FVA-20 ist ein GFK-Segelflugzeug mit 15 m Spannweite, das bereits seit 1968 im Bau ist. Der Rumpf ist

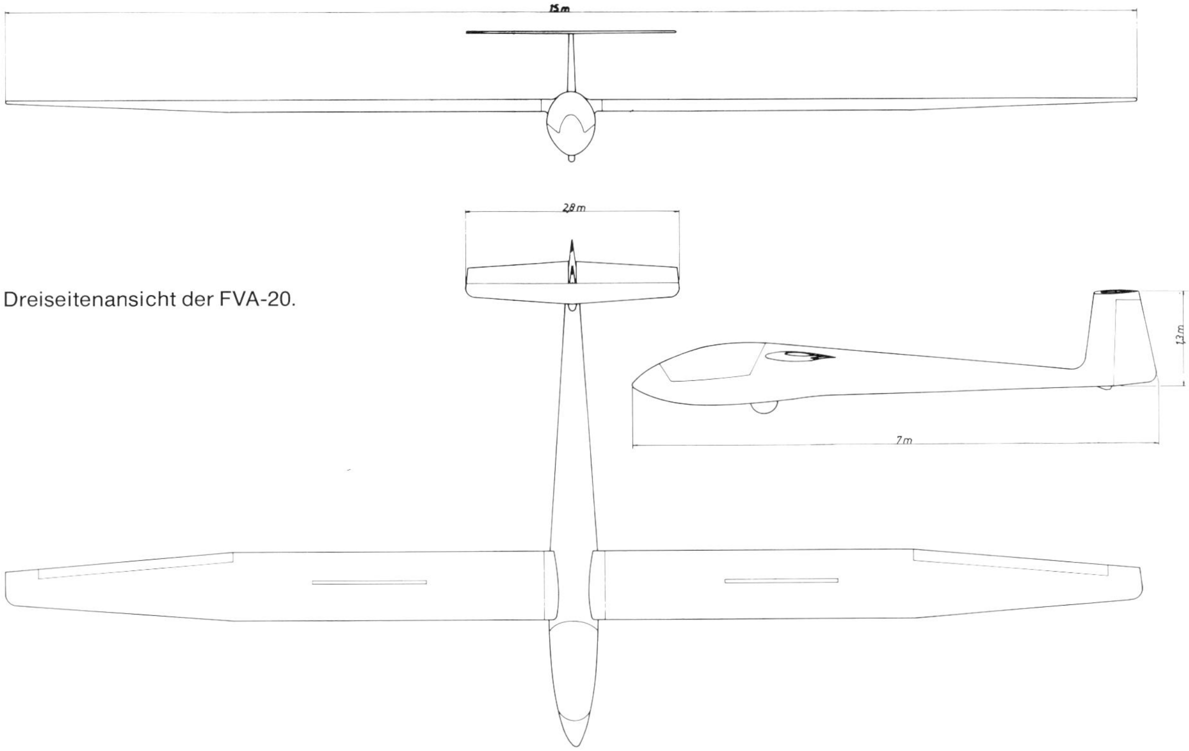

Dreiseitenansicht der FVA-20.

ein Balsa-GFK-Halbsandwich (Balsa außen mit GFK belegt), während der Flügel im Negativ mit Conticell-Schaum aufgebaut ist. Der Flügel hat Rechtecktrapez-Form mit relativ geringer Streckung. Das T-Höhenleitwerk ist gedämpft. Der Erstflug ist für Mitte 1976 geplant.

Datenblatt FVA-20
Spannweite: 15,00 m
Flügelfläche: 12,80 m², Streckung: 17,6
Flügeltiefe Wurzel: 0,95 m, Ende: 0,45 m
Profil: FX 61-168 innen
FX 60-126 außen
Landehilfe: Schempp-Hirth-Bremsen oben und unten, Bremsschirm 1,3 m Durchmesser
Höhenleitwerksspannweite: 2,80 m, Fläche: 1,34 m²
(gedämpftes T-Leitwerk)
Seitenleitwerkshöhe: 1,27 m, Fläche: 1,07 m²
Rumpflänge: 7,00 m, Breite: 0,65 m, Höhe: 0,90 m
Fahrwerk: einziehbar, ungefedert
Rüstgewicht: 240 kp, Zuladung: 110 kp
Max. Fluggewicht: 350 kp
Flächenbelastung: 23,4 kp/m² bis 27,3 kp/m²
Höchstgeschwindigkeit: 250 km/h
Flugleistungen (gerechnet):
Geringstes Sinken: 0,60 m/sec bei 68 km/h und 23,4 kp/m²
Bestes Gleiten: 35,3 bei 90 km/h und 27,3 kp/m²

Mü-27

Die Akaflieg München konnte im Jahre 1974 ihr fünfzigjähriges Jubiläum feiern. Die Mü-1 des Jahres 1924 war ein Wassersegelflugzeug, das mit Hilfe eines Motorbootes auf dem Ammersee geschleppt wurde. Zu den bekanntesten Flugzeugen gehört die Mü-13 aus dem Jahre 1935. Beachtliche Nachkriegsflugzeuge waren die Mü-22 in drei Versionen

Rumpf und Leitwerk des Doppelsitzers Mü-27 in der Werkstatt.

Profil der Mü-27, FX-67-VC-170/136, mit ausgefahrener und eingefahrener Fowler-Klappe.

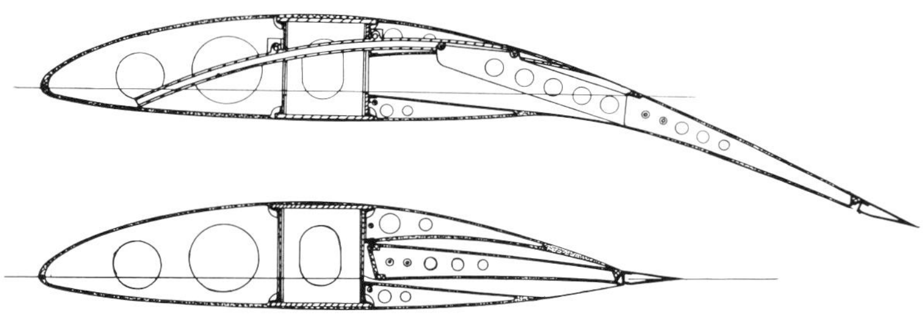

und die daraus abgeleitete Mü-26 (Mü-22d). Die Mü-26 ist ein Leistungseinsitzer mit einem Tragflügel in Holzbauweise von hervorragender Oberflächengüte, während der Rumpf aus GFK besteht. Die Spannweite beträgt 16,60 m mit einer Streckung von 18; das Wölbklappenprofil ist das Eppler 348 wie bei der BS-1. Das Pendel-V-Leitwerk hat einen Öffnungswinkel von 90°.

Im Jahre 1970 begannen die ersten Arbeiten am derzeitigen Projekt, der Mü-27, deren Erstflug für 1977 vorgesehen ist. Es handelt sich um einen Doppelsitzer mit 22 m Spannweite, der wie schon die Sigma das Fowler-Klappen-Profil FX 67-VC-170/136 mit einer 36%-Flächenvergrößerung erhält. Die Flügelfläche beträgt bei eingefahrenen Klappen 17,6 m² und bei ausgefahrenen Klappen 23,9 m². In einem Leistungsvergleich wurde auch das Profil Eppler 571/600, das nur eine 20%-Flächenvergrößerung erlaubt, und ein normales Profil gerechnet. Für das Wortmann-Profil ergab sich eine mögliche Erhöhung der Reisegeschwindigkeit um 5%. Als großes Problem erwies sich die Rollsteuerung, da die Querruder nur 10% tief sein können. Deshalb mußte eine Spannweite der Querruder von insgesamt 15,20 m

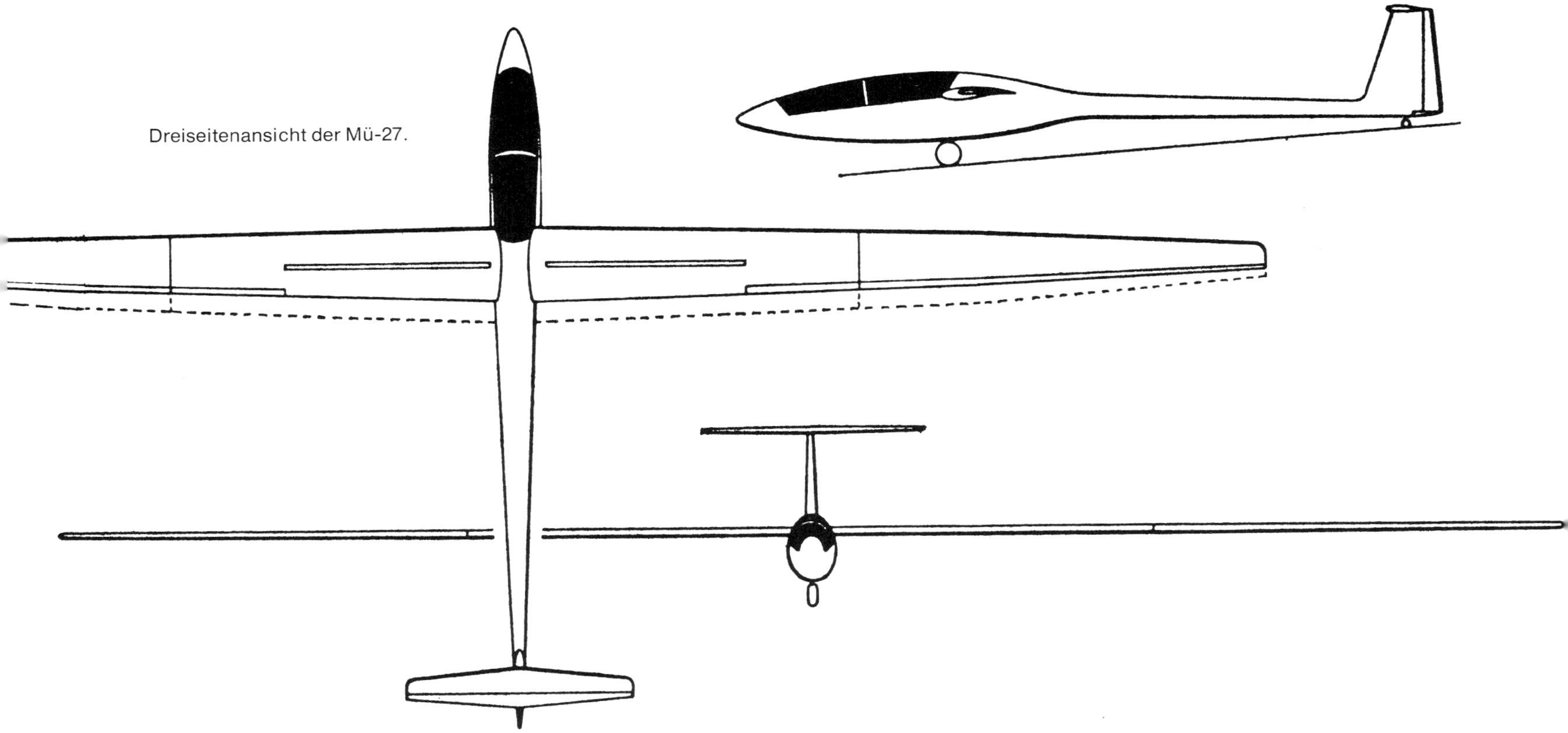

Dreiseitenansicht der Mü-27.

gewählt werden. Als Landehilfen erhält die Mü-27 6 m lange Spoiler auf der Flügeloberseite sowie einen Bremsschirm. Wegen der großen Anstellwinkeländerung je nach Klappenstellung bekommt das Höhenleitwerk eine um 20° trimmbare Flosse. Der Flügel erhält einen genieteten Aluminiumkastenholm mit aufgeharzter GFK-Schaumstoff-Nase. Der vierteilige Flügel hat einen Hauptbeschlag aus Stahl und Trennstellen bei 5 m Spannweite. Die Klappen werden in gehärteten Stahlschienen geführt. Sie werden von einem batteriegespeisten Elektromotor in Rumpfmitte angetrieben. Der Rumpf ist eine reine GFK-Schale, während bei den Leitwerken Balsa verwendet wird.

Spannweite: 22,00 m
Flügelfläche: 23,90 m² – 17,60 m² (ausgefahren – eingefahren)
Streckung: 20,2–27,5
Datenblatt Mü-27, Doppelsitzer
Flügeltiefe Wurzel: 1,39 – 1,03 m
Flügeltiefe Ende: 0,58 – 0,41 m
Profil: FX 67-VC-170/136
V-Form: 0°
Landehilfen: Spoiler auf Flügeloberseite, Bremsschirm 1,3 m Durchmesser
Höhenleitwerksspannweite: 3,14 m, Fläche: 1,40 m²
Seitenleitwerkshöhe: 1,80 m, Fläche: 1,46 m² (gedämpftes T-Leitwerk, Rudertiefe 25%, FX 71-L-150)
Rumpflänge: 10,30 m, Breite: 0,70 m, Höhe: 1,00 m
Fahrwerk: einziehbar, gefedert, bremsbar
Rüstgewicht: 480 kp, Zuladung: 220 kp
Max. Fluggewicht: 700 kp
Flächenbelastung: 29,3 kp/m²–40,0 kp/m²
Flugleistungen (gerechnet Akaflieg)
Geringstes Sinken: 0,56 m/sec bei 60 km/h
Bestes Gleiten: 47 bei 101 km/h
Höchstgeschwindigkeit: 280 km/h

B-12

Kurz soll auch über ein weiteres Doppelsitzer-Projekt der Akaflieg Berlin berichtet werden. Nach einer Verringerung der Spannweite von 22 m auf 18,20 m werden die Flügel des Janus verwendet. Der ziemlich spitzige Rumpf erhält ein GFK-Vorderteil

Dreiseitenansicht der B-12.

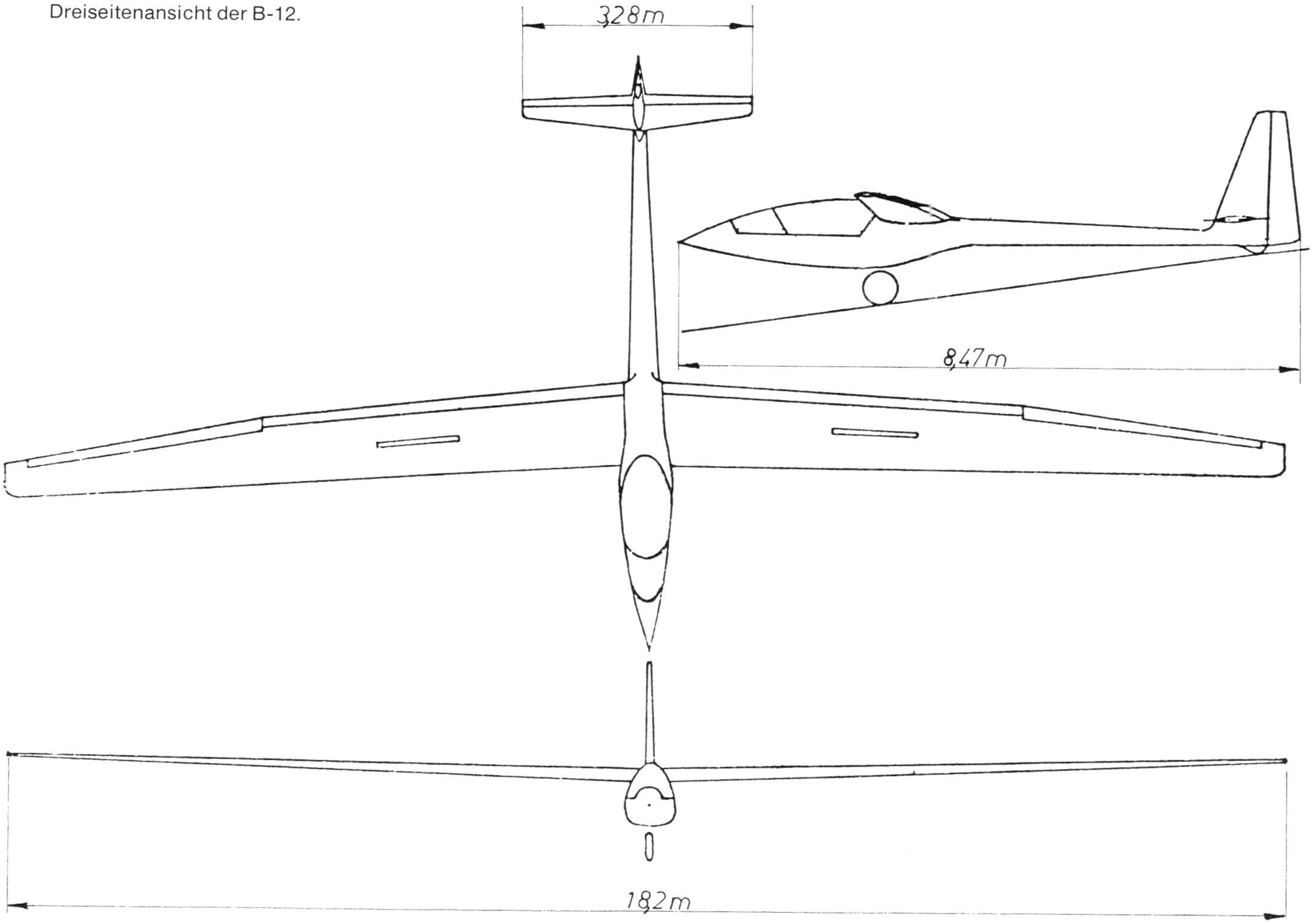

und als Leitwerksträger eine Aluminiumröhre. Die gedämpften Leitwerke der B-12 sind als Kreuzleitwerk ausgebildet. Der Erstflug wird für das Jahr 1977 erwartet.

Datenblatt B-12

Spannweite: 18,20 m (Flügel des Janus von Schempp-Hirth)
Höhenleitwerksspannweite: 3,28 m, Fläche: 1,44 m²
Seitenleitwerkshöhe: 1,79 m, Fläche: 1,46 m²
Rumpflänge: 8,67 m, Breite: 0,70 m
Fahrwerk: GFK-Schwinge, einziehbar
Rüstgewicht: 402 kp, Zuladung: 180 kp
Maximales Fluggewicht: 582 kp
Flächenbelastung: 28 kp/m² bis 35 kp/m²
Höchstgeschwindigkeit: 250 km/h
Flugleistungen: (gerechnet Akaflieg)
Geringstes Sinken: 0,60 m/sec bei 76 km/h (28 kp/m²)
Bestes Gleiten: 41 bei 90 km/h (35 kp/m²)

Glasflügel

Vorgeschichte/H-30 GFK

Neben Eugen und Ursula Hänle selbst sind mit den Anfängen der Firma Glasflügel, die erstmals in der Geschichte der Kunststoff-Segelflugzeuge in den Jahren 1964 bis 1969 mit der H-301 Libelle eine Serie von mehr als 100 GFK-Segelflugzeugen herstellte, die Namen Wolfgang und Ulrich Hütter, sowie Eugen Aeberli als dem eigentlichen Initiator für die industrielle Herstellung verbunden. Die Anfänge gehen zurück auf die Herstellung mehrerer Hütter-17 b während der Tätigkeit Hänles als Werkstattleiter bei seinem Verein in Untertürkheim. Eugen Hänle, am 5. 10. 1924 in Ellwangen geboren, flog noch bei der Luftwaffe und machte nach dem Krieg seinen Maschinenbauingenieur in Eßlingen. Durch den Kontakt mit den Gebrüdern Hütter wollte er sich im Jahre 1955 privat eine Hütter-30 bauen, die als Leichtflugzeug in Holz-Schalenbauweise unter Verwendung von Balsaholz bereits im Jahre 1948 von Wolfgang Hütter entworfen worden war. Das gewünschte Gewicht ließ sich jedoch einfach nicht verwirklichen. Mittlerweile hatte jedoch Eugen Hänle seine ersten Erfahrungen in der GFK-Bauweise durch die Herstellung von Luftschrauben und Rotorblättern in Zusammenarbeit mit Ulrich Hütter (Windenergieanlagen) gesammelt, und Eppler/Nägele hatten den Phönix im Bau. So ließ auch Eugen Hänle seinen Balsa-Pappel-Holzsegler in Rauch aufgehen und baute in der Wohnung in Schlattstall und später in umliegenden Werkstätten unter maßgeblicher Mitarbeit von Ursula Hänle die Hütter-30 in Balsa-GFK-Sandwich-Bauweise.

Eugen Hänle in der Werkstatt in Schlattstall.

Die H-30 GFK, die 10 Jahre später mit den wichtigsten Konstruktionsmerkmalen in der H-101 »Salto« überarbeitet wird, hat als erstes Flugzeug einen Holm aus GFK-Rovings. Der Flügel hat noch Balsa-Rippen und eine GFK-Balsa-Nase und ist gar ab

▲ Gut sind Rumpfform und V-Leitwerk der Hütter H-30 zu erkennen. H-30 GFK auf dem Fluggelände Teck. ▼

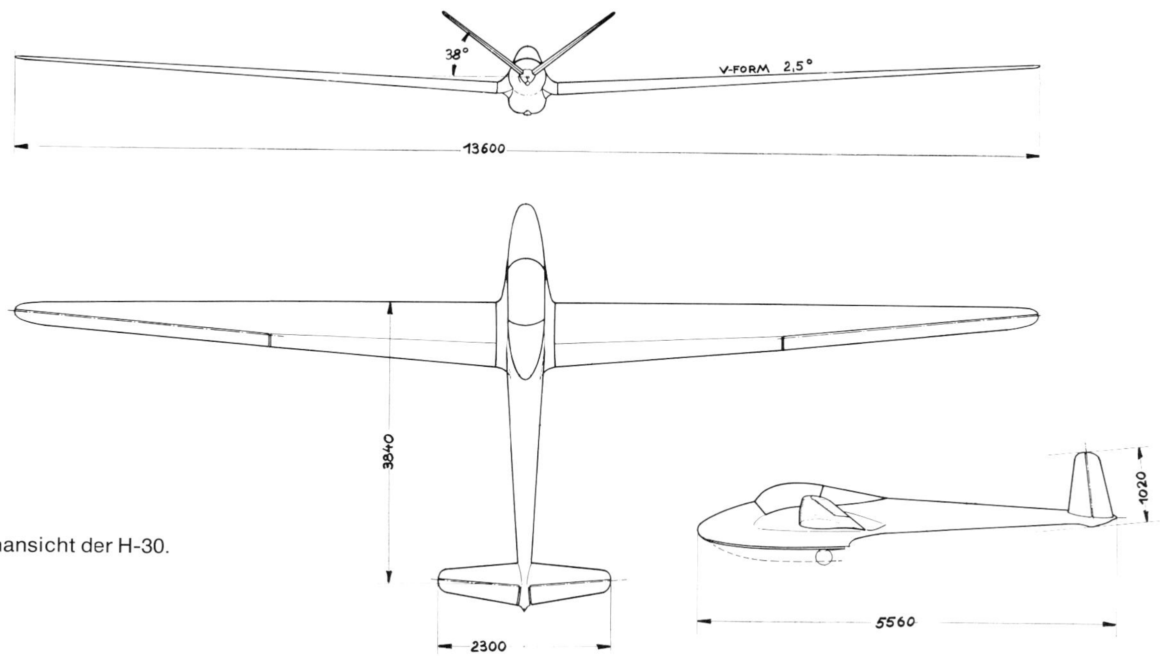

Dreiseitenansicht der H-30.

70% Tiefe stoffbespannt. Der Rumpf ist wieder eine GFK-Balsaschale, während die Ruder des V-Leitwerks mit einem Öffnungswinkel von 104° wieder stoffbespannt sind. Trotz der geringen Spannweite beträgt die Streckung 22,2. Ein Flügel wiegt nur 30 kp, so daß ein Rüstgewicht von 120 kp möglich ist. In aller Frühe am 5. Mai 1962 führte Lindner im Schlepp einer Klemm 107 auf der Hahnweide den Erstflug durch. Im Landeanflug streikt der Antrieb der Schempp-Hirth-Bremsklappen und die H-30 GFK braucht den ganzen Platz. Im kommenden Winter wird dieser Klappenzug umgebaut und im April 1963 führt Ursula Hänle ihren Erstflug durch, über den sie im aerokurier 9/63 einen netten Bericht veröffentlicht. Heute noch steht das gelb lackierte Flugzeug mit dem Kennzeichen D-8415 in der Halle von Start + Flug in Saulgau.

Datenblatt H-30 GFK, D-8415
Spannweite: 13,60 m
Flügelfläche: 8,34 m², Streckung: 22,2
Profil: Eigenentwicklung von Wolfgang Hütter
V-Form: 2,5°
Landehilfe: Schempp-Hirth-Bremsklappen
Höhenleitwerksspannweite: 2,30 m, Fläche: 1,00 m²
(horizont. Projektion, gedämpftes V-Leitwerk)
Rumpflänge: 5,56 m, Höhe: 1,05 m,
Querschnitt: 0,38 m²
Fahrwerk: festes, bremsbares Rad
Rüstgewicht: 120 kp, Zuladung: 90 kp
Max.-Fluggewicht: 210 kp
Flächenbelastung: 25,2 kp/m²
Flugleistungen (gerechnet)
Geringstes Sinken: 0,64 m/sec bei 65 km/h
Bestes Gleiten: 30,4 bei 85 km/h

Hütter H-30 TS

Der von Dipl.-Ing. Wolfgang Hütter entworfene Turbinensegler H-30 TS, der zwar parallel zur H-30 GFK aber ohne Hänles Beitrag bei Allgeier in Uhingen bei Göppingen gebaut wurde, ist der eigentliche Vorläufer der H-301 Libelle und der späteren Standard-Libelle 201 und wurde so zum Stammvater der erfolgreichen Glasflügel-Entwicklungen. Die Maschinenfabrik Allgeier, für die ab 1952 auch

Eugen Hänle zusammen mit Dr. Ulrich Hütter an Windenergieanlagen arbeitete, beschäftigte seit 1950 Wolfgang Hütter und später auch den ebenfalls seit langem in der Fliegerei tätigen Heinz Kensche. Der Junior-Chef Erwin Allgeier interessierte sich für die Fliegerei, schulte auf dem Hornberg, und wollte von Wolfgang Hütter ein Segelflugzeug gebaut haben, das allerdings gleich das Neueste sein sollte: Ein Motorsegler mit einer kurz zuvor herausgekommenen 40-kp-Schub-Turbine von BMW. So konstruierte Wolfgang Hütter 1959 die bereits im Jahre 1948 in Nonnenhorn am Bodensee entwickelte H-30 um, vergrößerte wegen der höheren Flächenbelastung die Spannweite auf 15 m und änderte das ursprüngliche V-Leitwerk in ein normales Kreuzleitwerk.

Wolfgang Hütter ist interessierter Zuschauer beim ersten Zusammenbau der H-301 Libelle.

Wolfgang Hütter, am 2. Oktober 1909 als ältester von drei Brüdern (Bruder Dr. Ulrich Hütter ist Professor an der Technischen Hochschule in Stuttgart) in Wien geboren, lernte zusammen mit Ulrich 1932 in Grunau das Segelfliegen. Bereits während des Studiums in Wien entwarfen die Brüder ihre ersten Segelflugzeuge, von denen die Hütter-17, ein leichtes Übungsflugzeug von 9,70 m Spannweite (Rüstgewicht unter 60 kp) in einiger Stückzahl vor und nach dem Krieg gebaut wurde. Im Jahre 1936 fährt Wolfgang Hütter auf Einladung von Oskar Ursinus nach Frankfurt. Der Zufall will es, daß er bei der Einfahrt des Zuges nach Göppingen von der Bahn aus die Segelflugzeugwerkstatt von Martin Schempp sieht. Er schnappt seinen Koffer, unterbricht die Fahrt, und arbeitet noch im gleichen Jahr bei Schempp, während er sein Studium in Stuttgart abschließt. Später werden die Werkstätten nach Kirchheim/Teck verlegt, wo unter Hütters Mitarbeit so berühmte Flugzeuge wie Gö-3 Minimoa (Mini-Moazagotl, erstes Leistungssegelflugzeug mit einer Serie von mehr als 100 Stück) und der Doppelsitzer Gö-4 gebaut werden. Kurz vor Kriegsende gründet Wolfgang Hütter noch eine eigene Firma. Die Jahre 1946 bis 1950 verbringt er in Nonnenhorn, von 1951 bis 1954 ist er für Allgeier in Südamerika. 1962 entsteht dann die H-301. 1975 lebt Wolfgang Hütter im »Ruhestand« in Göppingen. Die Fliegerei hat ihn nicht losgelassen. Er arbeitet an einem GFK-Muskelkraft-Flugzeug von 16 m Spannweite und 35 kp Gewicht, das von einem segelfliegenden Radfahrer mit einer Druckschraube angetrieben wird. Es soll etwa 40 km/h fliegen, das geringste Sinken soll unter 0,40 m/sec liegen und der Widerstand des ganzen Flugzeuges soll geringer sein als der eines Radfahrers ohne Verkleidung.

Doch zurück zur H-30 TS. Der Flügel erhält im Vergleich zur H-30 ein neues Profil mit Wölbklappe. Die Schempp-Hirth-Bremsklappen mit einer Spannweite von 2,40 m liegen sehr weit hinten, kurz vor der Wölbklappe. Der Flügel wird in einer Negativschale gebaut und bekommt allerdings noch einen Doppel-T-Metallholm aus 0,8 mm Duralblech-

Die Rumpfvarianten der H-30 TS.

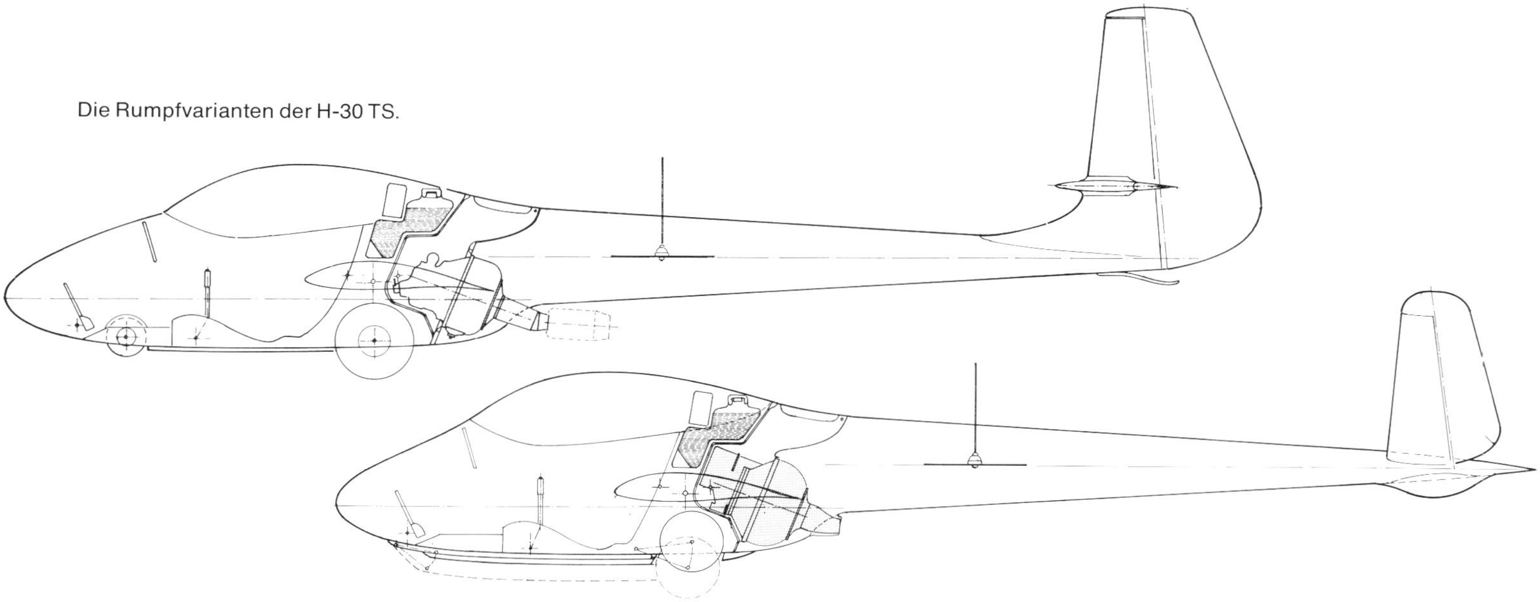

Lamellen, die mit Araldit verklebt sind. Der Rumpf der ersten Ausführung ist nur 5,70 m lang und hat noch das V-Leitwerk der H-30. Beim Start bricht das Flugzeug jedoch gerne aus, so daß der Rumpf verlängert wird und ein lenkbares Bugrad erhält, während uspründlich eine Einziehkufe mit einem Einziehrad eingebaut ist. Gleichzeitig wird das Leitwerk geändert. Beide Rumpfvarianten, die sich auch noch durch das Triebwerk unterscheiden, sind oben zu erkennen. Die BMW-Turbine liefert 40 kp Schub bei 46000 Umdrehungen pro Minute. Das Gewicht beträgt 38 kp. Gebaut wird die H-30 TS in den Jahren 1959/60 hauptsächlich von Hermann Jester in Allgeiers Ferienhaus in Holzhausen oberhalb von Uhingen, wo einige Zeit auch eine der Windenergieanlagen gestanden hat.

Die H-30 als Segelflugzeug im Birrfeld in der Schweiz.

Der Schweizer Segelflieger Eugen Aeberli mit der H-30 TS. Auf der Rumpfoberseite ist der geschlossene Kühllufteinlauf für das Triebwerk zu sehen.

Heinz Kensche führt den Erstflug im Flugzeugschlepp am 20. 8. 1960 auf dem US-Flugplatz in Göppingen durch. Am 25. 9. 1960 gelingt um 10.30 Uhr der erste Eigenstart mit 5 Minuten Triebwerkszeit und einer Gesamtflugzeit von 9 Minuten ebenfalls auf der 700-m-Bahn in Göppingen. Im Oktober 1960 wird ein weiterer Teil der Erprobung auf dem Flughafen Stuttgart-Echterdingen geflogen. Heinz Kensche nimmt auch im Jahre 1961 an der Deutschen Segelflugmeisterschaft in Freiburg teil. Mit dem recht geräuschvollen Triebwerk benötigt er an heißen Tagen den ganzen Platz. Aus aerodynamischen Gründen können die Kühllufteinläufe des Triebwerkes für den Segelflug geschlossen werden. Wegen des Lärms und der Schwierigkeiten mit der Turbine werden die Versuche mit dem Motorsegler D-KABA kurz darauf eingestellt. Eugen Aeberli nimmt die H-30 TS als Segelflugzeug ein Jahr mit in die Schweiz. 1962 kommt sie wieder zurück in den Verein nach Uhingen. Im August 1968 geht das Flugzeug auf dem Klippeneck durch einen schweren Unfall im Windenstart verloren.

Datenblatt H-30 TS, D-KABA, D-9344

Spannweite: 15,00 m
Flügelfläche: 9,53 m², Streckung: 23,6
Profil: Hütter H-300 (Wölbklappe)
Landehilfe: Schempp-Hirth-Bremsklappen
Höhenleitwerksspannweite: 2,50 m, Fläche: 1,20 m²
(Kreuzleitwerk)
Seitenleitwerkshöhe: 1,32 m, Fläche: 0,83 m²
Rumpflänge: 5,70 m, später: 6,10 m
Leergewicht: 195 kp, Flächenbelastung: 30,4 kp/m²
Triebwerk (2. Ausführung): BMW-Strahlturbine 8026
Startschub: 40 kp
Startdrehzahl: 46000 U/min
Trockengewicht: 38 kp

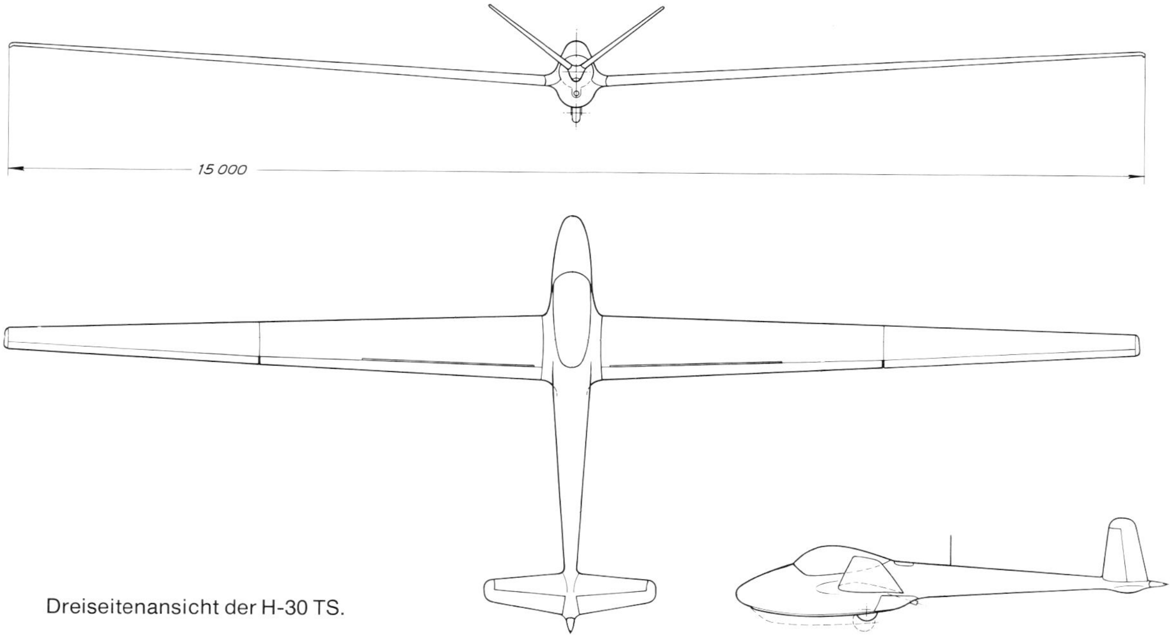

Dreiseitenansicht der H-30 TS.

Hütter H-301 Libelle

Der Schweizer Segelflieger Eugen Aeberli aus Erlenbach am Zürichsee liest im Sommer 1960 in Fachzeitschriften von der H-30 TS. Ihn begeistert vor allem der schlanke Flügel mit der hohen Streckung. Ein Segelflugzeug mit einem solchen Flügel hat er schon lange gesucht. Er nimmt Kontakt auf mit Wolfgang Hütter und fährt noch im Herbst 1960 mit Thomas Bircher und Jürg van Voornveld auf den Hornberg und alle drei fliegen die H-30 TS im Flugzeugschlepp. Bircher und van Voornfeld sind an der Technischen Hochschule in Zürich damit beschäftigt, einem Ka-6-Flügel einen neuen GFK-Rumpf mit einem T-Leitwerk zu verpassen. Für den Rumpf dieser Ka-Bi-Vo (Kaiser, Bircher, Voornfeld) fertigt Aeberli als Spenglermeister die Negativform aus Metall. Für diese Ka-Bi-Vo wollen sie einen Flügel der H-30 TS haben. Dieses Flugzeug wird dann Hü-Bi-Vo genannt und geht später als HBV-Diamant bei FFA am Bodensee in Serie.
Aeberli geht noch einen Schritt weiter. Er will von Wolfgang Hütter ein komplett neues Kunststoff-Segelflugzeug mit diesem Flügel. Einzelheiten der Rumpf- und Leitwerksgestaltung werden diskutiert, und es entsteht die neue H-30 GFK, die später einmal H-301 heißen wird. Die Negativformen des Flügels der H-30 TS können verwendet werden, lediglich auf die Ausrundung zum Rumpf hin wird verzichtet, und der Flügel wird höher am Rumpf angesetzt.
1962 suchen Hütter und Aeberli vergebens einen Segelflugzeug-Hersteller, der ihnen das neue Flugzeug bauen soll. Die etablierten Firmen sind dafür nicht zu interessieren. Endlich gelingt es ihnen, Eugen Hänle dazu zu überreden. Hänle hat bis dahin zwar Erfahrungen in GFK gesammelt durch die privat gebaute H-30 und durch GFK-Teile wie Lüfterflügel für BMW und Porsche sowie die Windenergieanlagen, hat aber industriell noch keine Segelflugzeuge gebaut. So stellt Eugen Hänle in den Jahren 1963/64 nach Überarbeitung des Entwurfes für Eugen Aeberli sein erstes GFK-Segelflugzeug in Auftrag her. Die Flügel entstehen in einem gemieteten Raum bei Schempp-Hirth in Kirchheim, während der Rumpf und der Zusammenbau bei Wolf Hirth in Nabern über die Bühne geht. Interessant auch der Preis: Hänle und Aeberli gehen

Eugen Aeberli im Flug mit dem Prototyp der H-301 im Limmattal von Spreitenbach aus.

von DM 100,– für 1 kp verarbeitetes Harz aus, 150 kp soll das Flugzeug wiegen, DM 15000,– kostet die erste Libelle H-301.

Schon äußerlich unterscheidet sich die 301 von der H-30 TS durch die Rumpfform und das rundere und weniger hohe Seitenleitwerk. Vor allen Dingen sieht sie im konstruktiven Aufbau wesentlich anders aus. Im Rumpf ist überhaupt kein Balsa mehr, die reine GFK-Schale wird nur von einigen Hohlspanten gestützt. Der Flügel erhält einen GFK-Roving-Holm mit GFK-Balsastegen und einem GFK-Balsa-Sandwich in der Schale. Auch die Leitwerke sind aus GFK-Balsa, während die Ruder der TS noch stoffbespannt sind und der Holm aus Metall besteht. Viel Mühe gibt sich Hänle auch bei der Gestaltung des Cockpits. Bei den ersten vier Flugzeugen wird noch ein Hauptbeschlag nach Art des Spatz verwendet, anschließend wird der Gabel-Zunge-Beschlag übernommen. Später wird auch zusätzlich zu den Schempp-Hirth-Klappen ein Bremsschirm eingebaut.

Den Erstflug absolviert Eugen Aeberli am 7. März 1964 mit einem Flugzeugschlepp auf 1000 m auf der Hahnweide. Die Werk-Nr. 1 trägt auf dem Seitenleit-

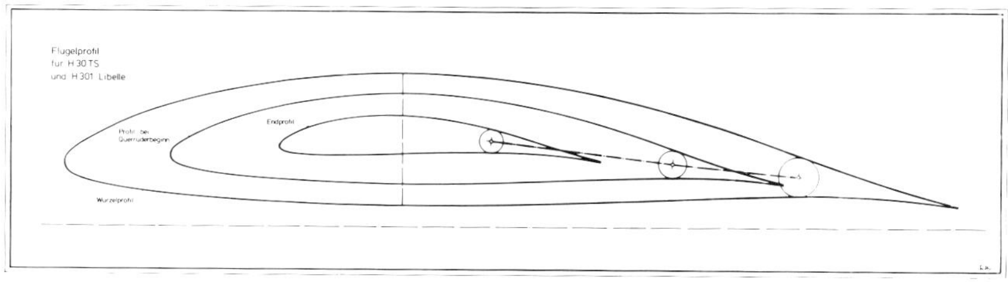

Die Profile der H-301 Libelle.

werk die Zulassungsnummer D-8492 und auf dem Flügel die Schweizer Nummer HB-742. Das Flugzeug fliegt heute noch in Bern. Werk-Nr. 2 bekommt Klaus Hillenbrand, heute Geschäftsführer der neuen Glasflügel-Firma. Insgesamt werden 111 Flugzeuge gebaut, von denen allein 55 Exemplare nach den USA gehen. Die letzte Libelle verläßt im Mai 1969 Schlattstall und geht nach Schweden.

13 Flügel der H-301 gehen in den Jahren 1966/67 zu FFA in die Schweiz und werden dort in den HBV-DIAMANT eingebaut.

Datenblatt H-301 Libelle
Spannweite: 15,00 m
Flügelfläche: 9,53 m², Streckung: 23,6
Flügeltiefe Wurzel: 0,94 m, Ende: 0,33 m
Profil: Hütter-Eigenentwicklung (Wölbklappe)
V-Form: 2° Flügeloberseite, Pfeilung: −1° (Holm)
Landehilfen: Schempp-Hirth-Klappen oben und unten, später zusätzlich Bremsschirm 1,3 m Durchmesser
Höhenleitwerksspannweite: 2,50 m, Fläche: 1,0 m²
Seitenleitwerkshöhe: 1,30 m, Fläche: 0,70 m²
Rumpflänge: 6,20 m, Breite: 0,59 m, Höhe: 0,80 m bis 0,87 m (verschiedene Hauben!)
Fahrwerk: einziehbar, gefedert, bremsbar
Rüstgewicht: 185 kp, Zuladung: 115 kp
Max. Fluggewicht: 300 kp
Flächenbelastung: 31,6 kp/m²
Flugleistungen (DFVLR-Messung August 1971 bei 29,8 kp/m²):
Geringstes Sinken: 0,58 m/sec bei 82 km/h
Bestes Gleiten: 40,5 bei 94 km/h

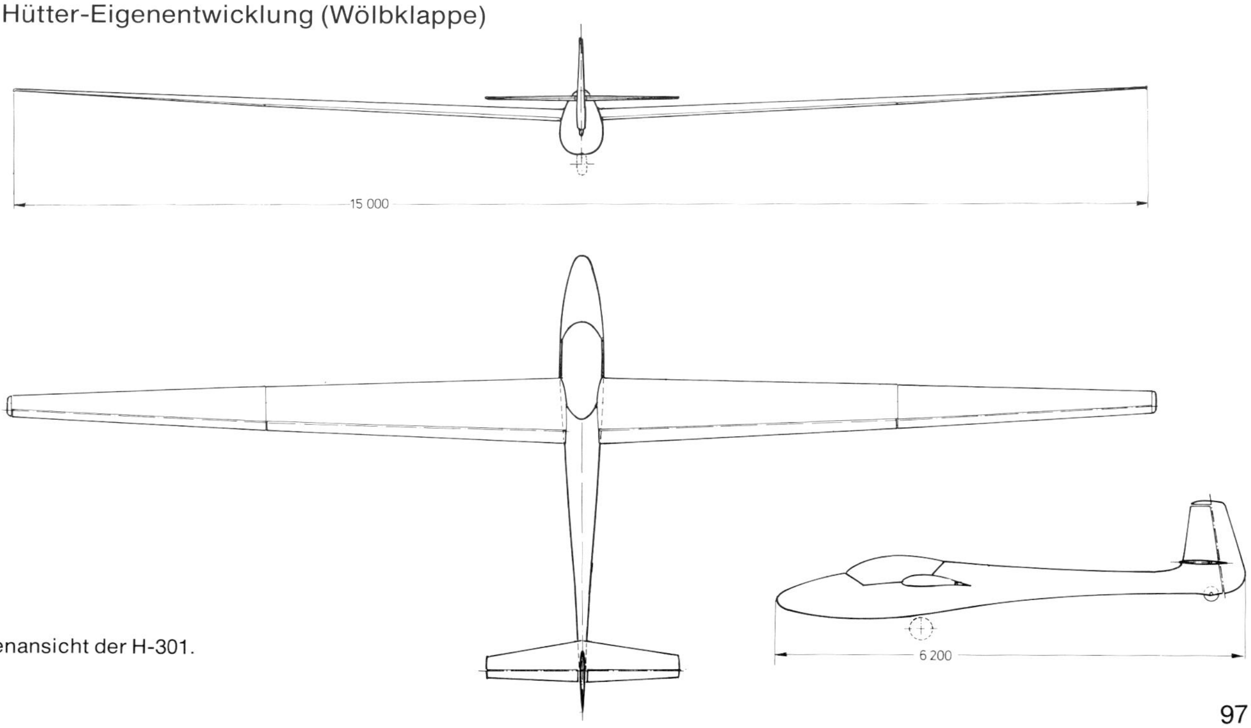

Dreiseitenansicht der H-301.

Glasflügel BS-1

Parallel zur Fertigung der ersten Serienflugzeuge vom Muster H-301 baute Eugen Hänle im engen Albtal bei Schlattstall eine große Werkhalle, welche im Februar 1965 eingeweiht werden konnte. Mittlerweile war auch die Firma Glasflügel offiziell entstanden.
Ein gutes Jahr vor dem Erstflug der Libelle war aber auch die BS-1 mit Björn Stender zum ersten Mal in der Luft. Nach dem Absturz von Björn im Oktober 1963 schlossen sich die 16 Segelflieger, die bereits eine größere Summe an Vorauszahlungen geleistet hatten, in einer Interessengemeinschaft zusammen, um den Weiterbau des Flugzeuges sicherzustellen. 1964 wurden Verhandlungen mit Schempp-Hirth, Hänle und anderen Herstellern geführt, wobei man sich schließlich mit Eugen Hänle einigen konnte. Es war eine schwierige Geburt mit fertigungs- und zulassungstechnischen Schwierigkeiten und auch persönlichen Differenzen, bis nach einem erheblichen Zuschuß des Landes Baden-Württemberg die erste Glasflügel-BS-1 am 24. Mai 1966 mit Huldreich Müller in Karlsruhe-Forchheim endlich den Erstflug machen konnte.
Mit der BS-1 von Björn Stender hatte die Glasflügel-BS allerdings nur noch die äußeren Abmessungen gemein. Konstruktiv war sie von Eugen Hänle vollständig überarbeitet worden unter Berücksichtigung der Erfahrungen mit der gleichzeitig gefertigten Libelle sowie auch durch Übernahme einzelner Bauteile. Wichtigste Änderung war der zusätzliche Einbau von Schempp-Hirth-Bremsklappen, nachdem die beiden Prototypen nur einen Bremsschirm hatten. Insgesamt wurden bei Glasflügel 18 BS-1 gebaut. Mit vielen beachtlichen Flügen und einigen Rekorden erwarb sich das Flugzeug bald den Ruhm eines Wundervogels. Bereits acht Tage nach dem Erstflug nahm Rolf Spänig an der Deutschen Meisterschaft in Roth vom 29. 5. bis 12. 6. 1966 teil und belegte mit sieben Tagessiegen den 1. Platz in der Offenen Klasse.

Aufnahme einer Glasflügel-BS-1, auf der die charakteristische Rumpfform besonders deutlich wird.

Nachdem im folgenden Kapitel über die BS-1 von Björn Stender ausführlich berichtet wird, kann hier auf die Aufstellung der technischen Daten verzichtet werden. Zur besseren Übersicht der Hütter-Hänle-Vorgeschichte und der späteren Fabrikation von Glasflügel sei hier die Entwicklungsreihe mit Erstflugdaten und teilweise firmeninternen Typenbezeichnungen aufgeführt:

1960 H-30 TS
1962 H-30 GFK
1964 H-301 Libelle
1966 Glasflügel BS-1 (501)
1967 Standard-Libelle 201
1968 Kestrel (401)
1970 Glasflügel 604
1973 Club-Libelle (205) (Vorläufer 202, 203, 204)
1974 Hornet (206)
1976 Mosquito (303)

Zur Erläuterung sei erwähnt, daß 15-m-Flugzeuge mit starrem Flügel die Nummer 200 und solche mit Wölbklappen die Nummer 300 führen. Ein interessantes Doppelsitzer-Projekt trug die Bezeichnung 701. Der Salto von Start + Flug wird als H-101 geführt, die Hippie als H-111 und der Doppelsitzer von Ursula Hänle als H-121 bezeichnet.

Standard-Libelle 201

Bis im Sommer 1975 war die Standard-Libelle das am meisten gebaute Kunststoff-Segelflugzeug der Welt, bevor sie vom Standard-Cirrus überrundet werden konnte. In den Jahren von 1967 bis 1974 sind immerhin 601 Exemplare der Standard-Libelle gebaut worden, wovon allein 125 nach den USA gingen. In Deutschland liegt sie in der Stückzahl hinter dem Standard-Cirrus und der LS-1. Sie ist das

Glasflügel Standard-Libelle: Über viele Jahre das in größter Stückzahl hergestellte Kunststoff-Segelflugzeug.

Auf dieser Aufnahme sind die handlichen Abmessungen der Standard-Libelle gut zu erkennen.

Leichtgewicht unter den Serienflugzeugen der Standard-Klasse, auch sehr einfach und schnell zu montieren. Leistungsmäßig ist sie etwas schwächer als ihre Konkurrenten.
In der äußeren Formgebung hat sie viel Ähnlichkeit mit der H-301. Ursprünglich ist sie entsprechend der damaligen Standard-Klassen-Regel mit festem Rad gebaut worden. Der Hauptunterschied ist der Trapezflügel mit starrem Wortmann-Profil FX 66–17 A II-182. Später kommt das Einziehfahrwerk hinzu, auch wird anstelle von Balsaholz im Flügel Conticell-Schaumstoff verwendet. Die Version 201 B hat Wassertanks mit 55 Liter, eine höhere Zuladung und ein Maximales Fluggewicht von 350 kp. Auch die Schempp-Hirth-Klappen werden dann nur noch nach oben ausgefahren.
Alles in allem ist die Standard-Libelle ein zierliches und handliches Flugzeug, das besonders im Ausland viel Anklang fand und sicher noch in vielen Jahren auf einem großen Teil der Segelfluggelände in aller Welt vertreten sein wird. Glasflügel-Prüfer Huldreich Müller führte den Erstflug am 25. Oktober 1967 in Ulm-Schwaighofen durch.

Datenblatt Standard-Libelle 201 B
Spannweite: 15,00 m

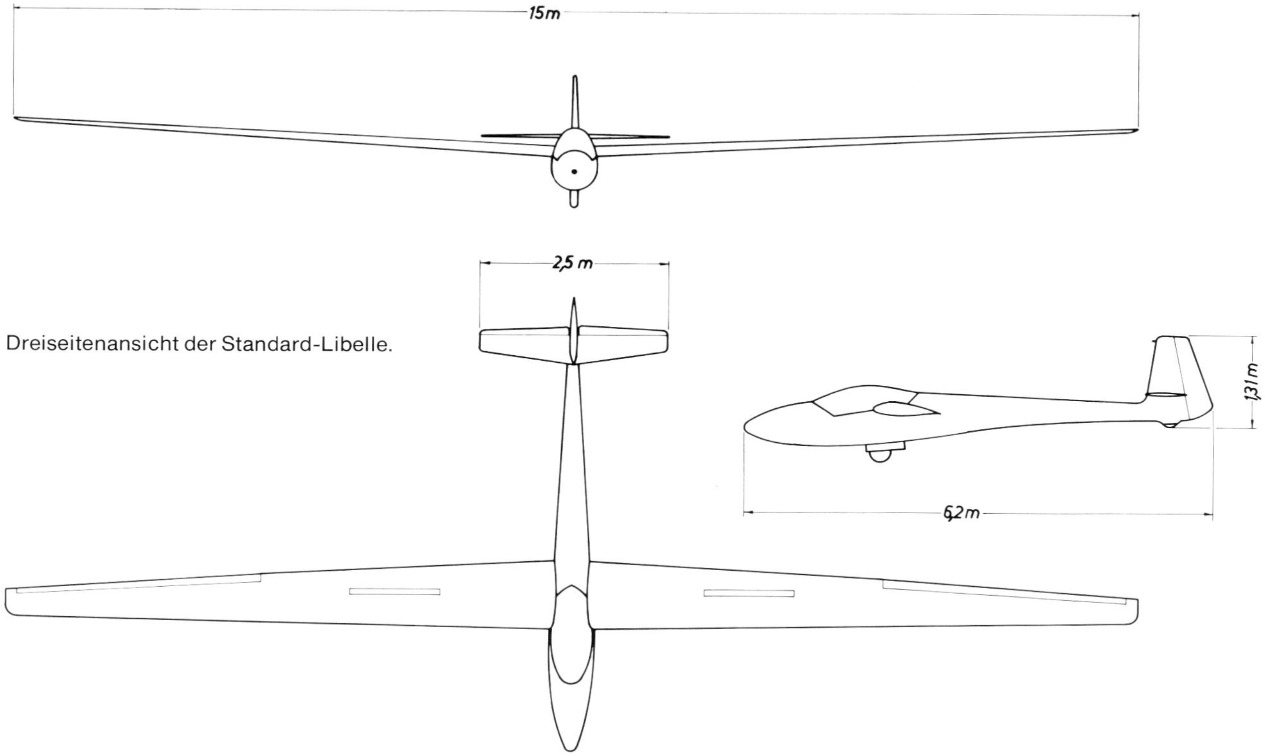

Dreiseitenansicht der Standard-Libelle.

Flügelfläche: 9,80 m², Streckung: 23,0
Flügeltiefe Wurzel: 0,90 m, Ende: 0,36 m
Profil: FX 66-17 A II-182
V-Form: 3° (Profilsehne), Pfeilung: +1° (Flügelvorderkante)
Landehilfe: Schempp-Hirth-Klappen auf Flügeloberseite
Höhenleitwerksspannweite: 2,50 m, Fläche: 1,16 m²
Seitenleitwerkshöhe: 1,30 m, Fläche: 0,78 m²
Rumpflänge: 6,20 m, Breite: 0,59 m, Höhe: 0,87 m
Fahrwerk: einziehbar, ungefedert
Rüstgewicht: 200 kp, Zuladung im Rumpf: 110 kp
Max. Fluggewicht: 350 kp, Ballast: 55 kp
Flächenbelastung: 28,6 kp/m² bis 35,7 kp/m²
Höchstgeschwindigkeit: 210 km/h
Flugleistungen (DFVLR-Messung Sept. 1970 bei 29,1 kp/m²)
Geringstes Sinken: 0,68 m/sec bei 81 km/h
Bestes Gleiten: 34,5 bei 92 km/h

Kestrel (401)

Anfang 1976 ist die Kestrel (Turmfalke), deren Name vom amerikanischen Vertreter der Firma Glasflügel stammt, noch die am meisten gebaute Kunststoffmaschine der Offenen Klasse. Von 1968 bis 1975 sind in unregelmäßigen Abständen insgesamt 129 Stück gebaut worden. Nach der Kooperation von Schempp-Hirth und Glasflügel wird die Fertigung der Kestrel wohl endgültig eingestellt, so daß sie in ihrer Klasse bald vom Nimbus-II überholt sein wird. In Deutschland wird die Kestrel aber wohl noch einige Jahre die Liste der Offenen Klasse anführen.
Die Kestrel hat eine Spannweite von 17,00 m mit dem nun schon berühmten Nimbus-Profil FX 61-K-170. Die Querruder sind den Wölbklappen differenziert überlagert. Sie gehen bei einem Querruderausschlag um ein Drittel mit. Die Wölbklappen haben Stellungen von −8° bis +12°, für den Lan-

Klapphaube und Flügelanschluß der Kestrel

deanflug können diese mit einem zusätzlichen Hebel bis +40° ausgefahren werden. Zur Erhaltung der Querruderwirksamkeit gehen die Querruder aber hier nicht mit. Von der Auslegung her unterscheidet sich die Kestrel stark von den bisherigen Glasflügeltypen. Dieter Althaus und Josef Prasser zeichnen hierfür verantwortlich. Der Rumpf erhält erstmals die eingestrakte Haube mit der Einschnürung im Flügelbereich und trägt ein gedämpftes T-Leitwerk. Die Kestrel hat ein sehr geräumiges Cockpit. Das Haubenvorteil ist fest mit dem Rumpf verbunden, die Klapphaube wird nach oben aufgestellt. Die Bauweise ist nun schon konventionell mit Rovingholmen und Conticell-Schale, während der Rumpf nur in GFK mit einigen Hohlprofilen gebaut ist. Eine Flügelhälfte ist mit 75 kp an der Grenze

Eine der Kestrel-Prototypen über den Alpen bei Zell am See.

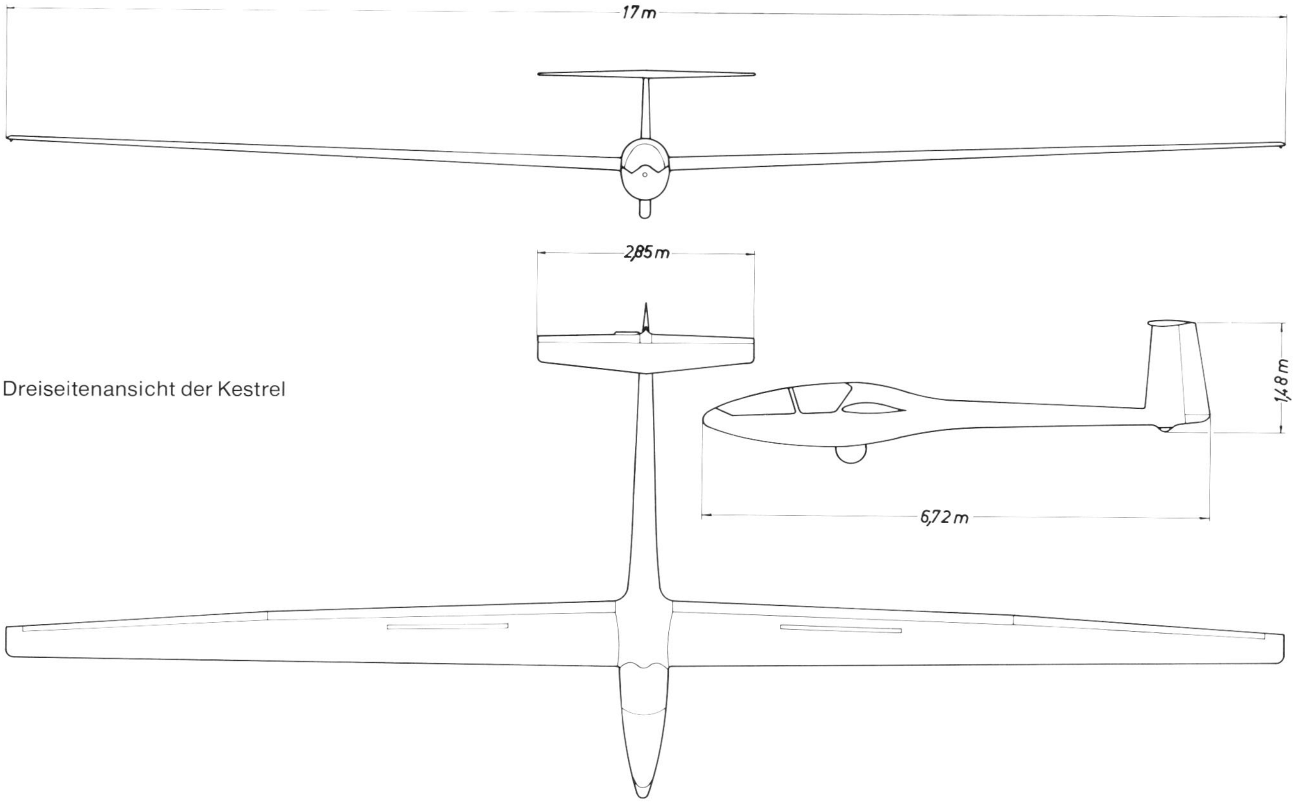

Dreiseitenansicht der Kestrel

dessen, was man mit drei bis vier normalen Leuten noch angenehm montieren kann. Erwähnen muß man auch noch die nun ebenfalls berühmte Trimmung, die am Knüppel buchstäblich mit dem kleinen Finger bedient werden kann. Verzichtet wurde auch nicht auf die spezielle Flugzeugschleppkupplung in der Rumpfnase. Als Landehilfe dienen große Schempp-Hirth-Bremsen auf der Flügeloberseite zusammen mit einer Landestellung der Wölbklappen und einem Bremsschirm im Seitenruder.

Die Kestrel ist ein durchaus noch handliches Flugzeug der Offenen Klasse mit guten Flugeigenschaften und beachtlichen Leistungen. Den Erstflug führte wieder Huldreich Müller am 9. August 1968 in Karlsruhe-Forchheim durch.

Datenblatt Kestrel (401)

Spannweite: 17,00 m

Flügelfläche: 11,58 m^2, Streckung: 25,0

Flügeltiefe Wurzel: 0,88 m, Ende: 0,40 m

Profil: FX 67-K-170/FX 67-K-150

V-Form: 3°, Pfeilung: +1° (Nase)

Landehilfen: Schempp-Hirth-Bremsklappen, Wölbklappen 40°, Bremsschirm 1,3 m Durchmesser

Höhenleitwerksspannweite: 2,85 m, Fläche: 1,28 m^2

Seitenleitwerkshöhe: 1,52 m, Fläche: 1,0 m^2

Rumpflänge: 6,72 m, Breite: 0,64 m, Höhe: 0,86 m

Fahrwerk: einziehbar, ungefedert

Rüstgewicht: 260 kp, Zuladung im Rumpf: 125 kp, Ballast: 60 kp

Max.-Fluggewicht: 400 kp

Flächenbelastung: 29,4 kp/m^2 bis 34,5 kp/m^2

Höchstgeschwindigkeit: 250 km/h

Flugleistungen (DFVLR-Messung August 1971 bei 32,8 kp/m^2)

Geringstes Sinken: 0,63 m/sec bei 87 km/h

Bestes Gleiten: 41,5 bei 102 km/h

Glasflügel 604

Mit einer Spannweite von 22 Metern ist die 604 das Flagg-Schiff der Firma Glasflügel. Das Flugzeug steht in direktem Zusammenhang mit der Segelflugweltmeisterschaft in Marfa im Jahre 1970. Holighaus stellte 1969 seine Nimbus-I fertig, konnte sich aber nicht qualifizieren. Er bot dieses Flugzeug den startberechtigten Piloten an. Grosse flog aber die ASW-12 und Neubert war mit Glasflügel verbunden. Für Walter Neubert und Marfa/Texas wurde also in nur vier Monaten Bauzeit die 604 gebaut. Sieger wurde damals Moffat mit dem Nimbus-I vor Grosse. Neubert erreichte den 6. Rang trotz eines versäumten Wertungstages, nachdem er nach einer Außenlandung einen Tag verschollen war. Bei der 604 wurden soweit als möglich Teile der Kestrel verwendet. So ist das Rumpfvorderteil original übernommen, und die Rumpfröhre durch Einfügen eines Stückes hinter dem Flügel um fast einen Meter verlängert. Auch die Leitwerke wurden etwas vergrößert. Der dreiteilige Flügel setzt sich aus einem 7 m langen Mittelstück und etwas verkürzten Außenflügeln der Kestrel zusammen. Das Mittelstück stammte aus einem Entwurf der BS-1 b und sollte dann ursprünglich für einen Doppelsitzer verwendet werden. Aus konstruktiven Gründen wurde das Wortmann-Profil in Flügelmitte auf fast 20% aufgedickt. Das Gewicht dieses Mittelstückes von 168 kp machte dann die Verwendung eines Spezialanhängers notwendig, ohne welchen das Flugzeug gar nicht zu kaufen war. Auch das Rüstgewicht von 440 kp stellt die 604 außerhalb einer Verwendung im normalen Vereinsbetrieb.

Eine Glasflügel 604 im Verbandsflug mit dem kleinen Bruder Standard-Libelle.

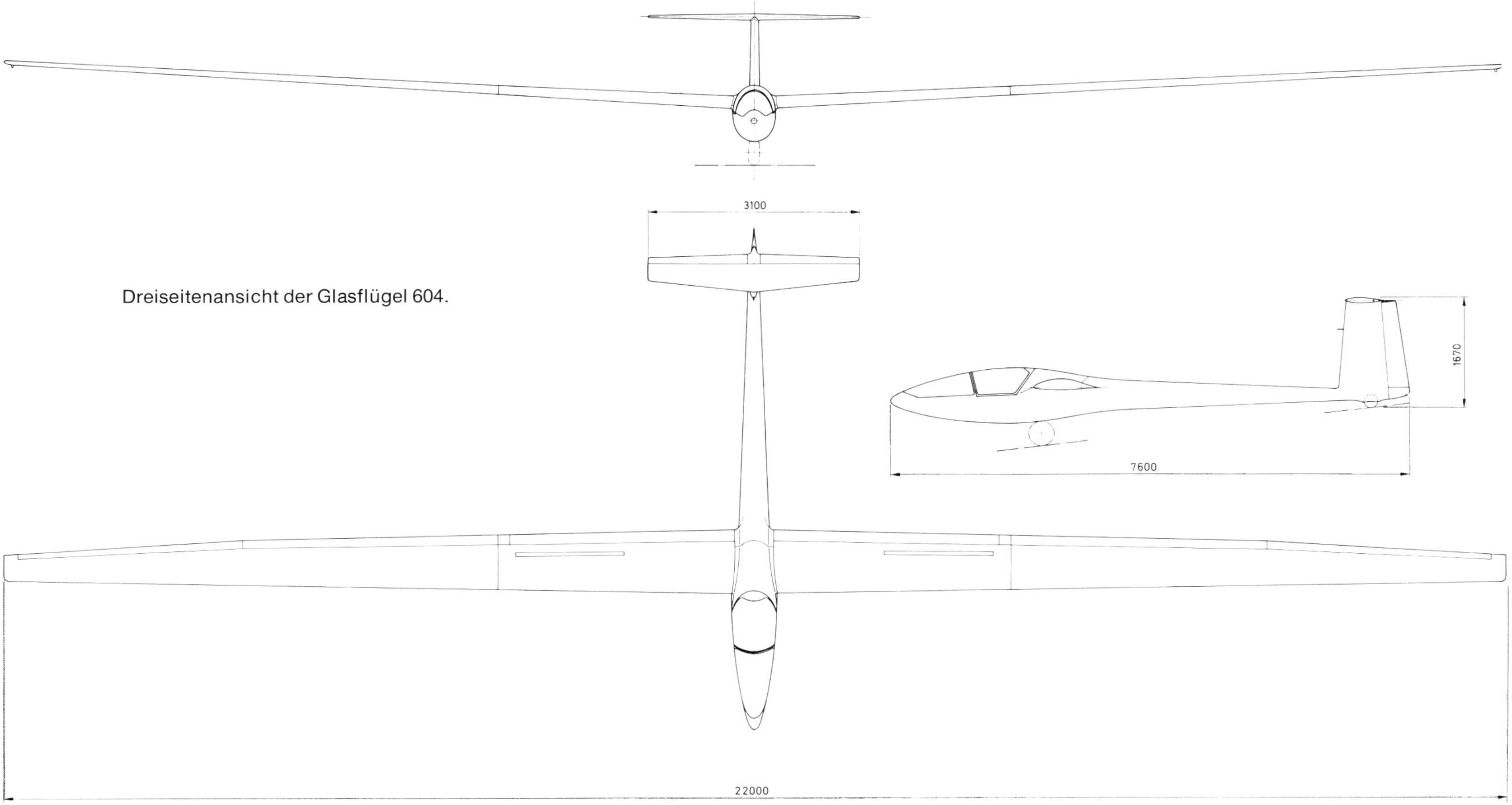

Dreiseitenansicht der Glasflügel 604.

Dafür war aber auch die 604 gar nicht ausgelegt und auf der anderen Seite überzeugte sie durch hervorragende Leistungen und insbesondere einige Rekorde durch Walter Neubert. Von 1970 bis 1973 wurden insgesamt 10 Exemplare gebaut. Den Erstflug mit dem Prototyp (Kennzeichen D-0604) führte Huldreich Müller am 30. 4. 1970 in Karlsruhe aus.

Datenblatt Glasflügel 604
Spannweite: 22,00 m (Flügel dreiteilig)
Flügelfläche: 16,23 m^2, Streckung: 29,8
Flügeltiefe Wurzel: 0,98 m, Ende: 0,40 m
Profil: FX 67-K-170 mod. auf 20% Dicke an der Wurzel
FX 67-K-150 außen
V-Form: 3°, Pfeilung: +1° (Nase)
Landehilfe: Schempp-Hirth-Klappen auf Flügeloberseite
Wölbklappen des Mittelstückes auf 35° ausfahrbar
Bremsschirm mit 1,6 m Durchmesser
Höhenleitwerksspannweite: 3,10 m
Seitenleitwerkshöhe: 1,67 m
Rumpflänge: 7,60 m, Breite: 0,64 m, Höhe: 0,86 m
Fahrwerk: einziehbar, ungefedert
Rüstgewicht: 440 kp, Zuladung im Rumpf: 135 kp, Ballast: 100 kp
Max.-Fluggewicht: 650 kp
Flächenbelastung: 33 kp/m^2 bis 40 kp/m^2
Höchstgeschwindigkeit: 250 km/h
Flugleistungen: (Angaben Glasflügel)
Geringstes Sinken: 0,50 m/sec bei 72 km/h
Bestes Gleiten: 49 bei 98 km/h

Club-Libelle (205)

Die im Jahre 1974 ausgelaufene Standard-Libelle hat zwei Nachfolgemuster, die sich hauptsächlich in der Rumpfgestaltung unterscheiden: die Club-Libelle (205) und die Hornet (206).
Bevor auf beide Flugzeuge näher eingegangen werden kann, sollten die Prototypen 202, 203, 204 kurz beschrieben werden.

202: Flügel und Rumpfvorderteil mit Haube der Standard-Libelle, aber runde Rumpfröhre und T-Leitwerk. 1 Exemplar gebaut im Jahr 1970 für Eugen Aeberli (HB-1062, zuvor D-0649)

203: Flügel der Standard-Libelle mit eingestrakter Haube und T-Leitwerk. 2 Stück gebaut, eine für E. G. Peter (D-0603), eine für Italien.

204: wie 203, nur mit Endklappe an Stelle von Schempp-Hirth-Bremsen. 1 Exemplar (D-2044)

Bei der Club-Libelle (205) wurde wieder ein anderes Rumpfvorderteil mit kurzer, nicht eingestrakter Haube (Kostengründe) gewählt. Der Flügel ist bei diesem Schulterdecker recht hoch angesetzt. Dieser Flügel mit nicht auftriebserhöhenden Endklappen wurde von der 204 übernommen. Das Fahrwerk ist nicht einziehbar, dafür aber gefedert. Von 1973 bis Anfang 1976 wurden 140 Flugzeuge hergestellt, von denen mehr als die Hälfte in Deutschland verblieben. Den Erstflug führte Jörg Renner am 14. 9. 1973 in Saulgau durch.

Datenblatt Club-Libelle (205)
Spannweite: 15,00 m
Flügelfläche: 9,80 m², Streckung: 23,0
Flügeltiefe Wurzel: 0 90 m, Ende: 0,36 m
Profil: FX 66-17 A II-182 (wie Standard-Libelle 201)
V-Form: 3°, Pfeilung: +1° (Nase)

Der Schulterdecker Club-Libelle hat ein festes Rad.

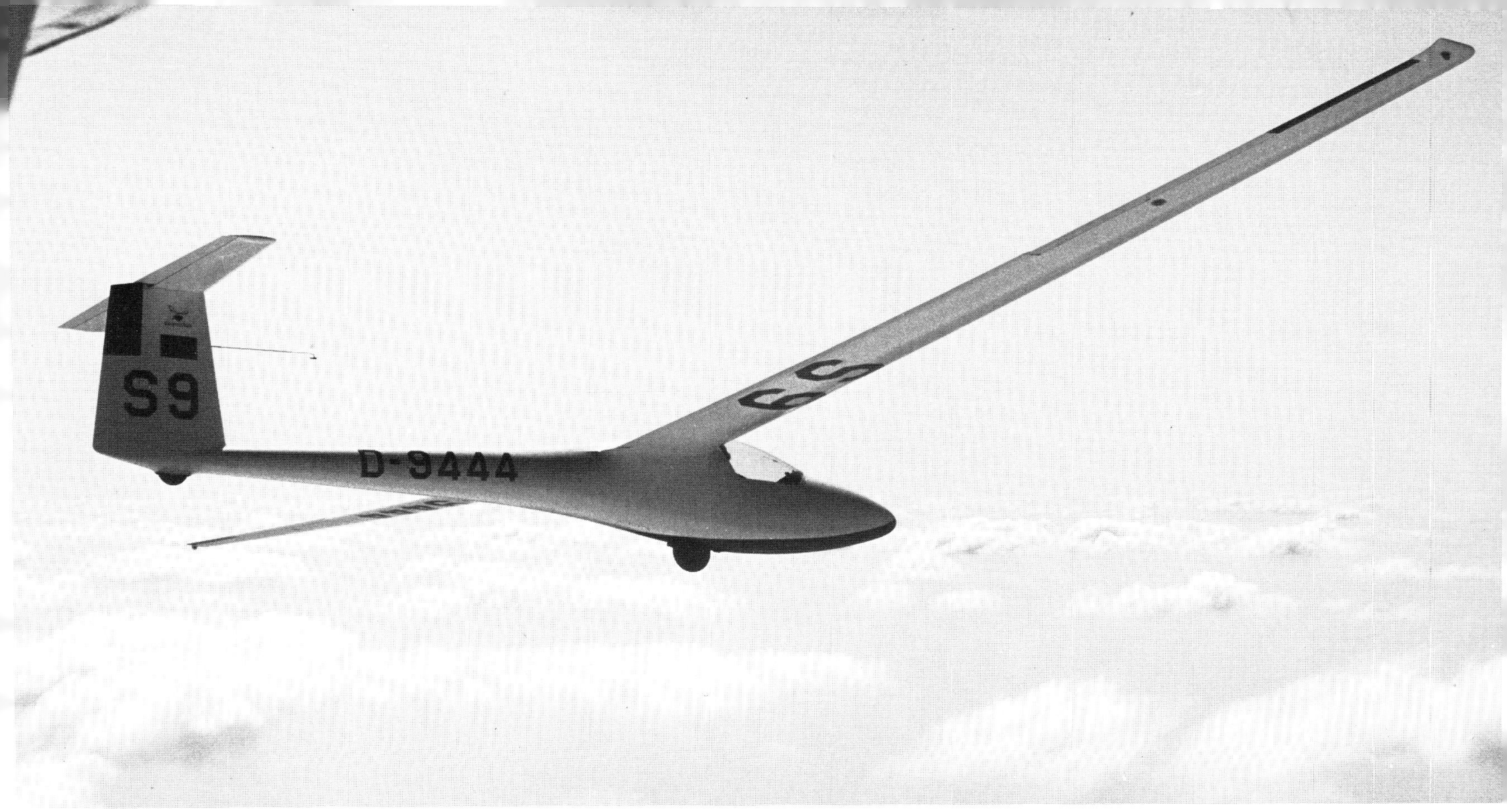

Die Club-Libelle von Glasflügel.

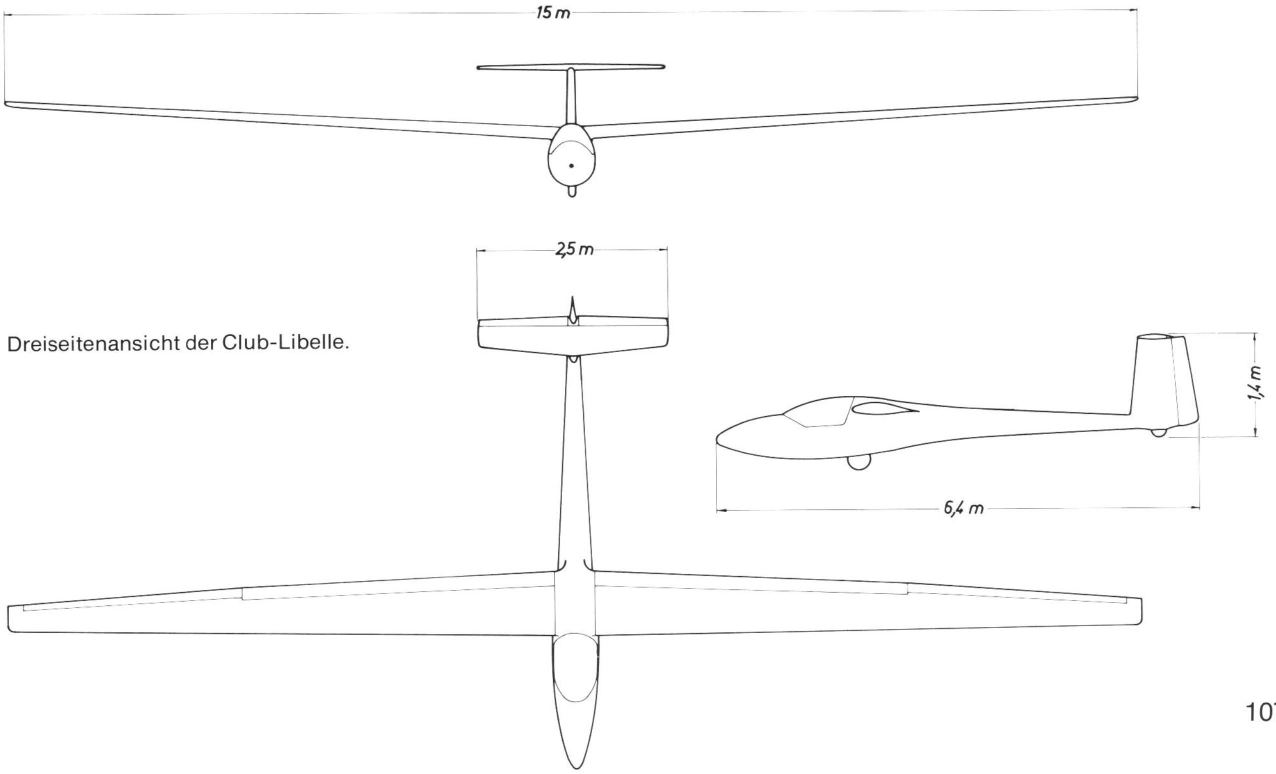

Dreiseitenansicht der Club-Libelle.

Landehilfe: Endkanten-Bremsklappen mit 8,0 m Spannweite
Höhenleitwerksspannweite: 2,50 m, Fläche: 1,15 m^2
Seitenleitwerkshöhe: 1,40 m, Fläche: 0,90 m^2
Rumpflänge: 6,40 m, Breite: 0,61 m, Höhe: 0,86 m
Fahrwerk: nicht einziehbar, gefedert
Rüstgewicht: 217 kp, Zuladung: 133 kp
Max.-Fluggewicht: 350 kp
Flächenbelastung: 29,0 kp/m^2 bis 35,7 kp/m^2, keine Wassertanks
Höchstgeschwindigkeit: 200 km/h
Flugleistungen: (Angaben Glasflügel)
Geringes Sinken: 0,59 m/sec bei 69 km/h (29 kp/m^2)
Bestes Gleiten: 35 bei 92 km/h (35,7 kp/m^2)

Hornet (206)

Man muß schon aufpassen, um alle Glasflügel-Typen auseinanderhalten zu können: Die Hornet hat die Leitwerke und den Flügel der Club-Libelle, nur ist der Flügel aus Festigkeitsgründen schwerer gebaut, um auch die beiden 60-Liter-Tanks aufnehmen zu können. Neu ist der Rumpf, der einige Ähnlichkeit zur Kestrel hat. Auch hier sind verschiedene Varianten erprobt worden. Die Serie hat jetzt die Haube geteilt und nach oben klappbar. Auch gehen die Bremsklappen nicht ganz bis an den Rumpf. Höhe und Einstellwinkel des Flügels wurden geändert. Der Rumpf hat wieder ein Einziehfahrwerk

Eine Hornet über der Gegend von Saulgau mit dem vielfachen Schweizer Meister Hans Nietlispach.

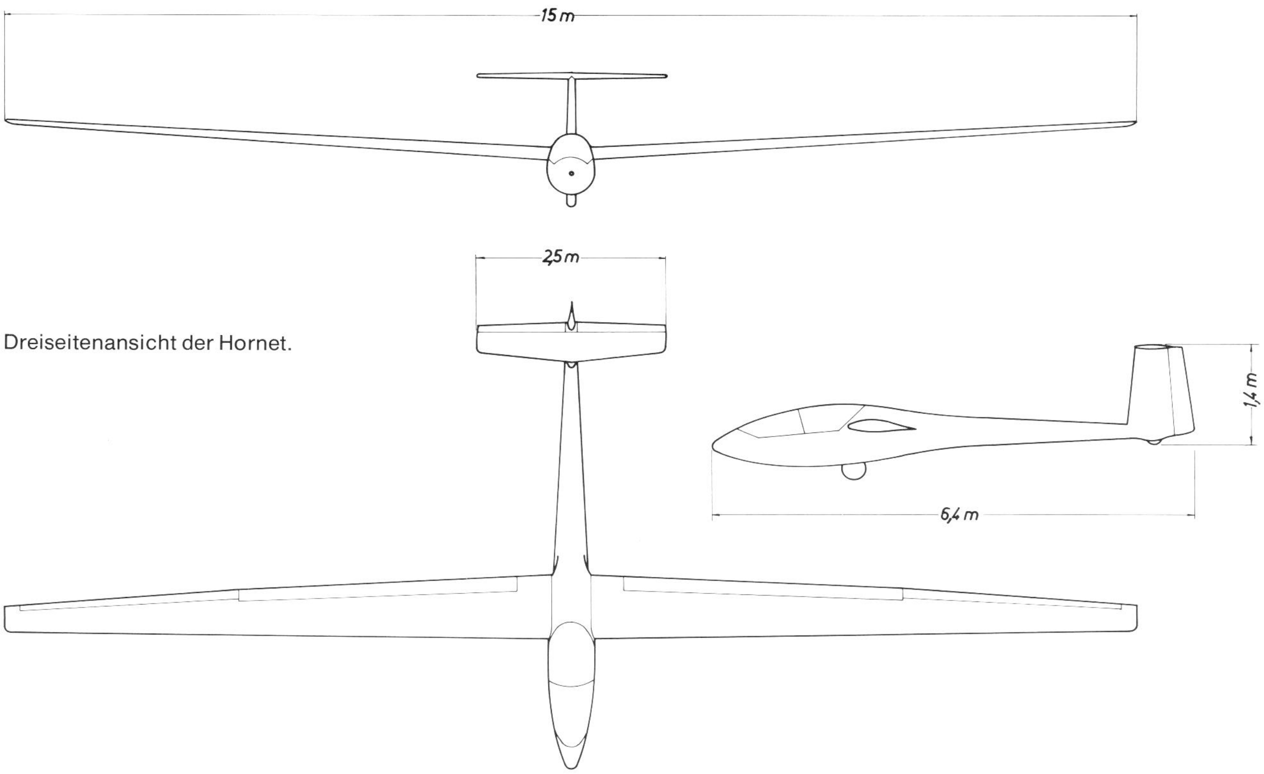

Dreiseitenansicht der Hornet.

und endlich wurde auch auf die Bugkupplung verzichtet. Seit dem Bau der Kestrel gehört neben der Trimmung auch der Parallelogramm-Knüppel zu den angenehmen Gewohnheiten.
A. Metzler flog am 21. Dezember 1974 die Hornet zum ersten Mal in Saulgau. Im folgenden Jahr sind bereits 30 Stück gebaut worden.

Datenblatt Hornet (206)
Spannweite: 15,00 m
Flügel und Leitwerke: alle Angaben wie bei Club-Libelle (205)
Rumpflänge: 6,40 m, Breite: 0,61 m, Höhe: 0,86 m
Fahrwerk: einziehbar, ungefedert
Rüstgewicht: 232 kp, Zuladung im Rumpf: 118 kp
Ballast: 120 kp, Max.-Fluggewicht: 420 kp
Flächenbelastung: 30,3 kp/m^2 bis 42,9 kp/m^2
Höchstgeschwindigkeit: 250 km/h
Flugleistungen: (Angaben Glasflügel)
Geringstes Sinken: 0,60 m/sec bei 75 km/h (35,7 kp/m^2)
Bestes Gleiten: 38 bei 103 km/h (42,9 kp/m^2)

Mosquito (303)

Wenige Tage nach der LS-3 flog am 20. 2. 1976 mit Josef Prasser auf der Hahnweide der Mosquito als zweites Flugzeug der neuen 15-m-Klasse. Es ist das erste gemeinsame Flugzeug nach der Kooperation von Glasflügel und Schempp-Hirth, und es ist auch das erste Flugzeug, das Eugen Hänle nach seinem Absturz mit seiner Schleppmaschine bei Saulgau am 21. 9. 1975 nicht mehr erleben konnte. Die Firma Glasflügel wird ja bekanntlich als Holighaus & Hillenbrand GmbH & Co. KG weitergeführt. Der Mosquito hat den Rumpf und die Leitwerke der Hornet und einen neuen Wölbklappenflügel, der gleichzeitig für den Mini-Nimbus von Schempp-Hirth verwendet werden wird. Er hat das Profil FX 67-K-150 mit einer neuartigen Wölb-Brems-Klappe, wie sie in drei charakteristischen Stellungen in Abb. Seite 111 dargestellt ist. Fig. 1 zeigt die maximalen Ausschläge der Wölbklappe, ohne daß die Bremsklappe mitgeht. Fig. 2 zeigt den maximalen Bremsklappenausschlag, wobei durch die Nase (3) der Wölbklappe

Flugbild der Mosquito.

diese automatisch mitgenommen wird. Fig. 3 zeigt den frei beweglichen Bereich der Bremsklappe, der zur Gleitwinkelsteuerung benützt werden kann, ohne die Wölbklappe zu verändern. So können beide Klappen durch benachbarte Hebel im Cockpit teilweise unabhängig bedient werden. Bei der Flugerprobung waren alle Piloten von dieser neuartigen Wölb-Brems-Klappe gleichermaßen begeistert.

Bremsklappe der Mosquito ausgefahren zusammen mit der Landestellung der Wölbklappen.

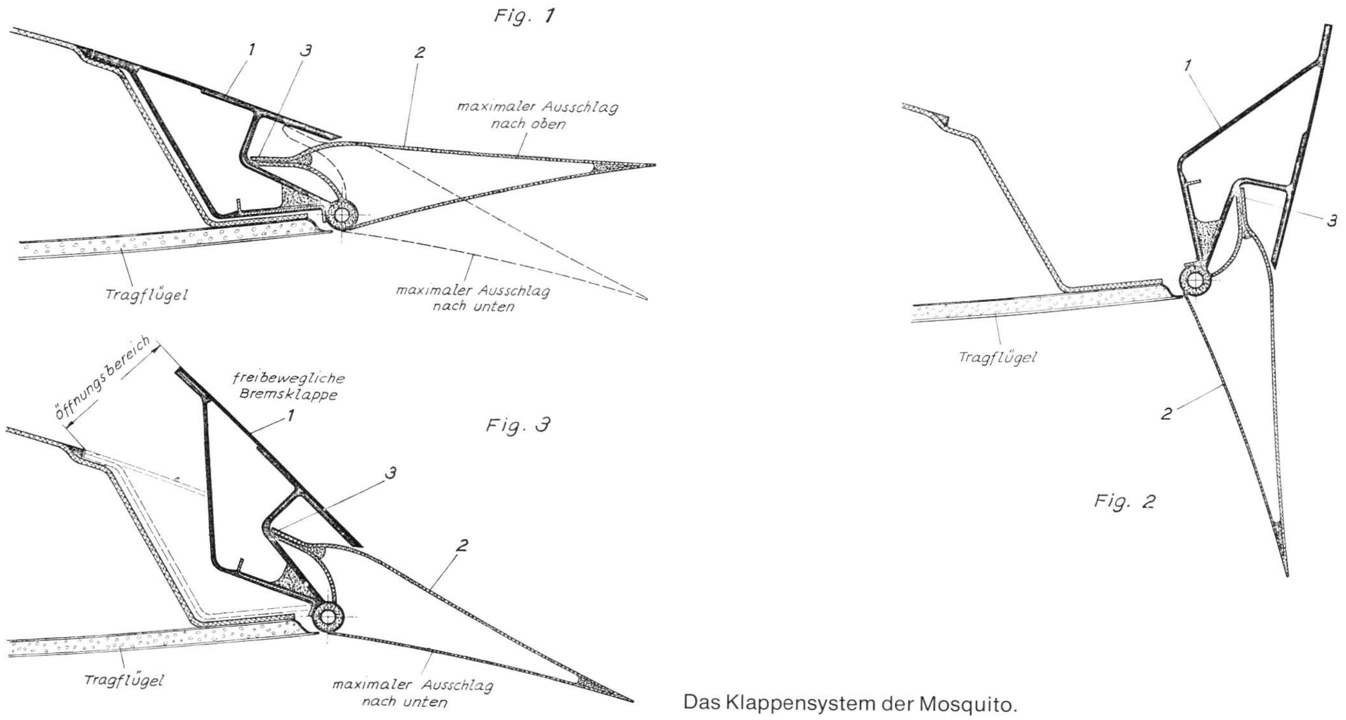

Das Klappensystem der Mosquito.

Datenblatt Mosquito (303)
Spannweite: 15,00 m
Flügelfläche: 9,8 m², Streckung: 23,0
Flügeltiefe Wurzel: 0,84 m, Ende: 0,40 m
Profil: FX 67-K-150
V-Form: 3°, Pfeilung: +0,7° (Flügelnase)
Landehilfe: neuartiges Wölb-Brems-Klappe
Angaben Rumpf und Leitwerke wie Hornet (206)

Rüstgewicht: 242 kp, Zuladung im Rumpf: 128 kp
Ballast: 125 kp, Max.-Fluggewicht: 450 kp
Flächenbelastung: 31,3 kp/m² bis 45,9 kp/m²
Höchstgeschwindigkeit: 250 km/h
Flugleistungen (Angaben Glasflügel)
Geringstes Sinken: 0,58 m/sec bei 79 km/h (32,6 kp/m²)
Bestes Gleiten: 42 bei 114 km/h (45,9 kp/m²)

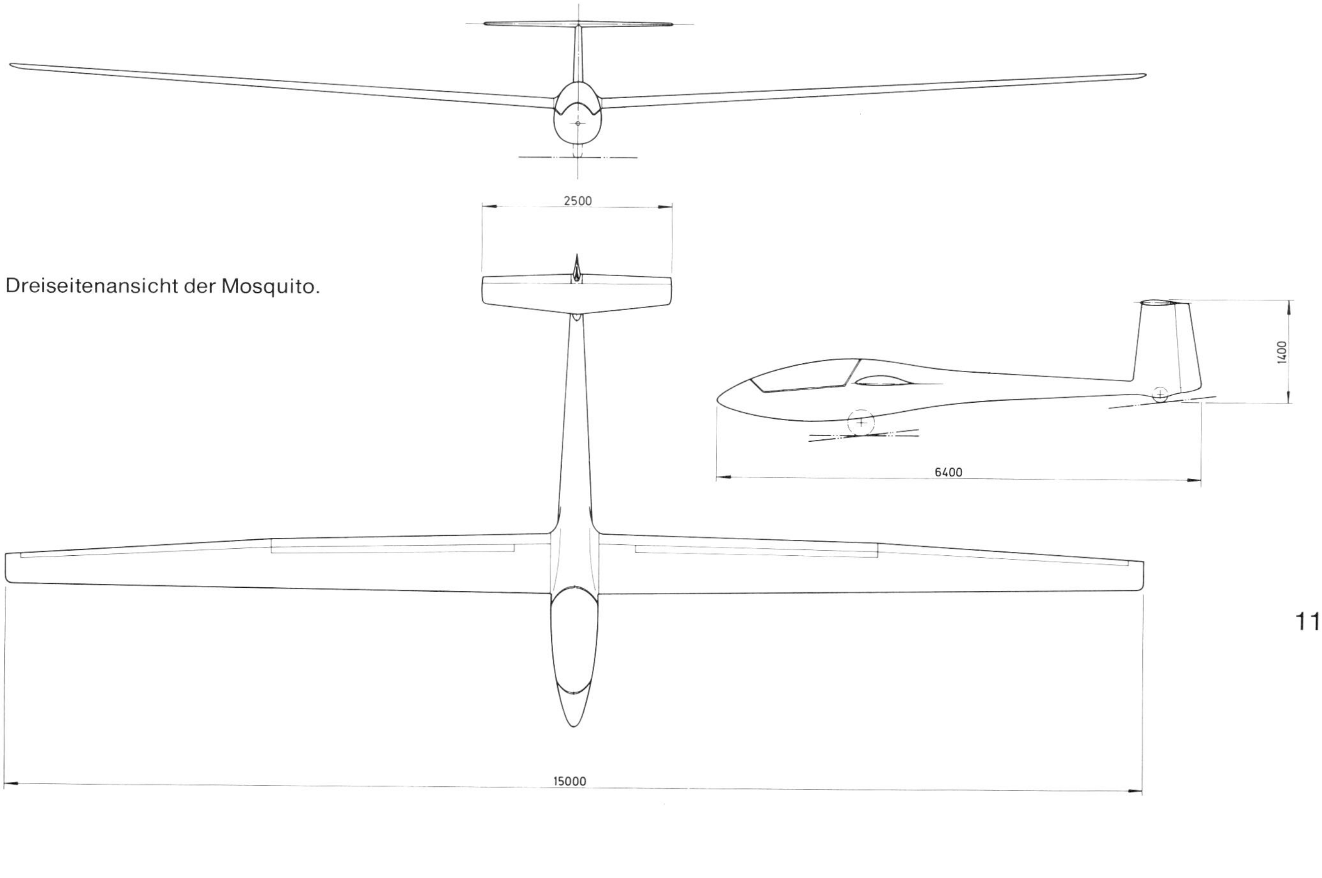

Dreiseitenansicht der Mosquito.

Björn Stender BS-1

Segelflugzeuge werden noch lange seinen Namen durch die Luft tragen, während er selbst im Jahre 1963 im Alter von 29 Jahren bei der Erprobung seines zweiten Flugzeuges den Tod fand. Seine Initialen schreiben ein Kapitel Luftfahrtgeschichte. Bereits zu Lebzeiten rankten sich Legenden um ihn und um sein Flugzeug: die BS-1.

Es ist schwierig, Björn Stenders Arbeit und seinen Anteil an der Entwicklung der Kunststoff-Segelflugzeuge gebührend zu umschreiben. Eines ist sicher: Die BS-1 war zu ihrer Zeit das beste Segelflugzeug der Welt. Und ferner: Im Gefolge des Unfalls wurden äußerst aufwendige Festigkeitsnachweise gefordert und umfassende Werkstoffuntersuchungen durchgeführt, die zur Grundlage von neuen Prüfbestimmungen wurden.

Helli Lasch, Begründer des Segelfluges in Südafrika und Besitzer der ersten BS-1, schreibt einmal in einem Aufsatz:

»Jedem, der die BS-1 in der Luft sah, war klar, daß eine neue Epoche in der Entwicklung der Segelflugzeuge begonnen hatte.« »Jedes Mal, wenn ich die BS-1 flog, war ich ganz berauscht von ihren Leistungen. Beim Anblick des Flugzeuges ist es schwer zu glauben, daß eine weitere Vervollkommnung möglich ist. Es liegt in der Natur des Menschen, seine technischen Werkzeuge und Geräte weiterzuentwickeln und zu verbessern, aber ich glaube, daß viel Zeit vergehen wird, bis diese Arbeit von Björn Stender in ihrer Eleganz und perfekten Leistungsfähigkeit überboten werden kann.«

Björn Stender überzeugte durch seinen ungeheuren persönlichen Einsatz, durch seine Begabung als Konstrukteur und Flieger. Er wurde am 20. April

Björn Stender.

1934 in Stockholm geboren. Seine Eltern sind Balten. Der Vater Walter Stender, zum Zeitpunkt des Berichtes siebzigjährig bei München lebend, war ein bekannter Flugzeugingenieur. Björn Stender wuchs in Hamburg, Konstanz, Nürtingen und Coburg auf. Er studierte Flugzeugbau in Braunschweig und schloß sich der dortigen Akaflieg an. Sein Diplom erhielt er im Sommer 1962 in Braunschweig, seine Diplomarbeit hatte das Thema: »Aerodynamische Berechnung von elastischen Hinterkanten für Tragflügelprofile.«

Björn Stenders Interessen waren vielseitig. Zeitweise studierte er gleichzeitig zu seiner fliegerischen Tätigkeit Musik in Stuttgart und Detmold. Einen Sommer verbrachte er in seinem Geburtsland Schweden, hielt sich drei Monate lang auf Bauernhöfen auf, lernte auf seiner Geige 70 schwedische Volkslieder und hielt sie auf dem Tonband fest. Darüber hinaus war er ein guter Schwimmer und Skiläufer und hatte eine besondere Freude am Skispringen.

Björn Stender war Flieger und Musikus, Sportler, Konstrukteur und Hersteller. Den Start als Hersteller hatte er nicht leicht. Die BS-1 entstand unter beschränkten finanziellen und erschwerten äußeren Bedingungen in einem alten Bauernhaus. Die Werkstatt war sehr bescheiden eingerichtet. Ursula Hänle äußerte einmal in ihrem bemerkenswerten, 1970 in Marfa gehaltenen Vortrag »Die Fiberglas-Story« die Vermutung, in diesen beschränkten Verhältnissen liege möglicherweise die tiefere Ursache für den Fehlschlag.

Bei seinem Unglücksflug am 4. Oktober 1963 überprüfte Björn Stender noch einmal Langsam- und Schnellflugeigenschaften der bereits ausgelieferten Werknummer 2. An diesem böigen Tag brach bei über 300 km/h der rechte Tragflügel. Das Flugzeug rollte in Rückenlage. Er löste den Bremsschirm aus, schnallte sich los und durchbrach die noch ungeöffnete Haube. Dabei wurde die Öffnungsleine des automatischen Fallschirms abgeschnitten. Er versuchte, den Schirm heranzuziehen und selbst zu öffnen und kämpfte so bis zuletzt um sein Leben.

Früh hatte Björn Stender in Nürtingen mit dem Modellflug begonnen. In Borkenberge wurde er einmal Zweiter in einer Deutschen Modellflugmeisterschaft. In Braunschweig arbeitete er fleißig an der SB-5 mit. Als Mannschaftsführer von Rolf Kuntz nahm er an der Segelflugweltmeisterschaft in Polen im Jahre 1958 teil. Er war von den dortigen Flugzeugen ebenso beeindruckt wie von der GFK-Bauweise, die er bei einem Besuch der Phönix-Fertigung in Nabern kennengelernt hatte.

Davon wurde die Auslegung der SB-6 maßgeblich beeinflußt, die im Februar 1961 eingeflogen werden konnte. Diese SB-6 war zu einem großen Teil seine Arbeit. Mittlerweile konnte er sein Studium abschließen. Viele Segelflieger bedrängten ihn. Sie wollten auch so ein Flugzeug haben. Der nach Südafrika ausgewanderte Helli Lasch ist der eigentliche Initiator des industriellen Segelflugzeugbaues bei Björn Stender. Im März 1962 trifft er sich mit Björn in Braunschweig, und mittlerweile nach Nürtingen zurückgekehrt, beginnt Björn Stender mit dem Bau der ersten BS-1 für Helli Lasch. Die ersten Zeichnungen entstehen im Juni 1962 und kurz vor Weihnachten fliegt die BS-1. Einschließlich Björn arbeiten nur vier Leute an dem Flugzeug.

Hans Böttcher trifft sich zusammen mit Lasch bei Björn. Sie einigen sich über die finanzielle Seite, und die zweite BS soll Böttcher erhalten. Mit der ersten BS-1 flog Björn die BWLV-Landesmeisterschaften auf dem Klippeneck im Jahre 1963 und konnte mit großem Abstand gewinnen. Erst im Dezember 1963 konnte dann Helli Lasch seine BS in Südafrika ausladen.

Von ihm liegt auch ein Bericht vor, wie er seine BS-1 am 16. Dezember 1967 in Südafrika in der Luft zerlegte. In ziemlich salopper Art berichtet er, wie er mit seinem Flugzeug (Kennzeichen ZS-GDZ) versehentlich (der Fahrtmesser war ab 340 km/h durch einen aufgeklebten Zettel abgedeckt) mit etwa 360 km/h in starke Gewitterturbulenz einfliegt und dabei feststellen muß, »daß sein rechter Flügel wie ein Taschenmesser zurückklappt«. Er kann mit dem Schirm aussteigen und landet etwa 50 Meter neben den Resten seines Flugzeuges.

Die zweite BS-1 für Hans Böttcher wird im September 1963 fertig. Am 4. Oktober passiert dann über der Hahnweide das Unglück. Die Bestürzung ist

Björn Stender mit der BS-1 auf dem Hornberg. ▲

Der Prototyp der BS-1 von Helli Lasch in Südafrika. ▼

groß. Immerhin haben außer Böttcher 15 weitere Segelflieger eine BS-1 bestellt und auch Anzahlungen geleistet. Unter diesen Bestellern sind Reinhold Stuhr, Alfred Eisele, Rudolf Gailing, Raynald von Podewils, Georg Eckle, Alfred Röhm, Rolf Spänig, Dr. Wolfgang Groß, Emil Bucher und Otto Schäuble. Diese Gruppe bildet dann eine Interessengemeinschaft zur Fortführung der Arbeiten. Es dauert dann aber doch fast drei Jahre, bis die erste Glasflügel-BS-1 in die Luft kommt.

Die beiden Prototypen von Björn Stender hatten als Landehilfe nur einen Bremsschirm, der zudem noch nicht einmal abwerfbar war. Als Tragflügelprofil wurde das Eppler 348 K verwendet. Die beiden Prototypen hatten einige Unterschiede. Während bei der V1 im Flügel Balsa verwendet wurde, bestand das Sandwich-Stützmaterial der V2 aus Schaumstoff. Der Rumpf der V1 war niedriger und enger (0,56 m breit und 0,68 m hoch), das Rüstgewicht war 22 kp höher als bei der V2. Wegen des Schwerpunktes hatten beide Flugzeuge 27 kp bzw. 18 kp Ballast in der Rumpfspitze. Eine Flügelhälfte wog, auch bei der späteren Glasflügel-Fertigung fast 100 kp.

Den Erstflug führte Björn Stender am 23. 12. 1962 auf der Hahnweide durch.

Datenblatt BS-1 (Fertigung Björn Stender, V2)
Spannweite: 18,00 m
Flügelfläche: 14,10 m², Streckung: 23,0
Flügeltiefe Wurzel: 0,99 m, Ende: 0,38 m
Profil: Eppler 348 K (Wölbklappe)
V-Form: 1,5°, Pfeilung: 0° (Flügelnase)
Landehilfe: Bremsschirm (bei Serie später Schempp-Hirth-Klappen)
Höhenleitwerksspannweite: 3,00 m, Fläche: 1,35 m²
Seitenleitwerkshöhe: 1,53 m, Fläche: 1,18 m²
Rumpflänge: 7,58 m, Breite: 0,60 m, Höhe: 0,70 m
Fahrwerk: einziehbar, ungefedert
Rüstgewicht: 320 kp, Zuladung 130 kp
Maximales Fluggewicht: 450 kp
Flächenbelastung: 28,4 kp/m² bis 31,9 kp/m²
Höchstgeschwindigkeit: 250 km/h
Flugleistungen: (DFVLR-Messung einer Glasflügel-BS-1 mit 28,4 kp/m² im Sommer 1967)
Geringstes Sinken: 0,56 m/sec bei 83 km/h
Bestes Gleiten: 44 bei 91 km/h
Mindestgeschwindigkeit: 64 km/h

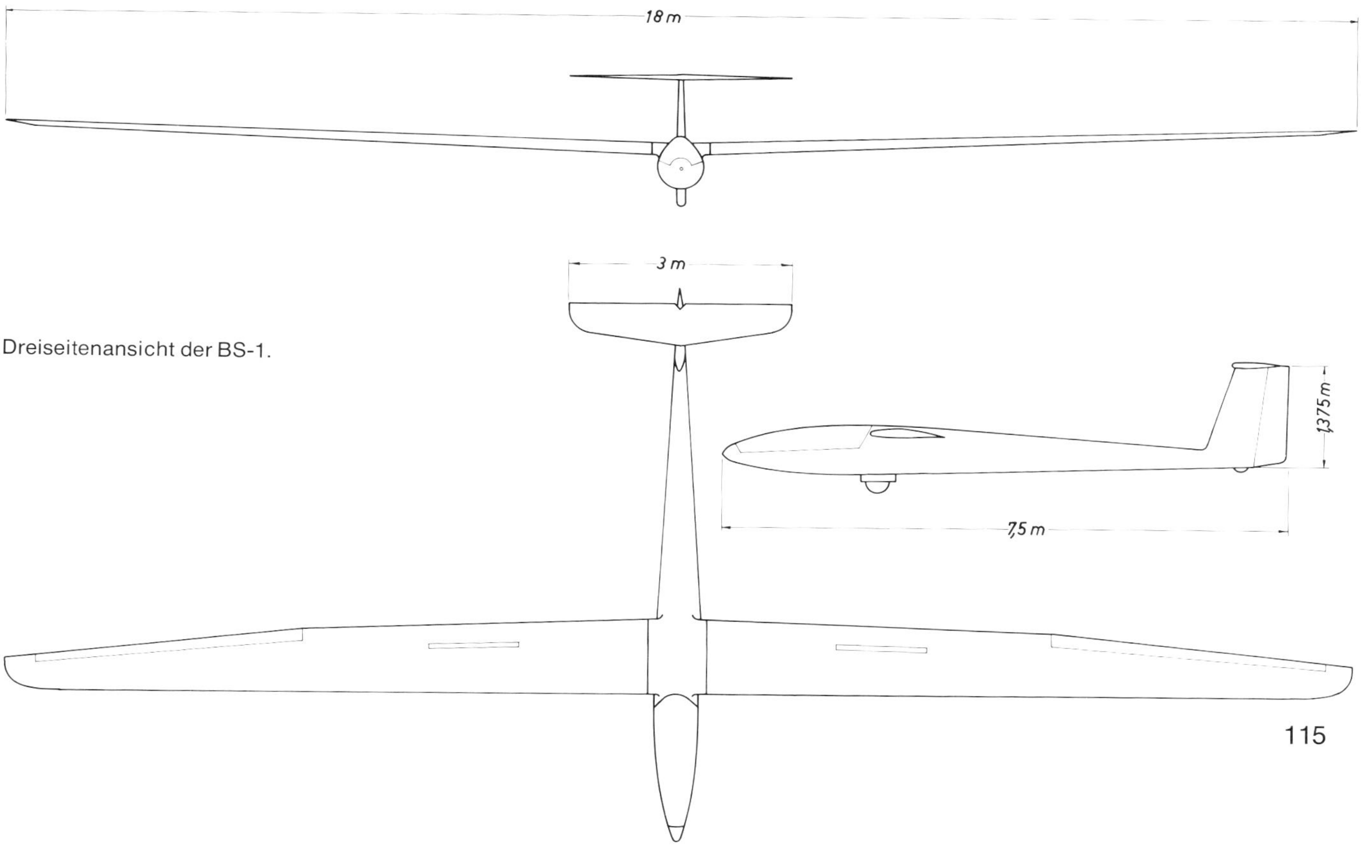

Dreiseitenansicht der BS-1.

Bölkow

Phoebus A bis C

Bei der Deutschen Segelflugmeisterschaft des Jahres 1964 in Roth erregte neben der D-36 in der Offenen Klasse ein weiterer Neuling in der Standard-Klasse besondere Aufmerksamkeit: Es war der von Hermann Nägele und Richard Eppler im Sommer 1963 entworfene Phoebus, mit dem Rudolf Lindner hinter den beiden Ka 6 von Heinz Hutz und Jakob Laur den 3. Platz belegte. Bei der folgenden Meisterschaft konnte Lindner dann gar mit dem Phoebus gewinnen, wie er auch bei der vorhergehenden Deutschen Meisterschaft 1962 mit dem Phönix Sieger der Offenen Klasse geworden war. Rudolf Lindner, am 16. Mai 1931 in Landshut/Bayern geboren, ist somit einer der erfolgreichsten Piloten aus den Anfängen der Kunststoff-Entwicklung. 1954 und 1955 wurde er in Odense/Dänemark und in Mainz bereits zweimal Weltmeister in der Klasse A2 bei den Segelflugmodellen. 1968 konnte Rudolf Lindner auch bei der Segelflug-Weltmeisterschaft in Leszno/Polen mit dem Phoebus den 3. Platz in der Standard-Klasse erringen. Er ist seit 1957 hauptberuflich im Flugzeugbau tätig und leitet seit 1972 einen luftfahrttechnischen Betrieb zur Wartung von GFK-Segelflugzeugen in Walpertshofen bei Laupheim.
Für die Entwicklungsgemeinschaft Sport- und Segelflug (Nägele/Eppler) war er von 1963 bis 1970 Leiter der Phoebus-Fertigung bei Bölkow in Laupheim. Nachdem mit dem Phönix ein erster Durchbruch der GFK-Bauweise gelungen war, wurden mit dem Phoebus einige Verbesserungen verwirklicht:

Die Oberfläche wurde robuster gegen kleine Stöße durch stärkere Glaslagen

Flächenbelastung und Profilauswahl zielten mehr in Richtung Schnellflug

Die Spannweite wurde auf 15 Meter (Standard-Klasse) verringert

Eine Erhöhung der Wendigkeit wurde durch größere Querruder erzielt.

Die Maximalgeschwindigkeit wurde auf 200 km/h bei böigem Wetter erhöht im Vergleich zu 180 km/h des Phönix bei ruhigem Wetter.

Kennzeichnend für den Phoebus ist die recht große Flügelfläche von 13,16 m², die größte aller Kunststoff-Segelflugzeuge der Standard-Klasse. Der Rumpf ist geräumig, die Ruder sind ausreichend dimensioniert, so daß sie auch später für die 17-m-Version des Phoebus C genügen. Das T-Leitwerk ist ein Pendelruder. Die Bauweise wurde vom Phönix übernommen, die Rumpfschale ist im Gegensatz zu den meisten anderen Flugzeugen in der Horizontalen getrennt. Als Phoebus B wird die 15-m-Version mit Einziehfahrwerk bezeichnet. Der Phoebus C hat die Flügel außen um je einen Meter verlängert und trägt im Rumpf einen Bremsschirm. Der Flügel hat einen Gabel-Zungen-Anschluß und Schempp-Hirth-Bremsklappen auf der Ober- und Unterseite. Das Eppler-Profil hat die Bezeichnung 403.
Folgende Stückzahlen sind gebaut worden:

Phoebus A+B	(1964 bis 1970):	120
Phoebus C	(1967 bis 1970):	133

Den Erstflug mit dem Phoebus A führte Rudolf Lindner am 11. 4. 1964 und mit dem Phoebus C am 18. 4. 1967 jeweils in Laupheim durch.

Phoebus C in den Alpen.

Phoebus mit Einziehfahrwerk beim Windenstart. ▲

Die in der Horizontalen getrennten Rumpfschalen des Phoebus. ▼

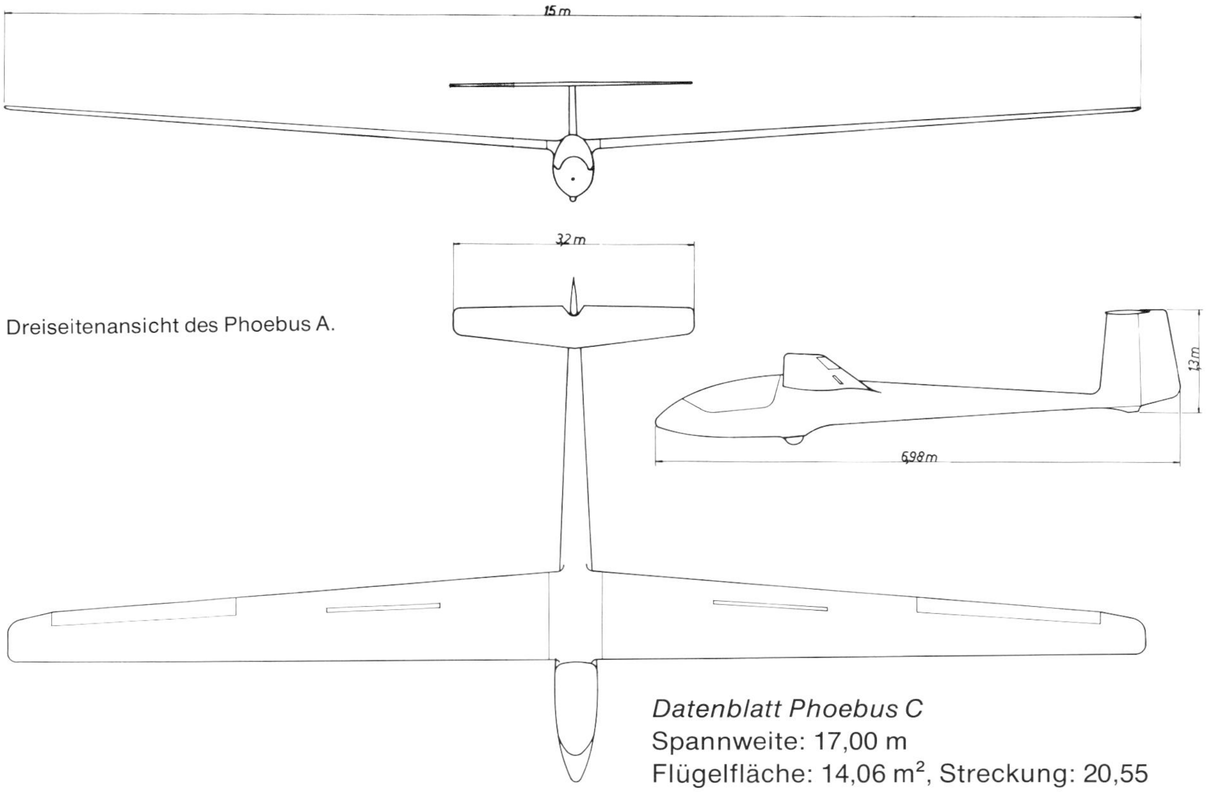

Dreiseitenansicht des Phoebus A.

Datenblatt Phoebus A/B
Spannweite: 15,00 m
Flügelfläche: 13,16 m^2, Streckung: 17,1
Flügeltiefe Wurzel: 1,21 m, Ende: 0,45 m
Profil: Eppler 403
V-Form: 2,75° (Flügeloberseite), Pfeilung: 0° (Flügelnase)
Landehilfe: Schempp-Hirth-Bremsklappen, Flügelober- und -unterseite
Höhenleitwerksspannweite: 3,20 m, Fläche: 1,52 m^2
Seitenleitwerkshöhe: 1,30 m, Fläche: 0,62 m^2 (Ruder)
Rumpflänge: 6,98 m, Breite: 0,58 m, Höhe: 0,85 m
Fahrwerk: fest, bei B: einziehbar
Rüstgewicht: 210 kp, Zuladung 140 kp
Max. Fluggewicht: 350 kp
Flächenbelastung: 22,5 kp/m^2 bis 26,5 kp/m^2
Höchstgeschwindigkeit: 200 km/h
Flugleistungen (Angaben Bölkow)
Geringstes Sinken: 0,65 m/sec bei 80 km/h
Bestes Gleiten: 37 bei 90 km/h

Datenblatt Phoebus C
Spannweite: 17,00 m
Flügelfläche: 14,06 m^2, Streckung: 20,55
Flügeltiefe Wurzel: 1,21 m, Ende: 0,38 m
Profil, V-Form, Pfeilung, Rumpf und Leitwerk wie Phoebus A
Fahrwerk: einziehbar, gefedert, bremsbar
Landehilfe: zusätzlich Bremsschirm 1,3 m Durchmesser
Rüstgewicht: 243 kp, Zuladung im Rumpf 134 kp, Ballast: 80 kp
Max. Fluggewicht: 459 kp
Flächenbelastung: 23,0 kp/m^2 bis 32,6 kp/m^2
Höchstgeschwindigkeit: 200 km/h
Flugleistungen (DFVLR-Messung August 1972 bei 25,6 kp/m^2)
Geringstes Sinken: 0,63 m/sec bei 83 km/h
Bestes Gleiten: 39 bei 93 km/h

Phoebus B 3/Flaperon
Im Jahre 1975 war bei Rudolf Lindner in Walpertshofen ein neuer Wölbklappen-Flügel im Bau, der vorerst am Rumpf mit dem Leitwerk des Phoebus erprobt werden soll.

Alexander Schleicher

Bei Schleicher in Poppenhausen unterhalb der Wasserkuppe sind bisher vier verschiedene Kunststoff-Segelflugzeuge mit folgenden Stückzahlen (Anfang 1976) gebaut worden:

ASW-12:	15
ASW-15:	460
ASW-17:	51
ASW-19:	6

In Poppenhausen waren die Konstruktionen bis zur ASW-12 im Jahre 1964 durch das so erfolgreiche Ka von Rudolf Kaiser (geb. 10. 9. 1922 in Waldsachsen bei Coburg) benannt. Nun kam das W für Gerhard Waibel hinzu, während AS für Alexander Schleicher steht. Zur Vervollständigung sei kurz die Schleicher-Kaiser-Waibel-Typenreihe mit einigen vereinfachten Erläuterungen aufgeführt:

Ka 1	1950	abgestrebter Hochdecker mit 10 m Spannweite und V-Leitwerk
Ka 2	1952	Doppelsitzer mit Holzrumpf
Ka 3	1953	Ka 1 mit Stahlrohrrumpf
Ka 4	1953	Mitarbeit am Zugvogel bei Scheibe in Dachau
Ka 5	1955	Rhönlerche: doppelsitziges Schulflugzeug
Ka 6	1955	Einsitzer, zuerst 14,00 m, dann 14,40 m und 15,00 m Spannweite
Ka 7	1957	Ka 2 mit Stahlrohrrumpf
Ka 8	1958	Übungsflugzeug mit Stahlrohrrumpf
Ka 9	1959	Verkleinerte Ka 8 mit 12 m Spannweite (2 Prototypen)
Ka 10	1963	geänderte Ka 6
Ka 11	1963	Motorsegler mit 12 m Spannweite, Vorläufer der ASK-14
ASW-12	1965	GFK-Hochleistungsflugzeug mit 18,30 m Spannweite
ASK-13	1966	Schulungsdoppelsitzer mit 16,00 m Spannweite (Nachfolger von Ka 7)
ASK-14	1968	einsitziger Motorsegler mit 14,30 m Spannweite
ASW-15	1968	GFK-Leistungsflugzeug mit 15 m Spannweite
ASK-16	1970	doppelsitziger Motorsegler mit 16,00 m Spannweite
ASW-17	1971	GFK-Hochleistungsflugzeug mit 20,00 m Spannweite
ASK-18	1974	Leistungseinsitzer mit 16 m Spannweite und Stahlrohrrumpf
ASW-19	1975	GFK-Flugzeug mit neuem Rumpf und Flügel der ASW-15
ASW-20	1976	GFK-Wölbklappenmaschine mit 15,00 m Spannweite (Rumpf ASW-19)

Gerhard Waibel, geboren am 3. 10. 1938 in Frankfurt, fing mit 12 Jahren mit dem Modellflug an, baute in Kempten im Allgäu an der ersten SG-38 nach dem Krieg mit, und begann mit der Segelflugschulung mit 16 Jahren bei der Akaflieg Frankfurt. Als Student schloß er sich der Akaflieg Darmstadt an und war dort einer der Väter der D-36. Nach Abschluß des Studiums ging er zu Schleicher nach Poppenhausen, wurde dort technischer Betriebsleiter und konstruierte eine Serienversion der D-36, die ASW-12.

ASW-12

Die in den Jahren 1964/65 entstandene ASW-12 hatte im Vergleich zur D-36 einen halben Meter mehr Spannweite, fast das gleiche Profil, aber nur einen Bremsschirm anstelle der Bremsklappen. Der Rumpf hatte die gleiche Länge, war aber noch etwas flacher und schmaler. Wie der Flügel war auch der Rumpf in einem GFK-Balsa-Sandwich gebaut. Die Haube war geteilt, mit einem festen Vorderteil. Bemerkenswert die Hutzen für die Rumpfbelüftung unter dem Flügel. Das ungefederte große Rad ragte weit aus dem Rumpf heraus. Wie bei der BS-1 wog eine Flügelhälfte in der Serie fast 100 kp, der Rumpf 112 kp und das gedämpfte T-Höhenleitwerk 7,4 kp, so daß sich ein Rüstgewicht in der Serie von 324 kp ergab.

Die insgesamt 15 Flugzeuge wurden in den Jahren 1966 bis 1970 gebaut. Den Erstflug hatte Edgar Kremer am 31. Dezember 1965 in Fulda durchgeführt.

Die ASW-12 war eines der erfolgreichsten Leistungsflugzeuge zu Beginn der Siebzigerjahre. Belegte Heinz Huth noch den 5. Platz bei der Weltmeisterschaft 1968 in Leszno/Polen, so wurde Hans-Werner Grosse Vize-Weltmeister 1970 in Marfa/USA und konnte mehrere Rekorde auf der ASW-12 erfliegen.

Heinz Huth in der ASW-12. Bemerkenswert sind das hohe Fahrwerk sowie die NACA-Hutzen für die Rumpfbelüftung unter dem Flügel.

Die ASW-12 mit Heinz Huth im Juni 1967 auf dem Klippeneck.

Datenblatt ASW-12
Spannweite: 18,30 m
Flügelfläche: 13,00 m², Streckung: 25,8
Flügeltiefe Wurzel: 0,93 m, Ende: 0,31 m
Profil: FX 62-K-131 mod.
V-Form: 2°
Landehilfe: Bremsschirm 1,6 m Durchmesser, Wölbklappen-Landestellung
Höhenleitwerksspannweite: 2,50 m, Fläche: 1,00 m² (T-Leitwerk gedämpft)
Seitenleitwerkshöhe: 1,70 m, Fläche: 1,20 m²
Rumpflänge: 7,35 m, Breite: 0,58 m, Höhe: 0,70 m
Fahrwerk: einziehbar, ungefedert
Rüstgewicht (Prototyp): 296 kp, Zuladung: 115 kp
Max. Fluggewicht: 411 kp
Flächenbelastung: 29,7 kp/m² bis 31,6 kp/m²
Flugleistungen (DFVLR-Messung 1967 bei 31,2 kp/m²)
Geringstes Sinken: 0,57 bei 90 km/h
Bestes Gleiten: 46 bei 100 km/h

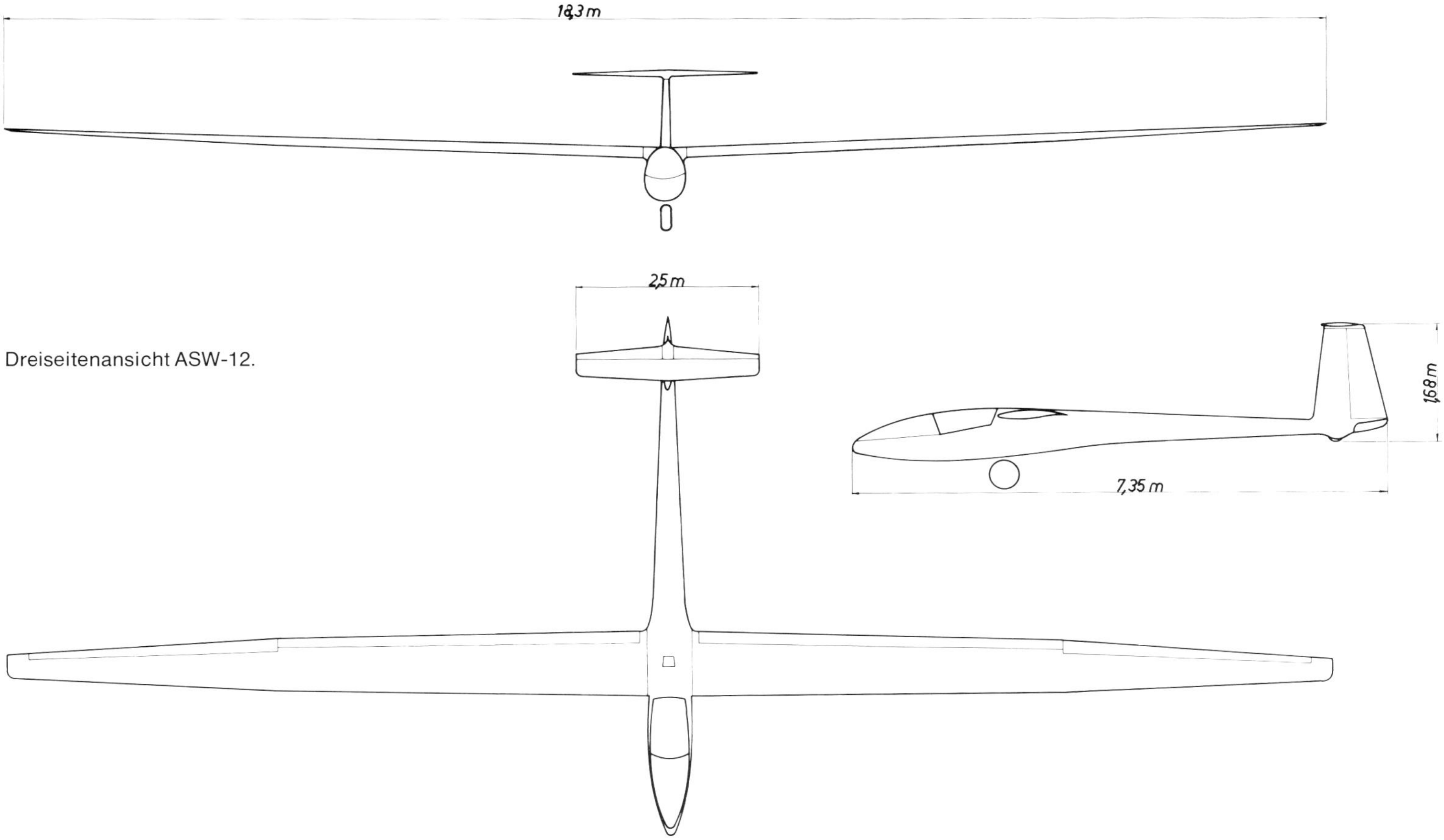

Dreiseitenansicht ASW-12.

Hinweis: Bei der Leistungsvermessung der Flugzeuge D-36, BS-1 und ASW-12 durch die DFVLR von 1966 bis 1968 ergab sich, daß alle Flugzeuge im Bereich bis 110 km/h gleich waren, und darüber die ASW-12 deutliche Vorteile hatte. (Siehe Literaturangabe)

ASW-15

Das Kunststoff-Segelflugzeug mit der weitaus größten Stückzahl bei Schleicher ist die ASW-15, die nach 173 Exemplaren modifiziert als ASW-15 B weitergebaut wurde. Der Prototyp mit dem Kennzeichen D-4425 hatte noch ein Seitenleitwerk ohne Hornausgleich und ein festes Rad. Charakteristisch ist das Pendel-Kreuz-Leitwerk, das nach Art der Ka-6E seitlich auf ein Rohr geschoben wird. Der Flügel hat Schempp-Hirth-Klappen für Ober- und Unterseite mit separaten, gegenseitig abgedichteten Klappenkasten. Aus Abb. 133 ist ferner der Roving-Holm mit dem Wasserballastsack der ASW-15 B zu ersehen. Das Profil FX 61-163 geht am Querruder wieder auf das FX 60-126 über und entstammt der Profilschar FX 61-184 bis FX 61-140 (Abb. 9). Dadurch sind günstige Langsamflugeigenschaften gegeben, wie überhaupt der ganze Flügel später für die ASW-19 übernommen werden kann. Das B bei der ASW-15 B steht in erster Linie für Wassertanks von 90 kp, die eine Verstärkung des Tragflügels erforderlich machten. Ferner wurde das Fahrwerk vergrößert und das Cockpit verlängert. Auch das Seitenleitwerk wurde 15 cm höher. Auch nach dem Erscheinen der ASW-19 wird die ASW-15 zumindest vorerst weitergebaut.

Zwei berühmte Schleicher-Flugzeuge: Ka 6 CR und ASW-15.

Edgar Kremer führte den Erstflug mit dem Prototyp im April 1968 auf der Wasserkuppe durch. Hans-Werner Grosse konnte mit diesem Flugzeug auf der Weltmeisterschaft 1968 in Leszno/Polen zwei Tagessiege erringen.

Datenblatt ASW-15 B
Spannweite: 15,00 m
Flügelfläche: 11,00 m², Streckung: 20,5
Flügeltiefe Wurzel: 0,92 m, Ende: 0,39 m

Flugbild der ASW-15.

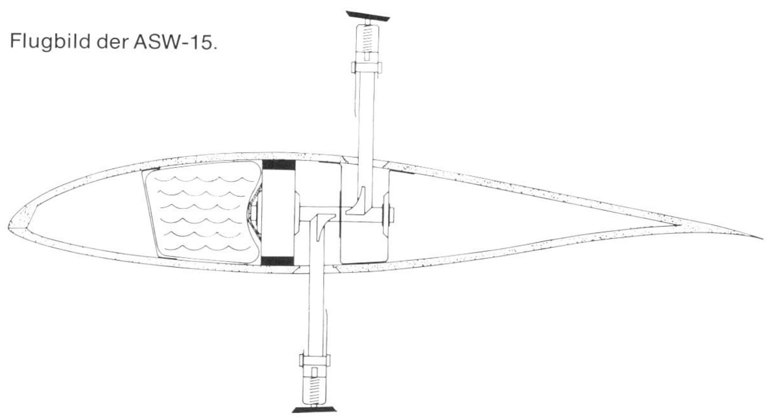

Tragflügelquerschnitt der ASW-15 B mit Wasserballastsack und gegenseitig abgedichteten Schempp-Hirth-Bremsklappen.

Im Landeanflug die ASW-15 B, zu erkennen an dem höheren Seitenleitwerk mit dem Hornausgleich.

Profil: FX 61-163 Wurzel, FX 61-126 Querruder

V-Form: 2°, Pfeilung: 0° ($\frac{t}{4}$ – Linie)

Landehilfe: Schempp-Hirth-Klappen auf Ober- und Unterseite

Höhenleitwerksspannweite: 2,60 m, Fläche: 1,15 m^2 (Pendel-Kreuzleitwerk mit Hornausgleich)

Seitenleitwerkshöhe: 1,56 m, Fläche: 1,13 m^2

Rumpflänge: 6,48 m, Breite: 0,61 m, Höhe: 0,80 m

Fahrwerk: einziehbar, ungefedert, bremsbar

Rüstgewicht: 230 kp, Zuladung im Rumpf: 115 kp

Ballast: 90 kp

Max. Fluggewicht: 408 kp

Flächenbelastung: 28,0 kp/m^2 bis 37 kp/m^2

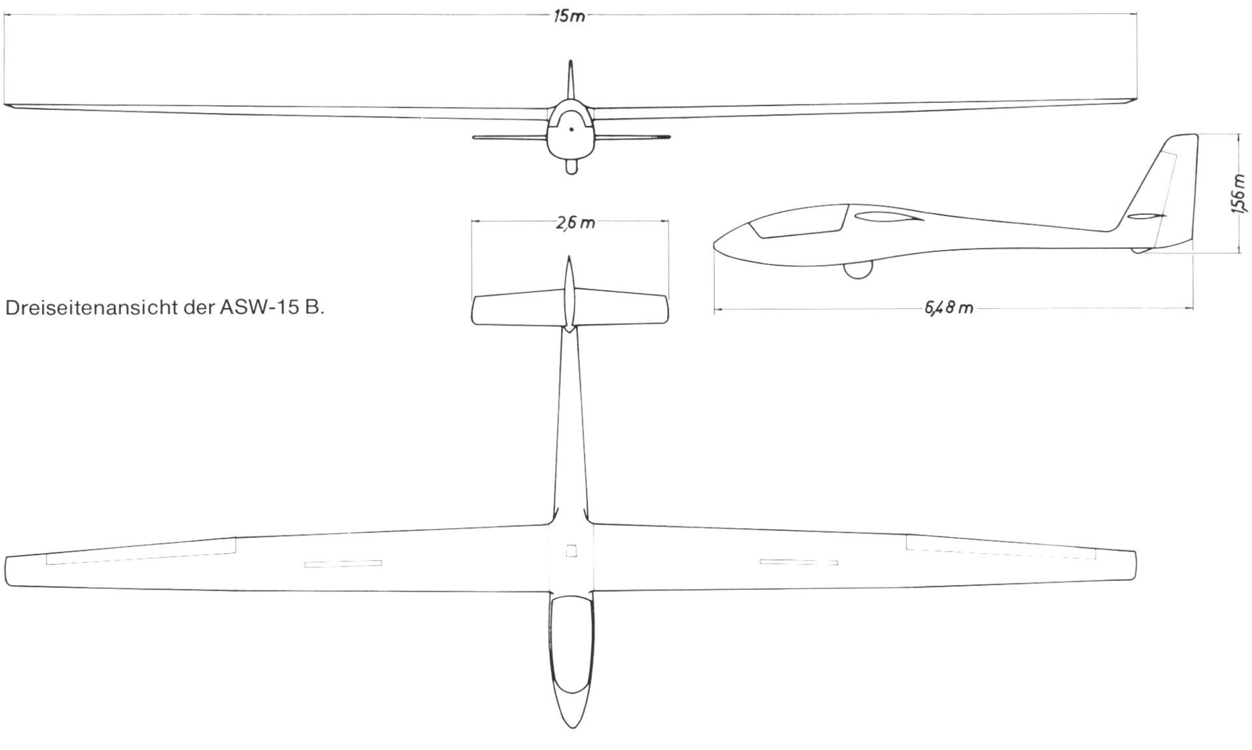

Dreiseitenansicht der ASW-15 B.

Höchstgeschwindigkeit: 220 km/h
Flugleistungen (DFVLR-Messung der ASW-15 vom August 1972 bei 27,7 kp/m²)
Geringstes Sinken: 0,63 m/sec bei 77 km/h
Bestes Gleiten: 36,5 bei 89 km/h

ASW-17

Bereits beim Bau der ASW-12 wurden laufend Verbesserungen und individuelle Änderungen vorgenommen. So hatte das Flugzeug von H. W. Grosse z. B. schon 19,00 m Spannweite. Nachdem die Herstellung der ASW-12 im Jahre 1970 eingestellt wurde, konnten die gewonnenen Erfahrungen bei der Konstruktion des Nachfolgemusters ASW-17 verwertet werden. Die Spannweite des Flügels wurde auf 20,00 m erhöht, während das Profil FX 62-K-131 mod. (aufgedickt auf 14,7%) erhalten blieb. Der Flügel wurde vierteilig gebaut, mit relativ kurzen Außenflügeln von 2,60 m Spannweite und

Interessante Perspektive der ASW-17.

Die ASW-17 von R. Wilsch bei der Deutschen Meisterschaft 1973 auf der Hahnweide.

einem Gewicht von je 18 kp. Das hatte zur Folge, daß die Innenflügel mit einem Gewicht von je 115 kp sehr schwer ausfielen, so daß beim Montieren der ASW-17 auf dem Fluggelände die freiwilligen Helfer recht rar sind. Der Doppeltrapezflügel ist in üblicher GFK-Balsa-Sandwich-Schalenbauweise mit einem kurzen Rovingholm hergestellt. Als Landehilfen dienen große Schempp-Hirth-Bremsklappen aus Aluminium nach Art der ASW-15 (System Frieß). Auf das integrierte Wölbklappen-Querruder-System sollte näher eingegangen werden: Die Querruder werden bei Betätigung der Wölbklappen synchron mitverstellt. Die Auschläge der Wölbklappen gehen von $+9°$ bis $-13°$. Andererseits gehen bei einem Querruderausschlag die Wölbklappen im Verhältnis 2 : 1 mit, so daß durch Mitverwölbung der Wölbklappen eine Querruderwirkung über die ganze Spannweite entsteht. Man könnte deshalb auch von »inneren« und »äußeren« Querrudern sprechen. Dieses Überlagerungssystem, das im Amerikanischen als »Flaperon« (von flaps und aileron) bezeichnet wird, ermöglicht somit jeweils die günstigste Anwendung von Wölbklappen und Querrudern. Die sechs außenliegenden Klappenantriebe sind mit GFK-Formteilen verkleidet. Neu bei der ASW-17 ist die spitzige Rumpfform mit der einteiligen Haube. Das gedämpfte Kreuz-Höhenleitwerk sowie das Seitenleitwerk sind in GFK-Schalenbauweise unter Verwendung von Balsa, Hartschaum und Tubuskern-Nylonwaben hergestellt.

Edgar Kremer führte den Erstflug mit dem Prototyp (D-0100) am 17. Juli 1971 auf der Wasserkuppe durch. Dieses Flugzeug fliegt heute in Südafrika und gehörte früher dem mit einer Cessna verunglückten H. Heiriss. Berühmtester Besitzer einer ASW-17 ist Hans-Werner Grosse, der viele Rekorde und aufsehenerregende Flüge mit diesem Vogel hinter sich brachte. Selbstverständlich unterschied sich auch Grosses ASW-17 von der Serie: Der Rumpf ist mit Karbonfasern leichter gebaut und zwei Flügel mit unterschiedlicher Spannweite stehen zur Verfügung. Bis zum Frühjahr 1976 sind ab Februar 1972 51 Exemplare hergestellt worden.

Datenblatt ASW-17
Spannweite: 20,00 m
Flügelfläche: 14,84 m^2, Streckung: 27,0
Profil: FX 62-K-131 mod. (14,7% wie ASW-12)

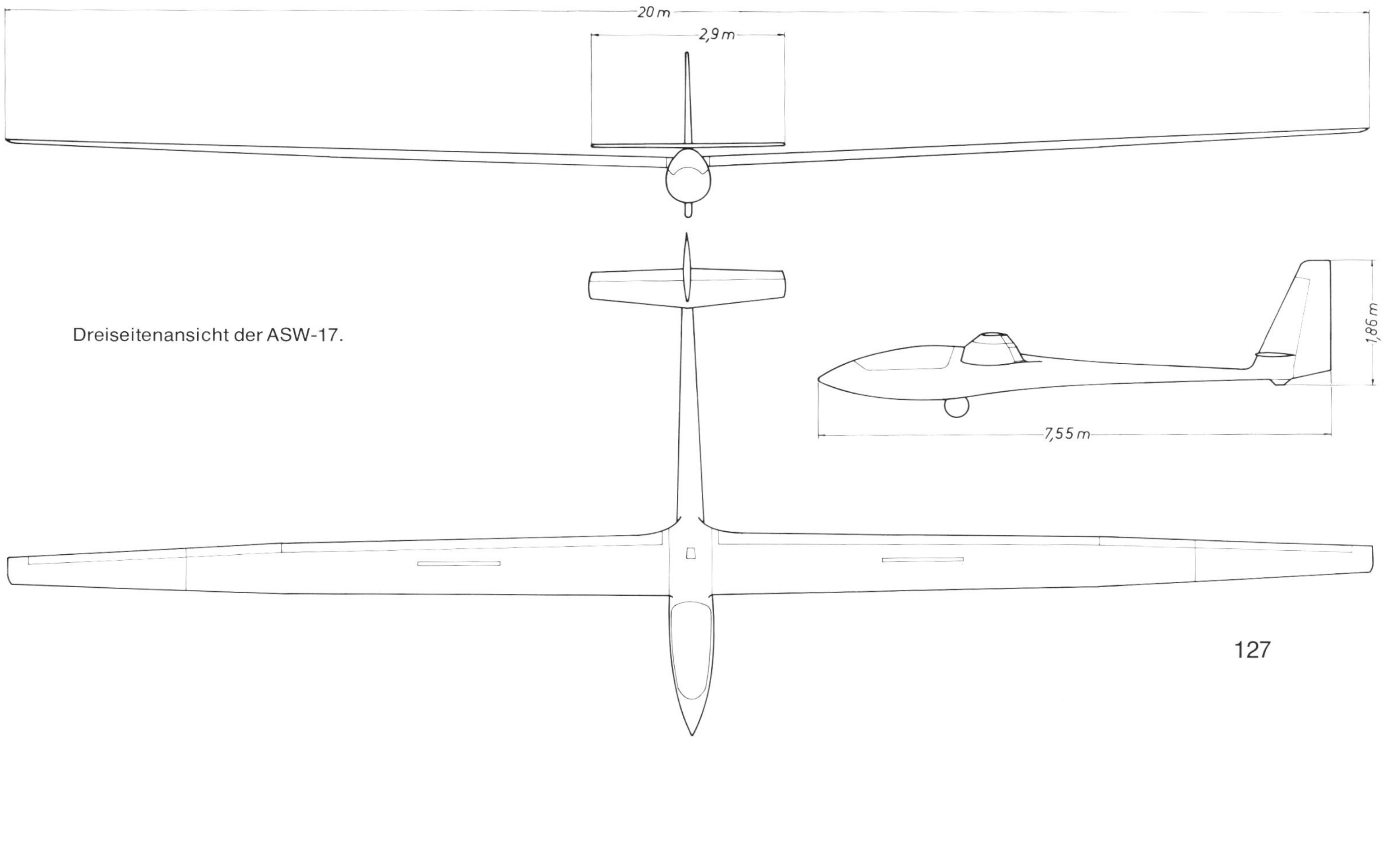

Dreiseitenansicht der ASW-17.

Landehilfe: Schempp-Hirth-Bremsklappen oben und unten
Höhenleitwerksspannweite: 2,90 m (gedämpftes Kreuzleitwerk)
Seitenleitwerkshöhe: 1,86 m
Rumpflänge: 7,55 m, Breite: 0,64 m, Höhe: 0,80 m
Fahrwerk: einziehbar, bremsbar, gefedert
Rüstgewicht: 405 kp, Zuladung Rumpf: 115 kp
Ballast: 100 kp, Max. Fluggewicht: 570 kp
Flächenbelastung: 30,7 kp/m^2 bis 38,4 kp/m^2
Höchstgeschwindigkeit: 240 km/h
Flugleistungen (Angaben Schleicher)
Geringstes Sinken: 0,50 m/sec bei 75 km/h und 32 kp/m^2
Bestes Gleiten: 48 bei 100 km/h und 38,4 kp/m^2

ASW-19

Die ASW-19 kann als Weiterentwicklung der ASW-15 B gesehen werden. Während der Flügel zumindest äußerlich von der ASW-15 übernommen wurde, entstanden Rumpf und T-Leitwerk in Anlehnung an die ASW-17. Die einteilige Haube öffnet nach Art der LS-1 f nach vorne. Die Rumpfbelüftung ist ebenfalls von der ASW-12/17 durch die NACA-Hutzen unterhalb des Flügels übernommen. Fertigungstechnisch wurden unter dem Einfluß der Astir-Herstellung Vereinfachungen und Verbesserungen erreicht. Im Flügel wird nunmehr kein Balsa mehr, sondern Hartschaum mit gepreßten Rovingholmen verwendet. Die Schempp-Hirth-Bremsklappen gehen nur noch nach oben.
Der Prototyp wurde im Jahre 1975 gebaut und am 13. 11. 1975 von Edgar Kremer in Langenlonsheim eingeflogen. Dabei wurden sehr zufriedenstellende Ergebnisse für die Flugeigenschaften notiert. Auch erfreute sich das neue Flugzeug gleich von Anfang an großer Beliebtheit in Segelfliegerkreisen.

Datenblatt ASW-19
Spannweite: 15,00 m
Abmessungen und Profil des Flügels wie ASW-15
Landehilfe: Schempp-Hirth-Klappen auf der Oberseite

Der Prototyp der ASW-19.

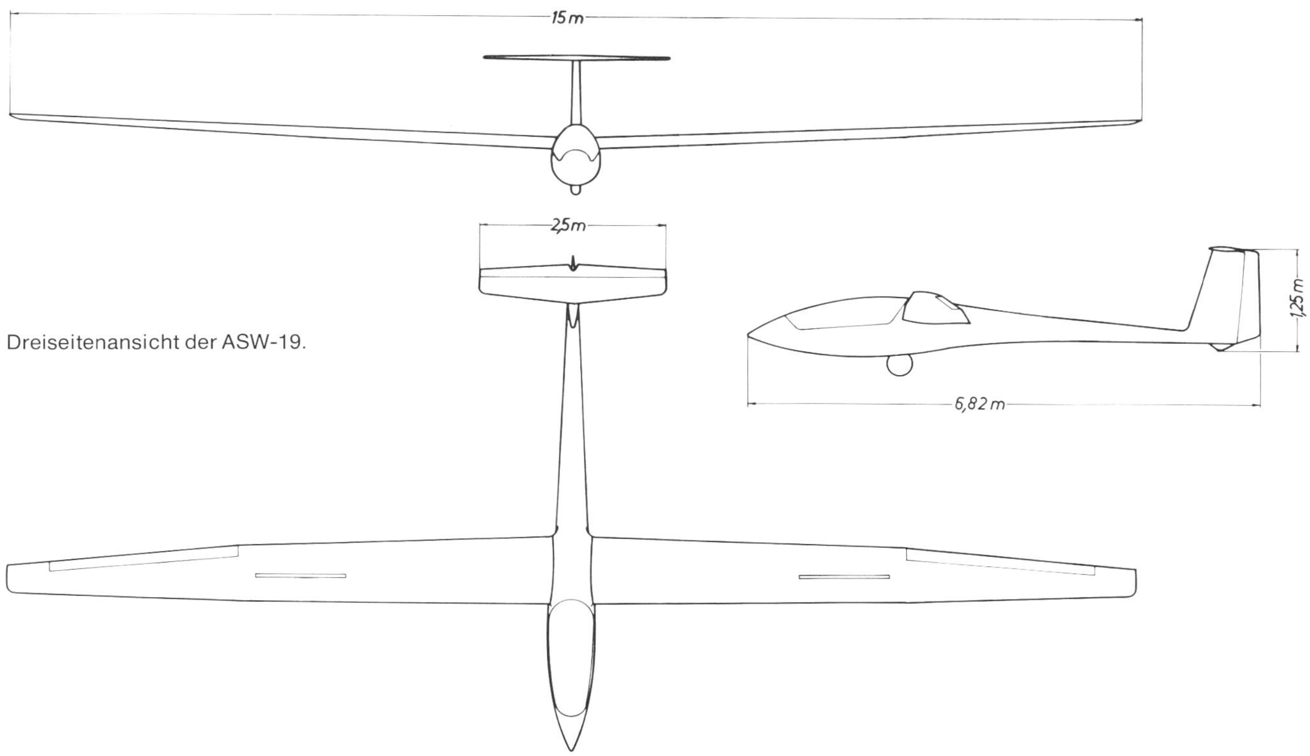

Dreiseitenansicht der ASW-19.

Höhenleitwerksspannweite: 2,50 m, Fläche: 1,10 m^2
(gedämpftes T-Leitwerk)
Seitenleitwerkshöhe: 1,25 m, Fläche: 1,00 m^2
Rumpflänge: 6,82 m, Breite: 0,64 m, Höhe: 0,83 m
Fahrwerk: einziehbar, ungefedert
Rüstgewicht: 240 kp, Zuladung im Rumpf: 115 kp
Ballast: 120 kp, Max. Fluggewicht: 410 kp
Flächenbelastung: 30,0 kp/m^2 bis 41,0 kp/m^2
Höchstgeschwindigkeit: 260 km/h
Flugleistungen (Angaben Schleicher)
Geringstes Sinken: 0,65 m/sec bei 73 km/h und 30 kp/m^2
Bestes Gleiten: 38 bei 105 km/h und 41 kp/m^2

ASW-20

Schleichers Beitrag zur neuen 15-m-Klasse wird ASW-20 heißen. Der Rumpf wird von der ASW-19 übernommen, während der Flügel eine Fläche von 10,50 m^2 und eine Streckung von 21,4 hat. Die Abmessungen des gedämpften Höhenleitwerkes sowie weitere Daten lagen im Frühjahr 1976 noch nicht endgültig fest.

Schempp-Hirth

Die Firma Schempp-Hirth ist wohl nach Alexander Schleicher die zweitälteste Firma in der Herstellung von Segelflugzeugen. Martin Schempp, der 1934 aus den USA nach Deutschland zurückkam, wurde zuerst Fluglehrer bei Wolf Hirth auf dem Hornberg. 1935 gründeten dann beide in Göppingen den Schempp-Hirth-Sportflugzeugbau, der 1939 nach Kirchheim/Teck verlegt wurde. Gleichzeitig richtete Wolf Hirth einen eigenen Betrieb in Nabern ein.
Bei Schempp-Hirth wurden vor dem Kriege die Segelflugzeuge Gö-1 Wolf (Baby-Nachfolger), Gö-2 (Doppelsitzer), Gö-3 Minimoa (von 20 m auf 17 m verkleinerte Moazagotl) und der bekannte Doppelsitzer Gö-4 gebaut. Während des Krieges stellte Schempp-Hirth Leitwerke für die Messerschmitt Gigant und für die Me 109 F her.
Erst 1962 wurde der Flugzeugbau wieder aufgenommen. In Lizenz wurde zuerst die Ka 8 gebaut und dann im Jahre 1964 die Standard-Austria SH, die mit einem neuen Eppler-Profil 266 bei einer Spannweite von 15,00 m in 90 Exemplaren aufgelegt wurde. Gleichzeitig beginnt die Mitarbeit von Klaus Holighaus bei Schempp-Hirth, der noch während seiner Studienzeit in Darmstadt aus der Standard-Austria SH die SHK mit einer Spannweite von 17,00 m und einer Flügelfläche von 14,70 m² weiterentwickelt. Die SHK hat bereits Rumpfvorderteil, Flügelnase und Flügelenden aus GFK. Rumpfröhre und Tragflügel sind aber noch konventionell aus Holz gebaut. Allerdings wird beim Flügel durch eine besonders aufwendige Holzbauweise und mit einer Kunstharzlackierung eine Oberflächengüte erreicht, die der von Kunststoff-Flugzeugen kaum nachsteht. Durch die niedrige Flächenbelastung von 25,2 kp/m² und das bewährte Eppler-Profil 266 ergeben sich anerkannt gute Kreisflugeigenschaften.
Mit Klaus Holighaus beginnt ab 1965 auch das Kunststoff-Zeitalter bei Schempp-Hirth. Durch seine Beteiligung an der D-36 ist Holighaus mit den neuen Werkstoffen vertraut. Seinem ersten Kunststoff-Segelflugzeug gibt er den Namen Cirrus. Es ist der Prototyp des großen Cirrus mit einer Spannweite von 17,60 m und dem in Anlehnung an die SHK entstandenen V-Leitwerk. Zur besseren Übersicht sind auch hier die Holighaus-Kunststoffsegler von Schempp-Hirth mit Erstflugdaten, Spannweite und Stückzahl (Anfang 1976) kurz aufgeführt:

20. 1. 1967	Cirrus V 1	17,60 m	1
10. 5. 1967	Cirrus B	17,74 m	170
26. 1. 1969	Nimbus-I	22,00 m	1
20. 2. 1969	Standard-Cirrus	15,00 m	630
27. 4. 1971	Nimbus-II	20,30 m	110
18. 5. 1974	Janus	18,20 m	12

Klaus Holighaus wurde am 14. Juli 1940 in Eibelshausen/Dillkreis geboren. Schon als Kind hatte er Kontakt mit dem Segelflug, da sein Elternhaus unterhalb des Segelflughanges von Hirzenhain lag. Wie viele Segelflieger befaßte auch er sich mit dem Modellflug, hielt in den Jahren 1967/68 zweimal einen Deutschen Rekord im Dauerflug für ferngesteuerte Segelflugmodelle, zuletzt mit mehr als sechs Stunden, und wurde auch zweimal Deutscher Meister im Kunstflug in dieser Klasse. Mit 17 Jahren beginnt Klaus Holighaus mit dem aktiven Fliegen. Während der gesamten Studienzeit von 1960 bis

1965 ist er Mitglied der Akaflieg Darmstadt. Seine Diplomarbeit hat das Thema: »Leistungsvergleich von Segelflugzeugen mit und ohne Wölbklappen in Abhängigkeit von der Flügelstreckung.«
Nach seinem Eintritt bei Schempp-Hirth erfährt die Firma einen starken Aufschwung. Klaus Holighaus ist nicht nur der erfolgreiche Leistungsflieger, seine Flugzeuge sind in der ganzen Welt gefragt. 1970 wird Holighaus Teilhaber bei Schempp-Hirth und 1975 vereinbart er mit Eugen Hänle eine Zusammenarbeit der beiden großen Firmen. Nach dem Tode von Eugen Hänle wird die Firma Glasflügel als Holighaus & Hillenbrand GmbH & Co. KG weitergeführt, nachdem Klaus Holighaus seinen alten Freund Klaus Hillenbrand als Geschäftsführer und Teilhaber gewinnen kann.

Klaus Holighaus zusammen mit Alfred Röhm, dem langjährigen Rekordinhaber über die 300-km-Dreiecksstrecke, im Jahre 1967 auf dem Klippeneck.

Cirrus V 1

Bei der BWLV-Landesmeisterschaft vom 15.–24.

Der Prototyp des Cirrus hatte ein V-Leitwerk mit Gewichtsausgleich

Mit seinem ersten Kunststoff-Segelflugzeug, dem Prototyp des Cirrus, gewann Klaus Holighaus im Juni 1967 die baden-württembergische Segelflugmeisterschaft auf dem Klippeneck.

Juni 1967 auf dem Klippeneck taucht Klaus Holighausen mit einem alten Borgward-Isabella, einem uralten offenen Hänger und dem neuen Cirrus-Prototyp auf. Der noch unbekannte Holighaus wird Landesmeister der Offenen Klasse, vor Klaus Hillenbrand auf der Libelle-301. Dieser Cirrus entsteht im Jahre 1966 bei Schempp-Hirth neben der Fertigung der SHK. Den Erstflug führt Klaus Holighaus am 20. 1. 1967 in Karlsruhe-Forchheim durch; der große Flugplatz stärkt sein Vertrauen in sein neues Werk. Die Spannweite beträgt 17,60 m, 14 cm weniger als bei der Serie. Auch der Rumpf ist etwas kürzer. Das V-Leitwerk hat einen Öffnungswinkel von 92°, ist massenausgeglichen mit außenliegenden Gewichten und hat eine Spannweite von 2,50 m. Der Rumpf ist ohne Stützstoff gebaut und besteht aus einer 2,5 mm starken Schale mit eingeharzten Schaumstoffringen. Hauptbeschläge, Fahrwerk und Schleppkupplung sind mit einem Stahlrohrgestell verbunden. Der Holm besteht wieder aus GFK-Rovings. Durch die große Profilhöhe von fast 20% ist eine relativ leichte Bauweise des Flügels möglich, eine Hälfte wiegt nur etwa 75 kp. Dieser Prototyp mit dem Kennzeichen D-9406 fliegt später in Italien (Vergani) und ist heute noch in Südafrika voll im Einsatz.

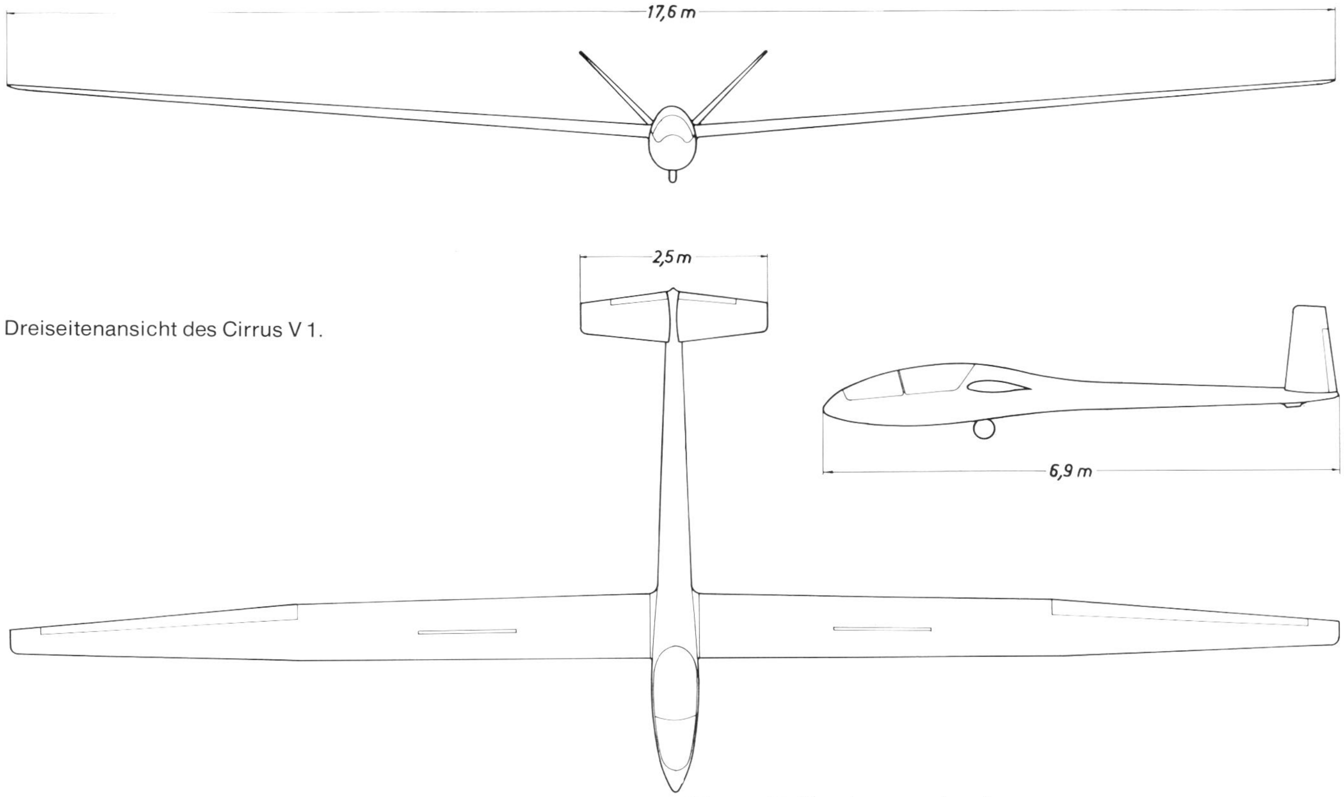

Dreiseitenansicht des Cirrus V 1.

Datenblatt Cirrus V 1, D-9406

Spannweite: 17,60 m
Flügelfläche: 12,60 m^2, Streckung: 24,6
Flügeltiefe Wurzel: 0,90 m, Ende: 0,32 m
V-Form: 3°
Profil: FX 66-196 innen, FX 66-161 außen
Landehilfen: Schempp-Hirth-Klappen auf der Ober- und Unterseite
Höhenleitwerksspannweite: 2,50 m (horizontale Projektion)
Seitenleitwerkshöhe: 1,30 m
Rumpflänge: 6,90 m, Breite: 0,62 m, Höhe: 0,84 m
Fahrwerk: einziehbar, ungefedert (Kupplung am Fahrwerk)
Rüstgewicht: 400 kp
Flächenbelastung: 26,2 kp/m^2 bis 31,8 kp/m^2
Höchstgeschwindigkeit: 220 km/h
Flugleistungen: (von Schempp-Hirth wesentlich zu hoch angegeben)
Geringstes Sinken: 0,50 m/sec bei 73 km/h
Bestes Gleiten: 44 bei 85 km/h

Cirrus B (Serienversion)

Der zweite Prototyp des Cirrus unterscheidet sich hauptsächlich durch das recht elegante Kreuzleitwerk, das einige Ähnlichkeit mit dem der SB-6 hat. Allerdings hat die spätere Serienversion des Cirrus einen Hornausgleich im Seitenleitwerk und ein gedämpftes Höhenleitwerk mit Ruder und Flosse, das von vorne in die Seitenflosse eingeschoben wird und sich automatisch sichert. Das V-Leitwerk wäre billiger herzustellen und auch leistungsmäßig besser gewesen. Den Ausschlag für das Kreuzleitwerk gab aber schließlich eine Abneigung gegen V-Leitwerke in den USA wegen des Absturzes einer SHK.

Vom großen Cirrus, wie er später als Unterscheidung zum Standard-Cirrus oft genannt wird, sind bei Schempp-Hirth in den Jahren von 1968 bis 1971 genau 110 Exemplare gebaut worden. Weitere 60 Stück wurden bisher bei VTC Vrsac/Jugoslawien in Lizenz hergestellt (VTC = Vazduhoplovno Tehnicki

Das erste Flugzeug der Serienversion des Cirrus, ebenfalls mit dem Kennzeichen D-9406.
Der große Cirrus, ein Flugzeug der Offenen Klasse ohne Wölbklappen.

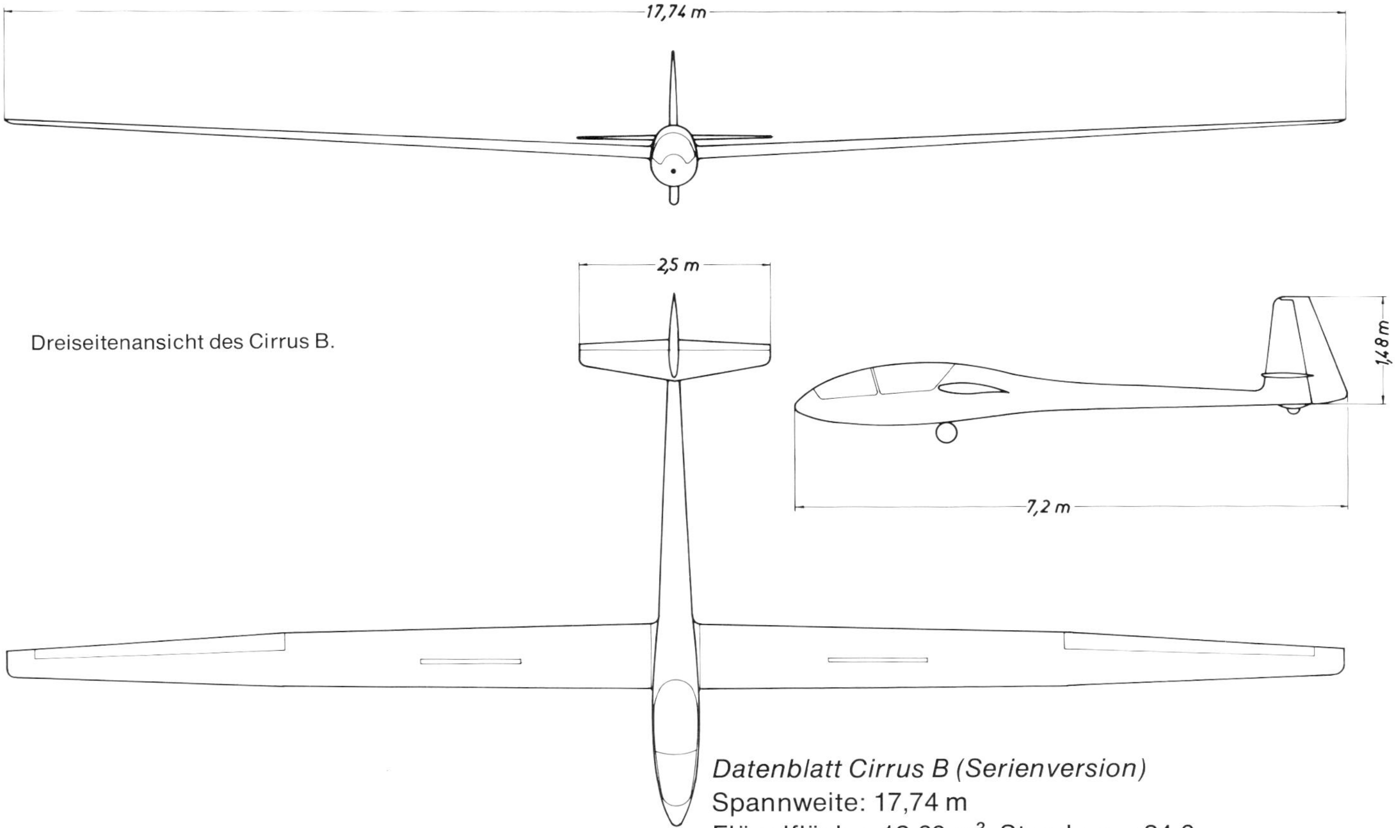

Dreiseitenansicht des Cirrus B.

Centar), dem Schauplatz der Segelflugweltmeisterschaften von 1972. Bei VTC wird der Cirrus weiterhin gebaut und hauptsächlich in osteuropäische Länder verkauft. Einige Cirrus-VTC sind aber auch nach Deutschland geliefert worden.

Der große Cirrus ist ein sehr angenehm zu fliegendes Leistungsflugzeug mit guten Langsamflugeigenschaften. Das Cockpit bietet recht viel Platz. Schempp-Hirth-Bremsklappen sind auf der Flügelober- und -unterseite, zusätzlich steht ein Bremsschirm zur Verfügung. Jeder Flügel trägt einen Wassertank mit 50 Litern.

Seinen größten Erfolg errang der Cirrus durch den Sieg bei den Weltmeisterschaften 1968 in Leszno/Polen durch den Österreicher Harro Wödl. Klaus Holighaus flog das erste Serienflugzeug, ebenfalls mit der Zulassungsnummer D-9406, im Mai 1967 auf der Hahnweide ein.

Datenblatt Cirrus B (Serienversion)

Spannweite: 17,74 m
Flügelfläche: 12,60 m^2, Streckung: 24,6
Flügeltiefe Wurzel: 0,90 m, Ende: 0,32 m
V-Form: 3°, Pfeilung: 0° ($\frac{t}{4}$ – Linie)
Profil: FX 66–196 innen, FX 66-161 außen
Landehilfen: Schempp-Hirth-Klappen Ober- und Unterseite, Bremsschirm 1,3 m Durchmesser
Höhenleitwerksspannweite: 2,50 m, Fläche: 1,02 m^2 (ged. Kreuzleitwerk)
Seitenleitwerkshöhe: 1,48 m, Fläche: 1,17 m^2
Rumpflänge: 7,20 m, Breite: 0,62 m, Höhe: 0,84 m
Fahrwerk: einziehbar, ungefedert, bremsbar
Rüstgewicht: 260 kp, Zuladung im Rumpf: 110 kp
Ballast: 100 kp, Max. Fluggewicht: 400 kp
Flächenbelastung: 26,2 kp/m^2 bis 36,5 kp/m^2
Höchstgeschwindigkeit: 220 km/h
Flugleistungen; (DFVLR-Messung vom Juli 1971 bei 29 kp/m^2)
Geringstes Sinken: 0,60 m/sec bei 80 km/h
Bestes Gleiten: 39 bei 89 km/h

Nimbus-I

Seit dem Erscheinen der BS-1 und der D-36 in den Jahren 1962 bis 1964 mit Spannweiten um 18 m waren im Leistungssegelflug bis Ende der sechziger Jahre keine Steigerungen mehr möglich gewesen. Im Januar 1969 tauchten dann gleich zwei neue Superschiffe auf, beide mit einer Spannweite von 22 m. Das eine Flugzeug war die SB-9, die durch Vergrößerung der Spannweite aus der SB-8 entstanden war, und der andere Segler war der Nimbus-I von Klaus Holighaus. Die Auslegung des Nimbus zielte darauf hin, bei gleichbleibender mittlerer Flügeltiefe die Spannweite und dadurch die Streckung zu erhöhen, um den induzierten und den Anteil des schädlichen Widerstandes zu verringern. Als Profil ließ sich Holighaus von Prof. Wortmann das bereits öfters erwähnte Wölbklappenprofil FX 67-K-170 entwerfen, wobei die beiden Randgebiete Langsamflug und Schnellflug noch einmal verbessert wurden. Der Tragflügel wurde dreiteilig mit einem Mittelstück von fast 6 m Spannweite gebaut. Die Wölbklappen dieses Mittelstückes können zur Landung 90° nach unten ausgeschlagen werden. Die Zunge des Außenflügels wird in das Mittelstück eingeschoben und von hinten durch den Wölbklappensteg mit einem 32 mm starken Bolzen gesichert. Der eigentliche Wölbklappenausschlag geht von −8° bis +6°. Der Aufbau des Flügels ist konventionell mit einem GFK-Roving-Kastenholm und einer Sandwich-Schale unter Verwendung von 8 mm starkem Conticell. Rumpf und Leitwerke sind ziemlich genau vom großen Cirrus übernommen, das Cockpit ist jedoch etwas flacher und gestreckter. Die Rumpflänge erhöht sich nur um 10 cm. Das vordere feste Haubenteil ist etwas kürzer, und der hintere Teil nicht abnehmbar sondern seitlich klappbar. Das Seitenleitwerk ist original vom Cirrus übernommen, während beim Höhenruder lediglich die Rudertiefe vergrößert wurde. Das Seitenruder erweist sich später als nicht ganz ausreichend, so daß das Flugzeug besonders beim Einleiten von Kurven etwas schwierig zu fliegen ist.

Durch den flacheren Rumpf und die kleinen Leitwerke sind die Leistungen des Nimbus-I aber überragend, und Klaus Holighaus schwärmt heute noch

Der Nimbus-I hatte einen dreiteiligen Flügel. Hier ist das Mittelstück zu sehen mit der Wölbklappenstellung für die Landung.

vom Nimbus-I als dem besten Flugzeug, das er je gebaut hat, und dem vielleicht einzigen Flugzeug, das mit einer Gleitzahl von 50 bisher geflogen ist.
Klaus Holighaus fliegt den Nimbus-I drei Tage nach dem Erstflug der SB-9 am 26. Januar 1969 auf der Hahnweide ein. Bei der verregneten Deutschen Meisterschaft im Juni 1969 in Roth erreicht er »nur« den 2. Platz hinter Neubert und vor Grosse und kann sich deshalb nicht für die Weltmeisterschaft 1970 in Marfa/USA qualifizieren. Dafür gewinnt aber sein Freund George Moffat mit dem Nimbus-I diese Weltmeisterschaft. Das Flugzeug kommt wieder zurück aus den USA, wird an die Luftwaffe in Frankreich verkauft, und geht dort bald zu Bruch. Klaus Holig-

Luftaufnahme mit dem seither berühmten Wettbewerbskennzeichen XX des Nimbus-I während seines Aufenthaltes in den USA.

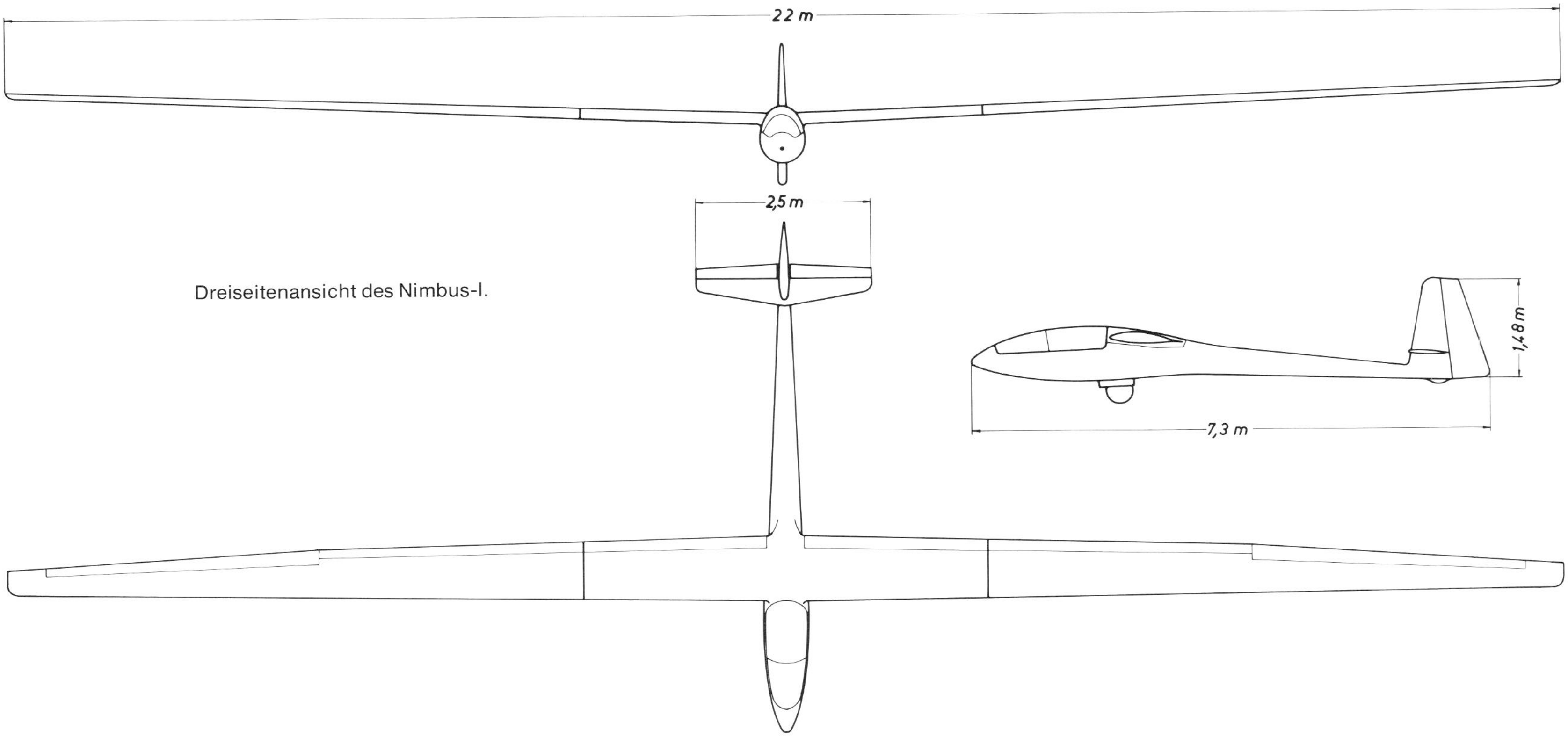

Dreiseitenansicht des Nimbus-I.

haus möchte sich aber den Nimbus-I zurückholen und wieder aufbauen. Vielleicht hängt er auch deshalb besonders an diesem Flugzeug, weil er es in den Jahren 1967/68 etwa zu 80% eigenhändig in einem Speicherraum bei Schempp-Hirth gebaut hat.

Datenblatt Nimbus-I, D-0171
Spannweite: 22,00 m (dreiteilig, Mittelstück: 5,70 m)
Flügelfläche: 15,80 m², Streckung: 30,6
Flügeltiefe Wurzel: 0,98 m, Ende: 0,38 m
V-Form: 3°, Pfeilung: 0° ($\frac{t}{4}$ – Linie)
Profil: FX 67-K-170 innen
FX 67-K-150 außen
Landehilfe: Wölbklappe des Mittelstückes 90° ausschlagbar, Bremsschirm, keine Schempp-Hirth-Bremsklappen
Höhenleitwerksspannweite: 2,50 m, Fläche: 1,12 m²
Seitenleitwerkshöhe: 1,48 m, Fläche: 1,17 m²
Rumpflänge: 7,30 m, Breite: 0,62 m, Höhe: 0,80 m
Fahrwerk: einziehbar, gefedert, bremsbar
Rüstgewicht: 370 kp, Zuladung: 130 kp
Max. Fluggewicht: 500 kp
Flächenbelastung: 27,8 kp/m² bis 31,6 kp/m²
Flugleistungen (Angaben Schempp-Hirth)
Geringstes Sinken: 0,44 m/sec bei 72 km/h
Bestes Gleiten: 51 bei 90 km/h

Standard-Cirrus

Der Standard-Cirrus, das GFK-Segelflugzeug mit der bisher größten Stückzahl überhaupt, hat mit dem großen Cirrus außer dem Namen nur wenig gemeinsam. Lediglich die Form des Rumpfvorderteiles wurde übernommen. Flügelform und Profil sind ebenso neu wie das T-Leitwerk.
Der Rumpf ist mit 6,35 m recht kurz, das Cockpit

Der Prototyp des Standard-Cirrus über dem Flugplatz von Nabern.

Ein Standard-Cirrus der Konstanzer Fliegergruppe über der Bundesstraße bei Allensbach.

allerdings geräumig. Die einteilige Haube ist seitlich klappbar. Die Instrumentenbrettabdeckung ist fest mit der Haube verbunden, so daß die Instrumente und Zuleitungen sehr gut zugänglich sind. Das T-Leitwerk ist leicht zu montieren und gut wirksam. Im ganzen gesehen ist der Standard-Cirrus ein eher lebhaftes Flugzeug, das besonders bei ruppiger Thermik geflogen sein will. Das Einziehfahrwerk ist ungefedert und bremsbar, die Schleppkupplung sitzt etwa 10 cm vor dem Fahrwerksschacht im Rumpfboden. Der Flügel hat Schempp-Hirth-Klappen nur noch auf der Oberseite. Das Profil hat die Bezeichnung FX S-02-196, ist eigentlich ein Hubschrauber-Rotorprofil und wurde durch eine etwas spitzigere Nase modifiziert. Im Außenflügel wird das Profil FX 66-17-AII-182 (wie Standard-Libelle) verwendet. Die Streckung des Trapezflügels beträgt 22,5.

Ab Frühjahr 1975 wird der Standard-Cirrus als Cirrus 75 in Serie gebaut. Zuvor schon wurden Änderungen der Schränkung erprobt. Nun kam die etwas spitzere Rumpfnase des Janus hinzu. Ebenso wurden der Flügel-Rumpf-Übergang und die Leitwerksaufhängung und -kinematik geändert. Schließlich wurde der Wassertank zur Vermeidung von Änderungen in der Flügelkontur ohne Verbindung zur Flügelschale eingebaut und die Bremsklappen um 10% vergrößert.

Auch sonst zeigte man sich bei Schempp-Hirth experimentierfreudig. In die Erprobung gingen aufsteckbare Flügelenden, mit denen die Spannweite auf 16,00 m erhöht werden konnte, was eine deutliche Verbesserung der Langsam- und Steigflugeigenschaften ergab. Recht spektakulär ist eine Hochdeckerversion des Standard-Cirrus, die als Versuchsflugzeug mit dem Kennzeichen D-3111 am 17. März 1976 von Klaus Holighaus auf der Hahnweide eingeflogen wurde.

Vom Standard-Cirrus sind bis zum Frühjahr 1976 insgesamt 630 Exemplare gebaut worden, 200

Ein reines Versuchsexemplar zur Erforschung des günstigsten Flügel-Rumpf-Überganges ist die Hochdecker-Version des Standard-Cirrus.

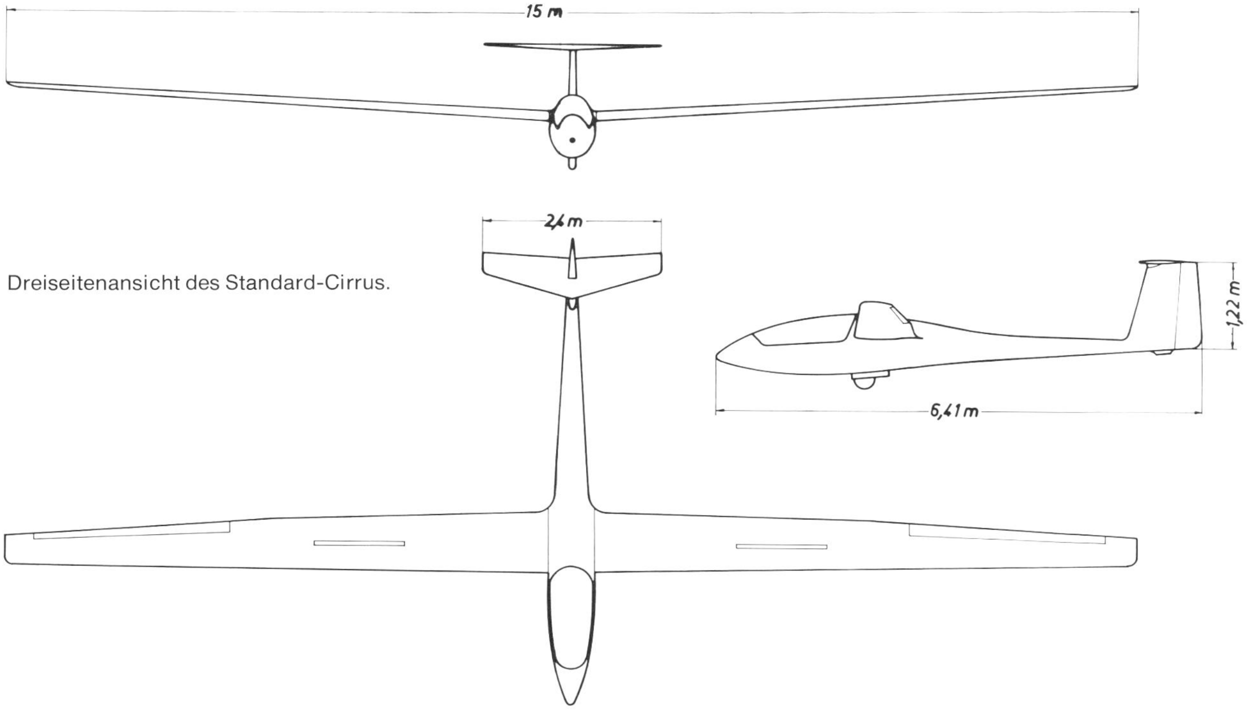

Dreiseitenansicht des Standard-Cirrus.

davon in Lizenz bei Grob in Mindelheim. Den Erstflug (Kennzeichen D-0170) führte Klaus Holighaus am 20. Februar 1969 auf der Hahnweide durch.

Datenblatt Standard-Cirrus (Cirrus 75)
Spannweite: 15,00 m
Flügelfläche: 10,00 m^2, Streckung: 22,5
Flügeltiefe Wurzel: 0,92 m, Ende: 0,35 m
V-Form: 3°, Pfeilung: 0° ($\frac{t}{4}$ – Linie)
Profil: FX S-02-196 mod. innen
FX 66-17-AII-182 außen
Landehilfe: Schempp-Hirth-Bremsklappen auf Flügeloberseite
Höhenleitwerksspannweite: 2,40 m,
Fläche: 1,03 m^2 (Pendel-T)
Seitenleitwerkshöhe: 1,22 m, Fläche: 1,00 m^2
Rumpflänge: 6,41 m, Breite: 0,62 m, Höhe: 0,83 m
Fahrwerk: einziehbar, ungefedert, bremsbar
Rüstgewicht: 220 kp, Zuladung im Rumpf: 120 kp
Ballast: 50 kp
Max. Fluggewicht: 390 kp/m^2
Flächenbelastung: 29 kp/m^2 bis 39 kp/m^2
Höchstgeschwindigkeit: 220 km/h
Flugleistungen: (DFVLR-Messung August 1971 und 1972 bei 29,5 kp/m^2)
Geringstes Sinken: 0,65 m/sec bei 75 km/h
Bestes Gleiten: 36 bei 85 km/h

Nimbus-II

Den Nimbus-II kann man als Serienversion des Nimbus-I bezeichnen. Die Spannweite wurde auf 20,3 m verringert und der Flügel nunmehr vierteilig gebaut. Ein Außenflügel ist etwa 4,50 m lang und wiegt nur 25 kp. Ein Innenflügel ist etwa 80 kp schwer. Dadurch ist der Nimbus-II gut zu montieren, und der Hänger ist kürzer als beim Standard-Cirrus. Neu sind auch die Schempp-Hirth-Bremsklappen auf der Flügeloberseite, während das bewährte Profil beibehalten wurde.
Das Rumpfvorderteil stammt wieder vom Cirrus, während der ganze Rumpf mehr als einen Meter länger ist. Dafür ist das Höhenleitwerk wieder

Eines der elegantesten Kunststoff-Segelflugzeuge ist der Nimbus-II. Hier eine Aufnahme aus den USA.

Ein Nimbus-II in der Nähe des Bodensees.

Der Nimbus-II von Klaus Holighaus im Mai 1975 auf der Hahnweide.

original vom Standard-Cirrus übernommen und erweist sich durch die höhere Streckung und den längeren Hebelarm als ausreichend. Allerdings wurde das Seitenleitwerk auch im Vergleich zum Nimbus-I vergrößert.

Im Jahre 1976 wurde das Maximale Fluggewicht von 470 kp auf 580 kp und die Höchstgeschwindigkeit von 220 km/h auf 270 km/h erhöht. Den Erstflug mit dem Nimbus-II führte Klaus Holighaus, in USA gerne Mister Nimbus genannt, am 27. April 1971 durch. Die Erfolge des Nimbus sind außergewöhnlich, wurden doch die Weltmeisterschaften 1970, 1972 und 1974 in der Offenen Klasse jeweils von einem Nimbus gewonnen.

Datenblatt Nimbus-II

Spannweite: 20,30 m
Flügelfläche: 14,40 m², Streckung: 28,6
Flügeltiefe Wurzel: 0,96 m, Ende: 0,35 m
V-Form: 3°
Profil: FX 67-K-170/FX 67-K-150
Landehilfe: Schempp-Hirth-Bremsklappen auf Flügeloberseite, Bremsschirm im Seitenleitwerk
Höhenleitwerksspannweite: 2,40 m, Fläche: 1,03 m² (wie Std.-Cirrus)
Seitenleitwerkshöhe: 1,38 m, Fläche: 1,27 m²
Rumpflänge: 7,28 m, Breite: 0,62 m, Höhe: 0,84 m
Fahrwerk: einziehbar, bremsbar, ungefedert
Rüstgewicht: 340 kp, Zuladung im Rumpf: 70–130 kp
Ballast: 60–120 kp
Max. Fluggewicht: 580 kp
Flächenbelastung: 32,6 kp/m²–40,3 kp/m²
Höchstgeschwindigkeit: 270 km/h
Flugleistungen (DFVLR-Messung August 1971 und 1972)

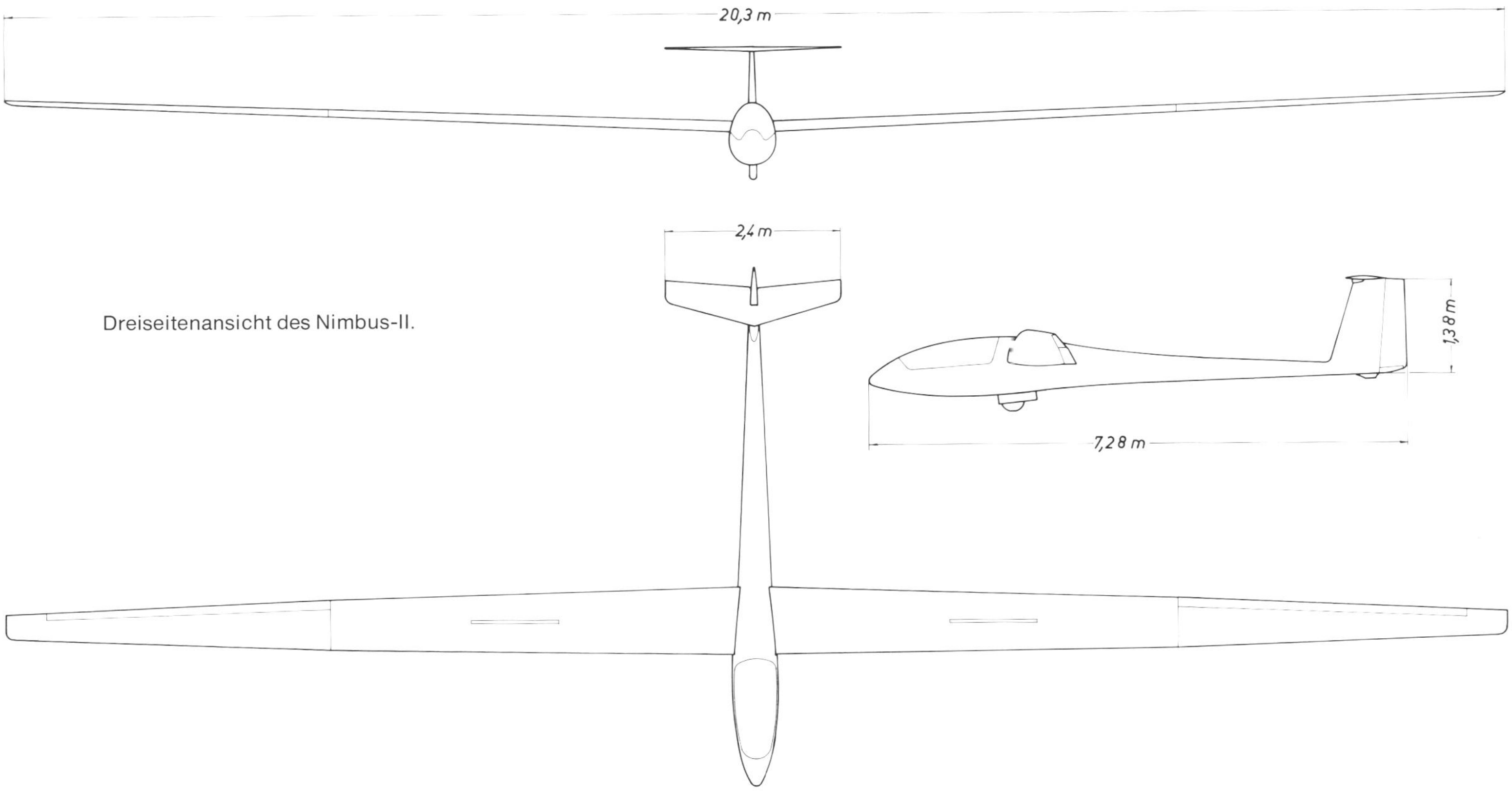

Dreiseitenansicht des Nimbus-II.

Geringstes Sinken: 0,52 m/sec bei 80 km/h
Bestes Gleiten: 46 bei 88 km/h

Janus

Auf dem Papier hatte der Janus, der erste Serien-GFK-Doppelsitzer, schon Ende der sechziger Jahre Gestalt angenommen. Immer wieder mußte er zurückgestellt werden, zuletzt wegen der Herstellung des Nimbus-II. Von 1972 bis 1974 entstand dann der Prototyp. Ursprünglich sollte er den 22-m-Flügel des Nimbus-I bekommen, dann wurde zugunsten der Handlichkeit die Spannweite doch auf 18,20 m reduziert. Wieder wurde das Profil des Nimbus gewählt.

Aus Schwerpunktgründen erhielt der Flügel eine negative Pfeilung von 2°. Der Rumpf ist etwas spitziger als beim Cirrus, das Seitenleitwerk ist vom Nimbus-II übernommen, während das T-Höhenleitwerk etwas größer ausgelegt werden mußte. Ein großes Rad ist fest eingebaut.

Das Rüstgewicht ist mit 390 kp für einen Doppelsitzer noch erträglich. Eine Flügelhälfte wiegt allerdings etwa 110 kp, beim Rumpf sind es etwa 165 kp. Das Flugzeug hat keine Wassertanks. Durch Zuladung von 65 kp bis 230 kp zeigt die Flächenbelastung aber Werte von 27,4 kp/m² bis 37,3 kp/m².

Hervorragend sind die Flugleistungen: Eine gemessene Polare erbrachte eine beste Gleitzahl von 39,5, so daß der Doppelsitzer Janus deutlich über den Werten der Standard-Klasse liegt (siehe S. 145 oben).

Den Erstflug mit dem Prototyp (D-3111, Wettbewerbsnummer SX) führte Klaus Holighaus am 18. Mai 1974 auf der Hahnweide durch. In Samedan/Schweiz gelangen Geschwindigkeitsrekorde im 100-km-Dreiecksflug

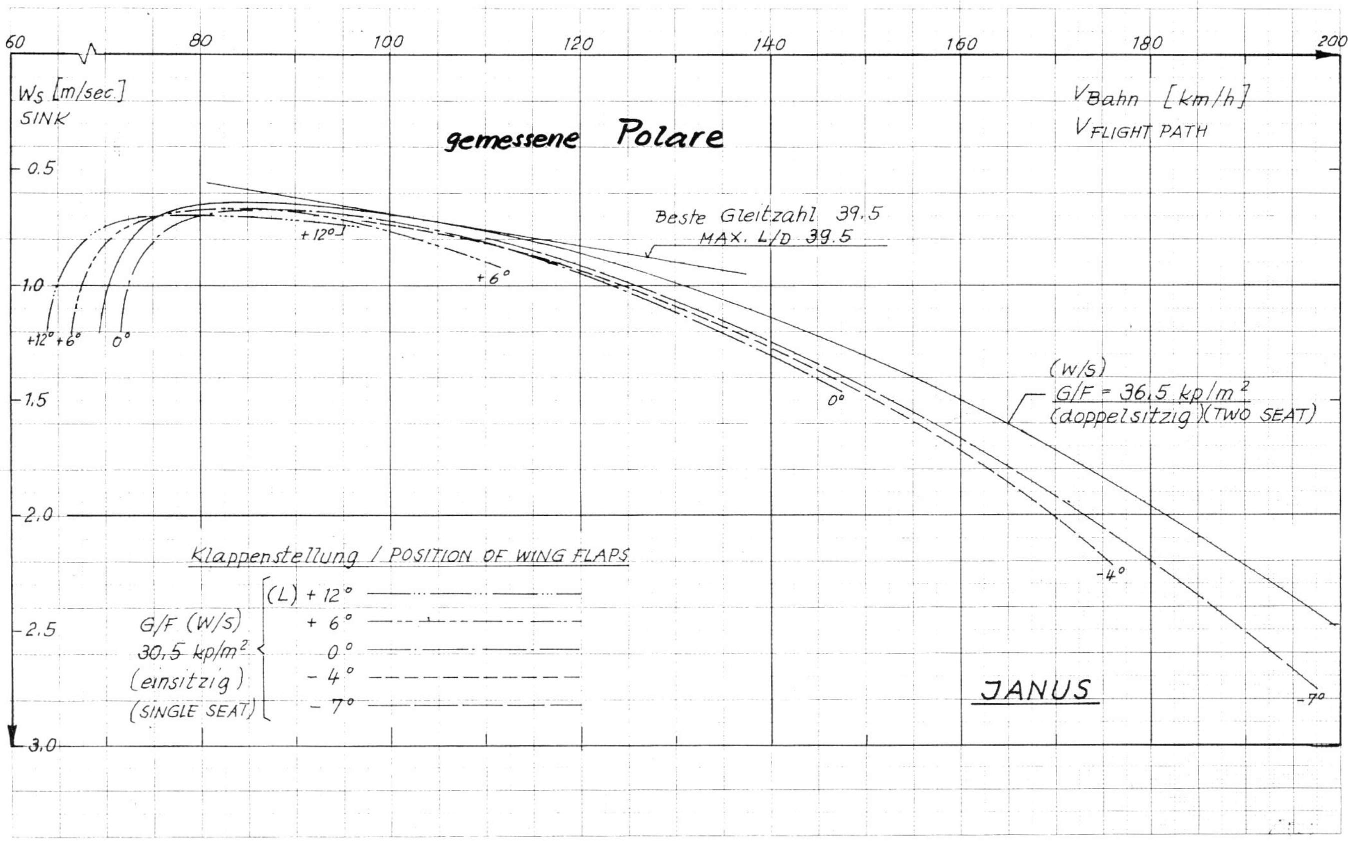

Geschwindigkeitspolare des Doppelsitzers Janus bei verschiedenen Flächenbelastungen und Klappenstellungen. ▲

▼ Der Prototyp des Janus.

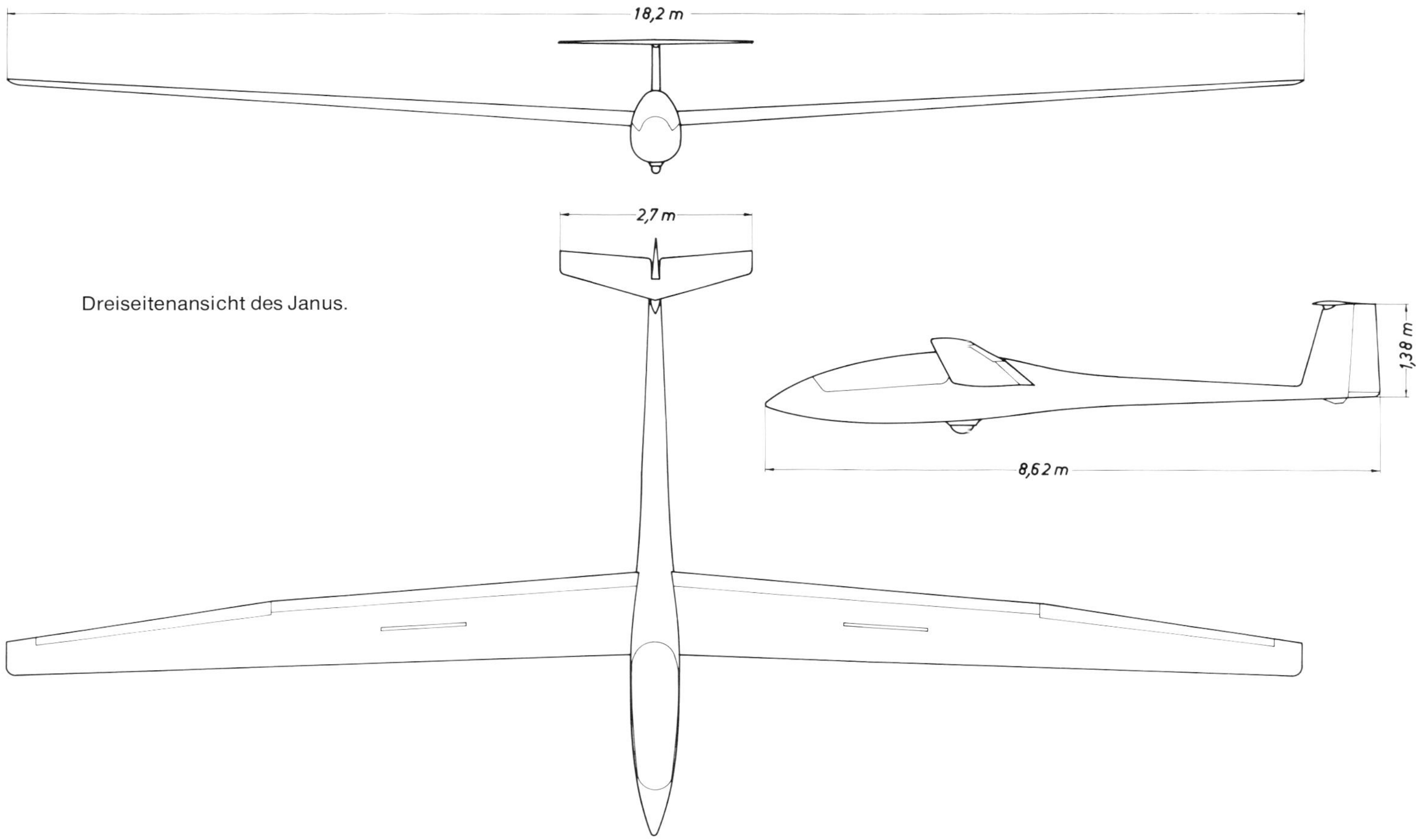

Dreiseitenansicht des Janus.

Datenblatt Janus
Spannweite: 18,20 m
Flügelfläche: 16,60 m², Streckung: 20,0
Flügeltiefe Wurzel: 1,20, m, Ende: 0,48 m
V-Form: 3,5°, Pfeilung: −2° (Flügelvorderkante)
Profil: FX 67-K-170 Wurzel
FX 67-K-150 außen
Landehilfe: Schempp-Hirth-Klappen oben, Bremsschirm
Höhenleitwerksspannweite: 2,70 m, Fläche: 1,25 m²
Seitenleitwerkshöhe: 1,38 m, Fläche: 1,27 m²
Rumpflänge: 8,62 m, Breite: 0,71 m, Höhe: 1,00 m
Fahrwerk: festes Rad mit Zusatzrad im Rumpfbug
Rüstgewicht: 390 kp, Zuladung im Rumpf: 65–230 kp
Max. Fluggewicht: 620 kp
Flächenbelastung: 27,4 kp/m² bis 37,3 kp/m²
Höchstgeschwindigkeit: 220 km/h
Flugleistungen: (gemessene Polare)
Geringstes Sinken: 0,70 m/sec bei 90 km/h
Bestes Gleiten: 39,5 bei 110 km/h

Mini-Nimbus (Lenticus)

Der Name für den Beitrag von Schempp-Hirth zur neuen 15-m-Klasse schwankte lange Zeit zwischen Mini-Nimbus und Lenticus. Allerdings lagen die Daten des neuen Flugzeuges im Frühjahr 1976 bereits fest. Der Mini-Nimbus erhält den Flügel des

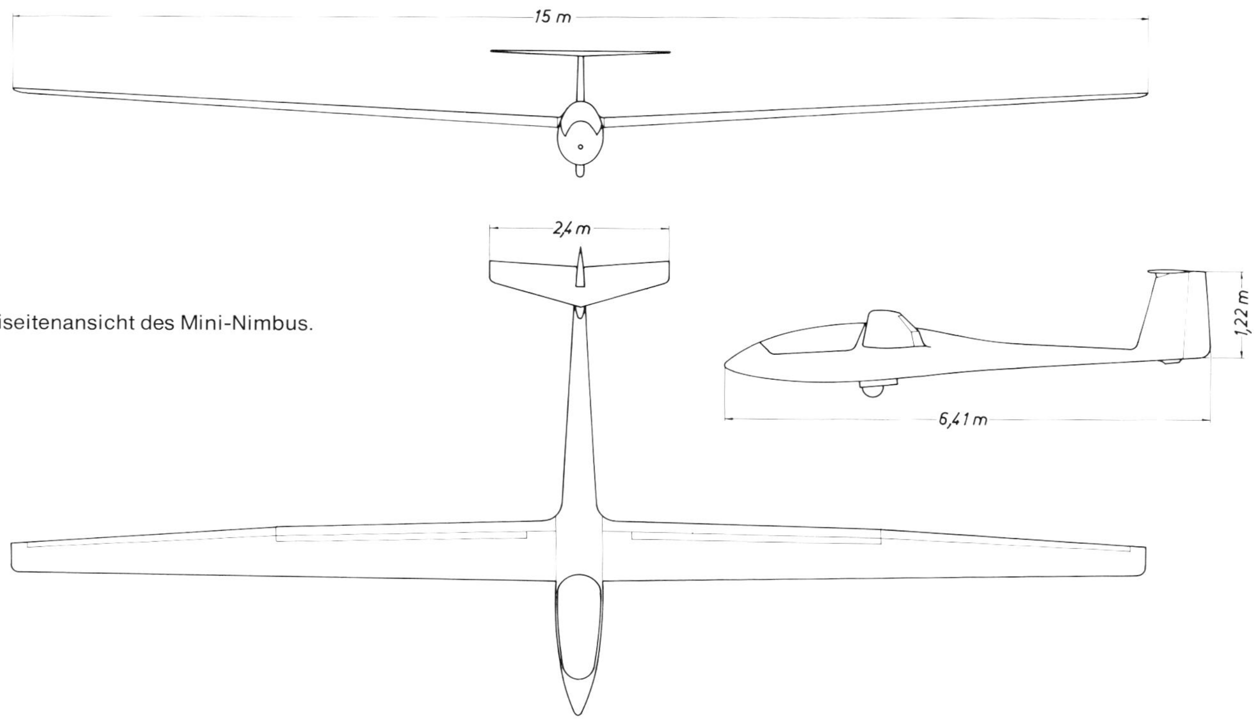

Dreiseitenansicht des Mini-Nimbus.

Mosquito mit dem dünneren Klappenprofil FX 67-K-150 und der neuartigen Wölb-Brems-Klappe, während Rumpf und Leitwerk des Cirrus-75 verwendet werden. So haben Segelflieger erstmals die Qual der Wahl zwischen zwei Flugzeugen von Glasflügel bzw. Schempp-Hirth, die den gleichen Flügel haben, sich aber in Rumpf und Leitwerk unterscheiden.

Den Erstflug mit dem Prototyp des Mini-Nimbus (Kennzeichen D-3119) führte Klaus Holighaus am 18. 9. 76 auf der Hahnweide durch.

Lemke–Schneider

Walter Schneider ist zusammen mit seinem Bruder Willi Inhaber der Firma Rolladen-Schneider in Egelsbach bei Frankfurt. Seit Wiederbeginn der Fliegerei nach dem Krieg ist er mit dabei. 1958 stellte er zusammen mit drei Kameraden im Selbstbau eine Ka 2 fertig, anschließend baute er sich eine Ka 8. 1969 nahm er an seiner ersten Deutschen Meisterschaft in Braunschweig teil. Von Anfang an ist Walter Schneider auch mit der Kunststoff-Bauweise vertraut. Zusammen mit den Darmstädter Studenten und unter deren Aufsicht baute er sich einen zweiten Prototyp der D-36. Diese V 2 hatte keine Schempp-Hirth-Bremsklappen, sondern nur einen Bremsschirm als Landehilfe.
Von der Erfinder-Mannschaft der D-36 holt sich im Jahre 1965 Walter Schneider nach dessen Examen Wolf Lemke (Jahrgang 1940) in seine Firma und beginnt den industriellen Segelflugzeugbau. So entsteht in aller Stille der Prototyp der LS-1, die zu einem der erfolgreichsten Flugzeuge in der Geschichte des Segelfluges wird. Von dem Einzelstück eines Doppelsitzers abgesehen, entstehen in Egelsbach ausschließlich Kunststoffsegler von 15,00 m Spannweite. Die Typenübersicht mit Erstflugdaten und Stückzahlen (Anfang 1976) hat folgendes Bild:

Mai 1967	LS-1 O bis LS-1 d	280
3. 5. 1972	LSD Ornith	1
10. 3. 1973	LS-2	1
5. 3. 1974	LS-1 f	195
6. 2. 1976	LS-3	1

LS-1 O bis LS-1 d

Ohne Zeitdruck und unter sorgfältiger Abwägung der verschiedenen Auslegungs- und Konstruktionsmerkmale entstand in den Jahren von 1965 bis 1967 die erste LS-1 mit dem Kennzeichen D-4723. Ursprünglich war ein Kreuzleitwerk und eine nicht eingestrakte Haube nach Art der Libelle vorgesehen. Dies wurde ebenso fallengelassen wie eine Aluminium-Rumpfröhre und ein Stahlrohrgestell als Hauptspant im Rumpf ähnlich wie beim Cirrus und der D-36. Auch das Profil wurde mehrfach geändert, bis es bei einem modifizierten Profil FX 66-S-196 blieb. Dieser Flügel bleibt dann gleich bis einschließlich zur LS-1 f, die einen anderen Rumpf und ein neues gedämpftes Höhenleitwerk erhält. Der Prototyp erhält das charakteristische T-Höhenleitwerk, welches in der Serie in der Fläche von 0,70 m^2 auf 0,84 m^2 vergrößert wird. Auch die Rumpflänge steigt von 7,05 m auf 7,20 m. Der Prototyp wird im Mai 1967 von Wolf Lemke in Egelsbach eingeflogen.

Datenblatt LS-1 Prototyp
Spannweite: 15,00 m
Flügelfläche: 9,74 m^2, Streckung 23,1
Flügeltiefe Wurzel: 0,85 m, Ende: 0,32 m
V-Form: 3°, Pfeilung: 0°
Profil: FX 66-S-196 mod.
Landehilfe: Hinterkantendrehklappe
Höhenleitwerksspannweite: 2,30 m, Fläche: 0,70 m^2
Seitenleitwerkshöhe: 1,30 m, Fläche: 1,00 m^2
Rumpflänge: 7,05 m, Breite: 0,63 m, Höhe: 0,85 m
Fahrwerk: festes Rad
Rüstgewicht: 236 kp, Zuladung im Rumpf: 100 kp

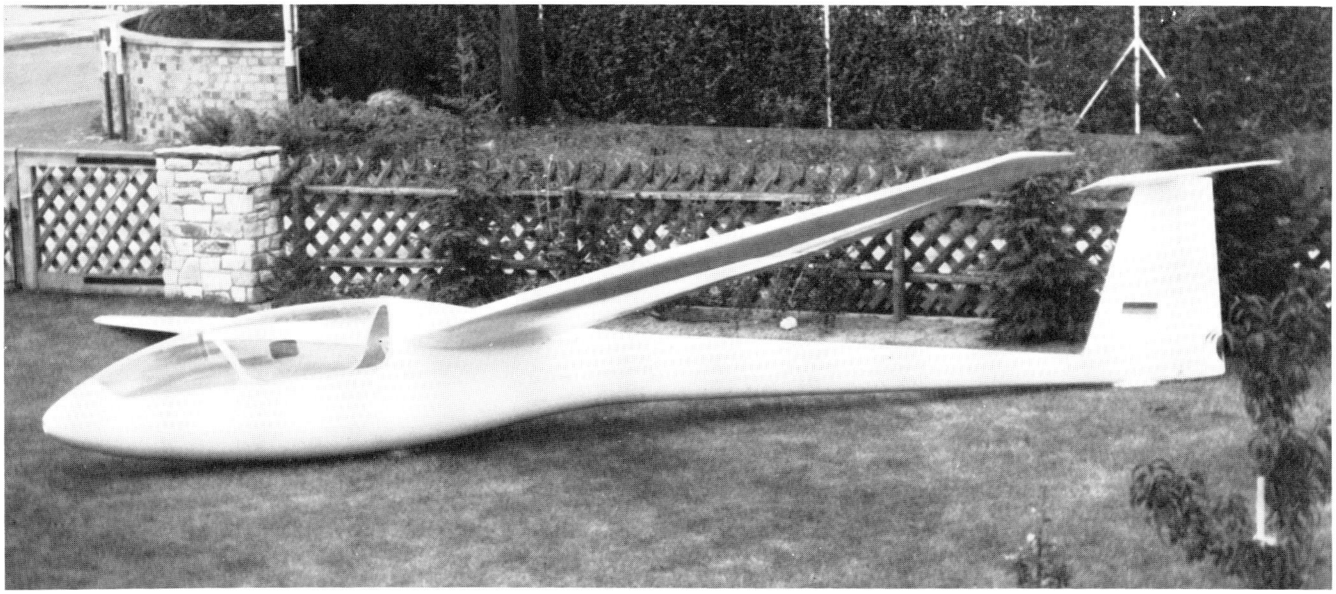

Der Prototyp der LS-1 mit festem Rad und Hinterkanten-Bremsklappe.

Max. Fluggewicht: 340 kp
Flächenbelastung: 30 kp/m² bis 35 kp/m²
Höchstgeschwindigkeit: 220 km/h

Flugleistungen: (Angaben Schneider)
Geringstes Sinken: 0,60 m/sec bei 72 km/h
Bestes Gleiten: 37 bei 90 km/h

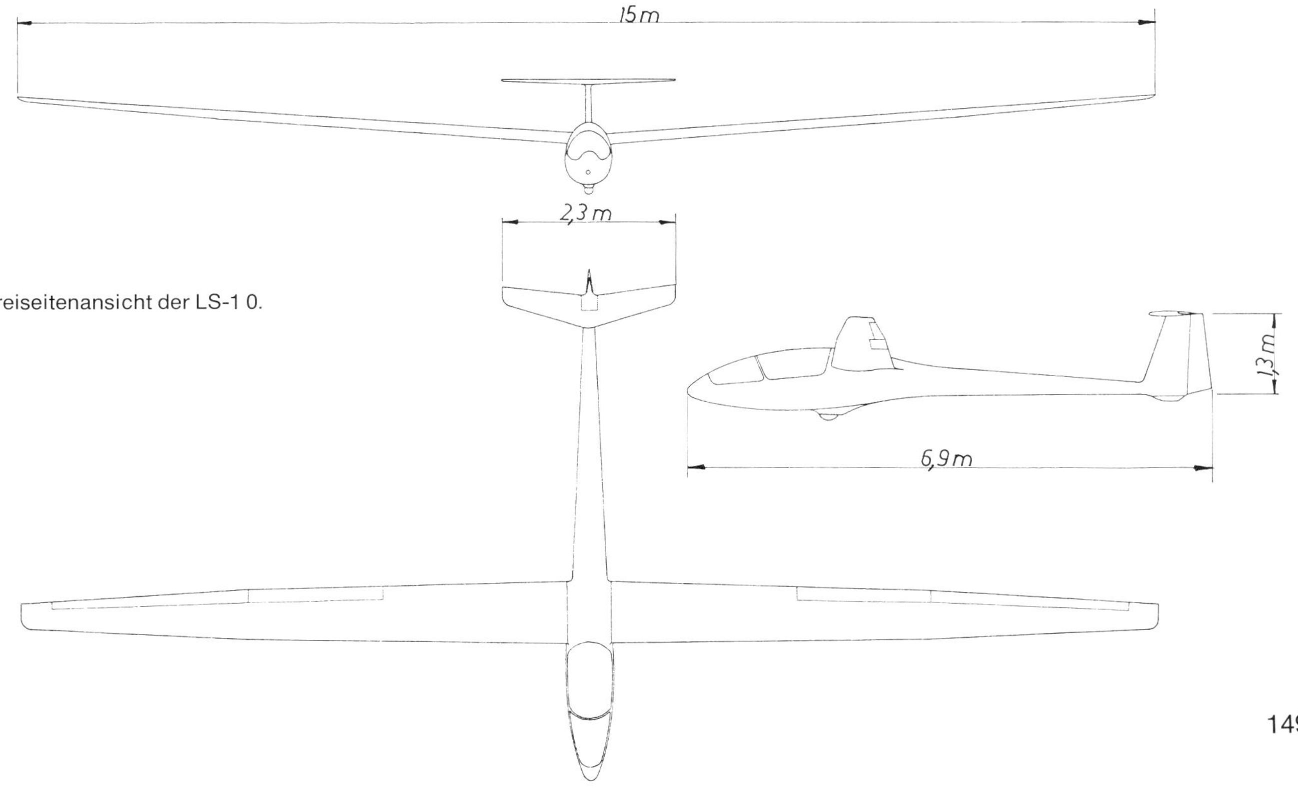

Dreiseitenansicht der LS-1 0.

Eine LS-1 c mit Ernst-Gernot Peter über dem Schwarzwald.

Die ersten Serienflugzeuge erhalten noch die Hinterkantendrehklappe, ab der LS-1 c sind jedoch nur nach oben öffnende Schempp-Hirth-Bremsen eingebaut. Die Versionen LS-1 c und LS-1 d unterscheiden sich hauptsächlich durch die höhere Zuladung und die größere Maximalgeschwindigkeit. Der Erstflug der LS-1 d findet im April 1969 ebenfalls in Egelsbach durch Wolf Lemke statt.

Datenblatt LS-1 d
Spannweite: 15,00 m
Flügelfläche: 9,74 m², Streckung: 23,1
Flügeltiefe Wurzel: 0,85 m, Ende: 0,32 m
V-Form: 3°, Pfeilung: 0°
Profil: FX 66-S-196 mod.
Landehilfe: Schempp-Hirth-Bremsklappen nach oben
Höhenleitwerksspannweite: 2,30 m, Fläche: 0,84 m²
Seitenleitwerkshöhe: 1,30 m, Fläche: 1,00 m²
Rumpflänge: 7,20 m, Breite: 0,63 m, Höhe: 0,85 m
Fahrwerk: einziehbar, ungefedert
Rüstgewicht: 210 kp, Zuladung im Rumpf: 110 kp
Ballast: 60 kp, Max. Fluggewicht: 341 kp
Flächenbelastung: 29 kp/m² bis 35 kp/m²
Höchstgeschwindigkeit: 240 km/h
Flugleistungen: (DFVLR-Messung LS-1 c im August 1971)
Geringstes Sinken: 0,63 m/sec bei 78 km/h und 29,5 kp/m²
Bestes Gleiten: 36 bei 90 km/h und 29,5 kp/m²

LSD Ornith

Die LSD Ornith ist ein in Heimarbeit von Wolf Lemke und Karl Pummer in den Werkstätten von Schneider

Der aus der LS-1 abgeleitete Doppelsitzer LSD-Ornith auf dem Flugplatz von Samedan/Schweiz.

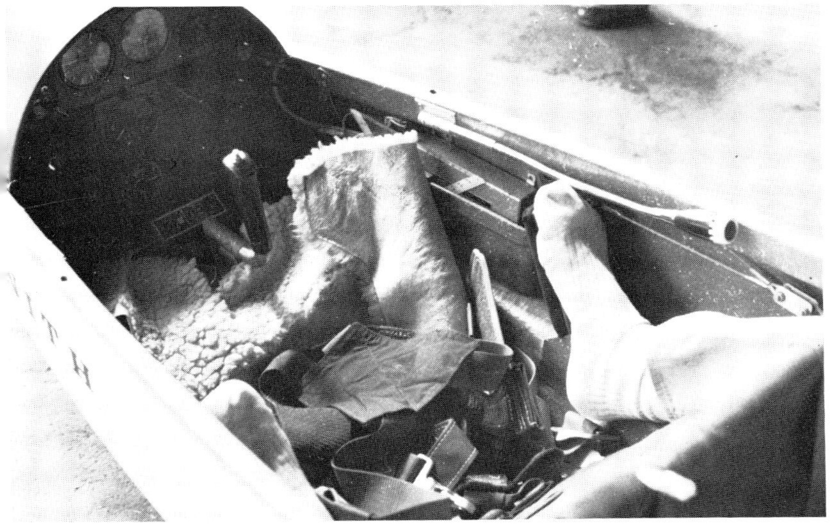
Im Rumpf der LSD-Ornith geht es etwas eng zu. Die Pedale des hinteren Sitzes liegen vor der Rückenlehne des vorderen Sitzes.

entstandener Doppelsitzer, der aus der LS-1 abgeleitet ist. Der Rumpf ist original übernommen, lediglich die Haube ist etwas länger und das Seitenruder vergrößert. Natürlich ist der Platz im Flugzeug ziemlich eng, die Seitenruderpedale des hinteren Sitzes liegen vor der Rückenlehne des vorderen Sitzes. Die Haube ist in zwei Teilen abnehmbar. Als Fahrwerk ist ein festes Rad eingebaut.

Die Tragflügel sind ebenfalls von der LS-1 übernommen. Sie sind an der Wurzel um je 1,50 m verlängert, so daß sich eine Spannweite von 18,00 m ergibt. Die Richtungsstabilität ist gut, lediglich die Querruderwirkung läßt zu wünschen übrig. Den Erstflug mit der Ornith (Kennzeichen D-0740) führt Wolf Lemke am 3. 5. 1972 in Egelsbach durch. Das Flugzeug erlangt einige Berühmtheit durch Rekordflüge in Südafrika.

Datenblatt LSD Ornith D-0740
Spannweite: 18,00 m
Flügelfläche: 12,40 m^2, Streckung: 26,1
Flügeltiefe Wurzel: 0,96 m, Ende, 0,32 m
V-Form: 4°, Pfeilung: −2°
Profil: FX 66-S-196 mod.
Landehilfe: Schempp-Hirth-Bremsklappen auf Flügeloberseite
Höhenleitwerksspannweite: 2,30 m, Fläche: 0,84 m^2
Seitenleitwerkshöhe: 1,30 m, Fläche: 1,20 m^2
Rumpflänge: 7,50 m, Breite: 0,63 m, Höhe: 0,85 m
Fahrwerk: festes Rad
Rüstgewicht: 287 kp, Zuladung im Rumpf: 180 kp
Max. Fluggewicht: 450 kp
Flächenbelastung: 29,0 kp/m^2 bis 36,3 kp/m^2
Höchstgeschwindigkeit: 220 km/h
Flugleistungen: (Angaben Schneider)
Geringstes Sinken: 0,60 m/sec bei 75 km/h
Bestes Gleiten: 40 bei 90 km/h

LS-2

Die LS-1e ist eine LS-1c mit dem späteren Höhenleitwerk der LS-1f bzw. LS-2. Die LS-1ef (D-0837) hat schon die neue Rumpfform, aber noch eine andere Haube. Die LS-2 und die LS-1f haben den Rumpf und die Leitwerke gemeinsam. Neu an der LS-2 ist der negativ gepfeilte Flügel mit der Wölbklappe bis zu den Querrudern, die der damaligen unglücklichen CIVV-Regel zufolge nicht mit überlagert werden durften. Dadurch wurden die Querruder sehr kurz und recht tief. Im Fluge hat die Wölbklappe zwei Stellungen: 0° beim Gleiten und etwa 15° beim Kurbeln. Zur Landung kann die Wölbklappe bis 70° ausgeschlagen werden. Der

Die LS-2 beim Idafliegtreffen 1975 in Aalen-Elchingen.

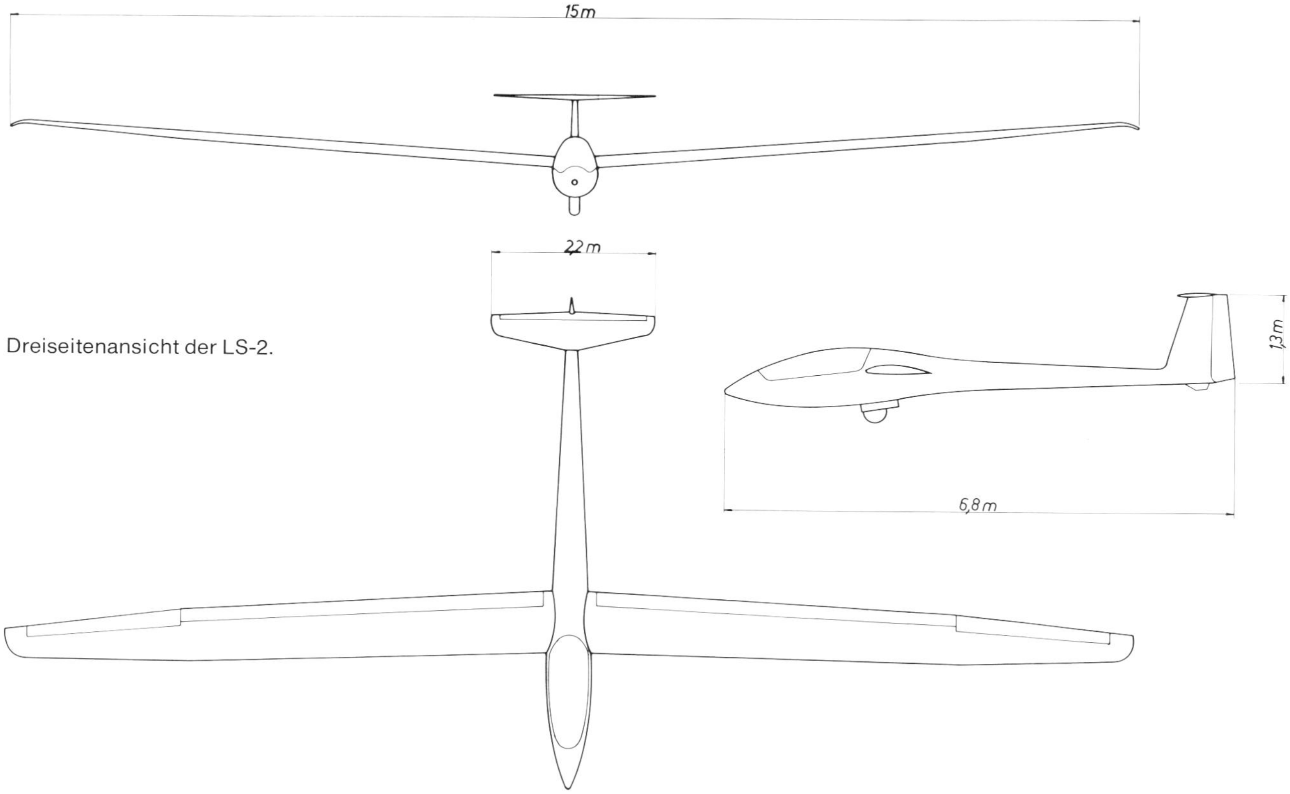

Dreiseitenansicht der LS-2.

große Vorteil der LS-2 liegt im Gleitflug, wo selbst manche Flugzeuge der Offenen Klasse nicht mehr mitkommen. Im Steigen hat die LS-2 eher Nachteile, und das Landen nur mit Wölbklappen ist wirklich nicht ohne Probleme, wie man einem Bericht von Helmut Reichmann (aerokurier 11/73) entnehmen kann. Hauptsächlich aus diesem Grund ist die LS-2 ein Einzelstück geblieben, ein recht erfolgreiches allerdings, nachdem Helmut Reichmann die Weltmeisterschaft 1974 in Waikerie/Australien gewinnen konnte. Der Erstflug der LS-2 fand am 10. 3. 1973 statt.

Datenblatt LS-2, D-2971
Spannweite: 15,00 m
Flügelfläche: 10,29 m^2, Streckung: 21,9
Flügeltiefe Wurzel: 0,85 m, Ende: 0,40 m
V-Form: 2°, Pfeilung: –3° ($\frac{t}{4}$ – Linie)
Profil: FX 67-K-170
Landehilfe: Wölbklappen mit Ausschlag bis 70° nach unten
Höhenleitwerksspannweite: 2,20 m, Fläche: 0,89 m^2
Seitenleitwerkshöhe: 1,30 m, Fläche: 1,00 m^2
Rumpflänge: 6,80 m, Breite: 0,59 m, Höhe: 0,80 m
Fahrwerk: einziehbar, gefedert
Rüstgewicht: 240 kp, Zuladung im Rumpf: 110 kp
Max. Fluggewicht: 360 kp
Flächenbelastung: 33 kp/m^2 bis 37 kp/m^2
Höchstgeschwindigkeit: 220 km/h
Flugleistungen:
Geringstes Sinken: 0,65 m/sec bei 80 km/h
Bestes Gleiten: 40 bei 100 km/h

LS-1f

Die Erfahrungen der LS-2 wurden für die Serie in

Die LS-1 f im Fluge.

der LS-1 f verwertet. Auffallend ist die große einteilige Haube, die mit einer zuverlässigen Kinematik nach vorne oben öffnet. Das Cockpit ist allerdings für gewichtige Persönlichkeiten doch recht eng und ungemütlich. Elegant ist das gefederte Fahrwerk zu bedienen. Das gedämpfte Höhenleitwerk mit sehr geringer Rudertiefe wurde von der LS-2 ebenfalls übernommen. Nach Vergleichsflügen mit der D-38 (Profil FX-61-184) wurde doch der Flügel der LS-1 c/d beibehalten, da die Flügelfläche hätte erhöht werden müssen. Allerdings kann durch eine Erhöhung des Maximalen Fluggewichtes um 50 kp die Flächenbelastung bis auf 40 kp/m^2 gesteigert werden.
Beim Schneider-Segelflugzeugbau führt Wolf Lemke immer die Erstflüge in Egelsbach durch;

Die Haube der LS-1 f öffnet nach vorne oben.

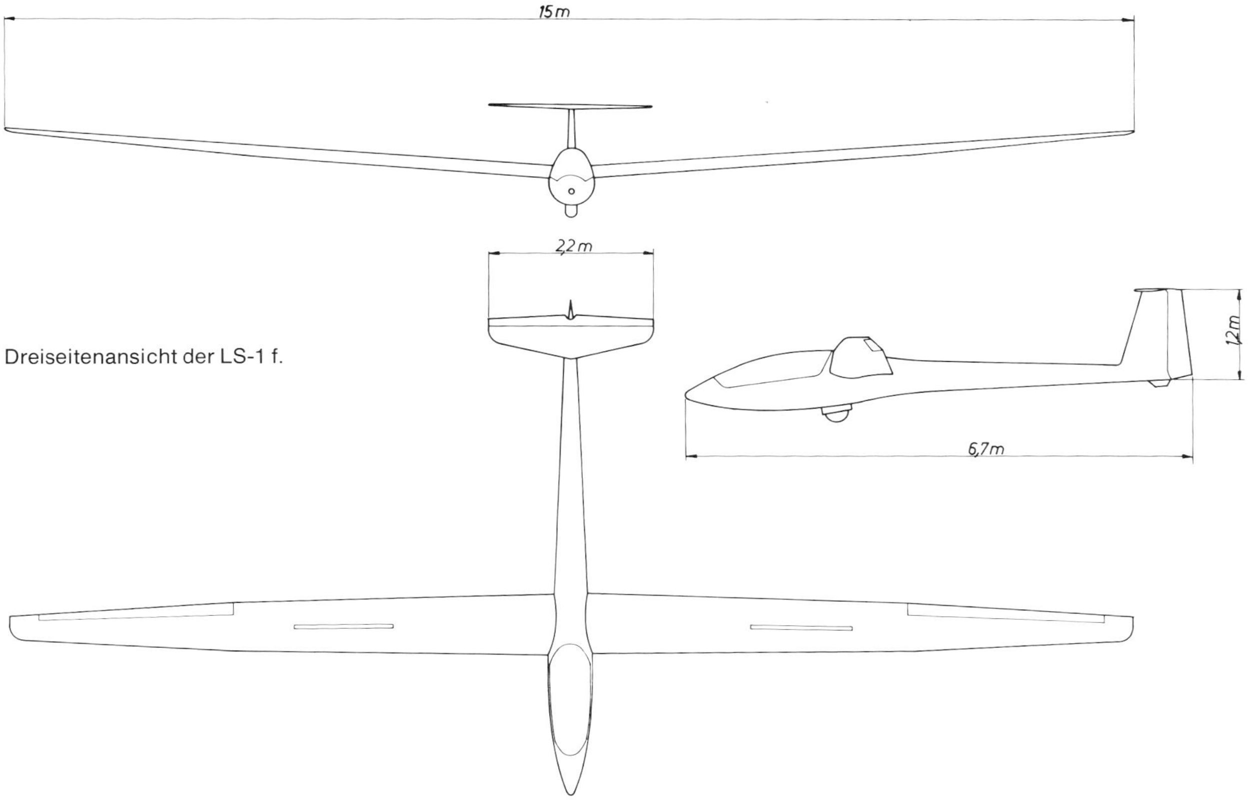

Dreiseitenansicht der LS-1 f.

jenen der LS-1 f am 5. März 1974. Seit Mai 1974 sind bis zum Frühjahr 1976 bereits 195 LS-1 f hergestellt worden.

Datenblatt LS-1 f
Spannweite: 15,00 m
Flügelfläche: 9,75 m², Streckung: 23,1
Flügeltiefe Wurzel: 0,85 m, Ende: 0,32 m
V-Form: 3°, Pfeilung: 0°
Profil: FX 66-S-196 mod.
Landehilfe: Schempp-Hirth-Klappen auf der Oberseite
Höhenleitwerksspannweite: 2,20 m, Fläche: 0,89 m²
Seitenleitwerkshöhe: 1,30 m, Fläche: 1,00 m²
Rumpflänge: 6,80 m, Breite: 0,59 m, Höhe: 0,80 m
Fahrwerk: einziehbar, gefedert
Rüstgewicht: 200 kp, Zuladung im Rumpf: 110 kp
Ballast: 90 kp, Max. Fluggewicht: 390 kp
Flächenbelastung: 30 kp/m² bis 40 kp/m²
Höchstgeschwindigkeit: 250 km/h

Flugleistungen: (Angaben Schneider)
Geringstes Sinken: 0,60 m/sec bei 72 km/h
Bestes Gleiten: 38 bei 90 km/h

LS-3

Das jüngste Kind von Lemke-Schneider ist die LS-3, die als erstes Flugzeug der neuen 15-m-FAI-Klasse am 4. 2. 1976 flog. Das Rumpfvorderteil ist wieder etwas geräumiger als bei der LS-1 f, die Leitwerke sind identisch. Die Flügelfläche ist die bisher größte aller 15-m-LS-Flugzeuge. Ganz neu sind die einteiligen, von der Wurzel bis zur Flügelspitze reichenden Wölbklappen, die gleichzeitig als Querruder über die ganze Spannweite wirken. Durch die hervorragend wirkenden Wölbklappen liegen im Langsamflug die Geschwindigkeiten um 10 km/h niedriger als bei der LS-1 f. Bei der Montage werden

Datenblatt LS-3

Spannweite: 15,00 m
Flügelfläche: 10,50 m², Streckung: 21,4
Flügeltiefe Wurzel: 0 95 m, Ende: 0,45 m
V-Form: 3°, Pfeilung: 0°
Profil: Wortmann-Wölbklappenprofil mod. (keine näheren Angaben!)
Landehilfe: Schempp-Hirth-Bremsklappen auf Flügeloberseite
Höhenleitwerksspannweite: 2,20 m, Fläche: 0,89 m²
Seitenleitwerkshöhe: 1,30 m, Fläche: 1,00 m²
Rumpflänge: 6,86 m, Breite: 0,63 m, Höhe: 0,83 m
Fahrwerk: einziehbar, gefedert
Rüstgewicht: 246 kp, Zuladung im Rumpf: 110 kp
Ballast: 120 kp, Max. Fluggewicht: 472 kp
Höchstgeschwindigkeit: 270 km/h
Flugleistungen: (Angaben Schneider)
Geringstes Sinken: 0,55 m/sec bei 70 km/h
Bestes Gleiten: 40 bei 100 km/h

Flugaufnahme der LS-3, des ersten Flugzeuges der unbeschränkten 15-m-Klasse.

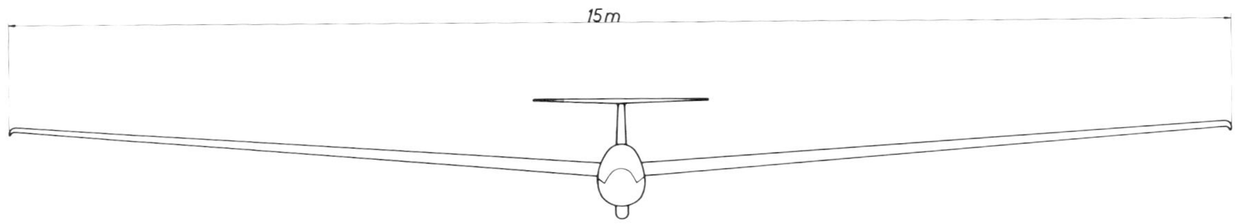

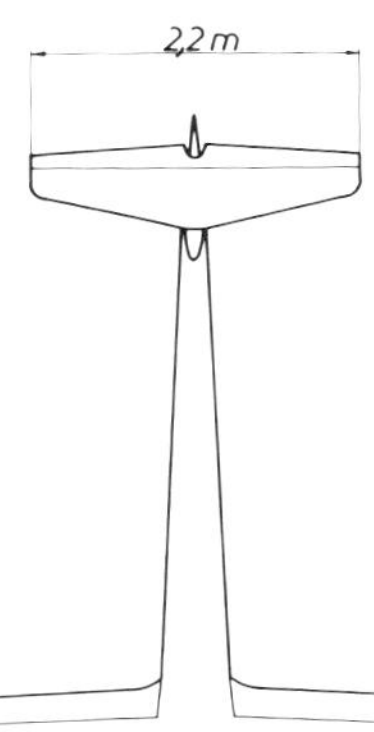

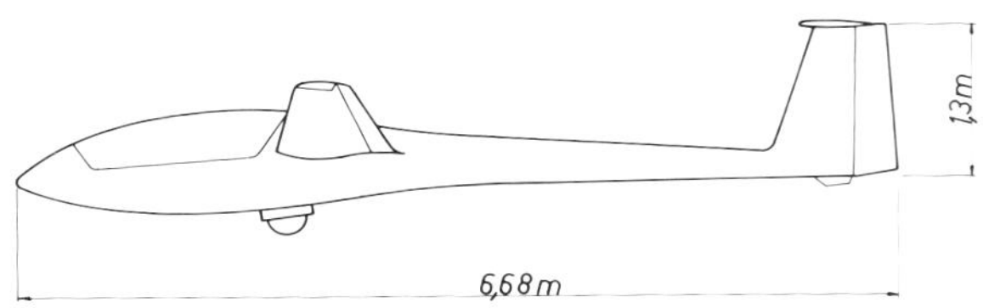

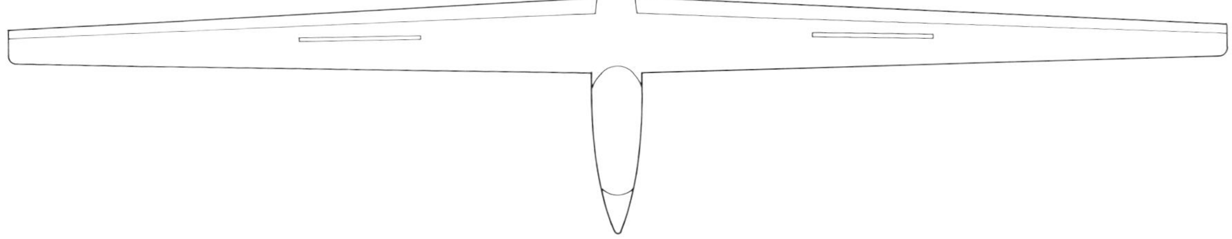

Dreiseitenansicht der LS-3.

Querruder, Bremsklappen und Wölbklappen automatisch angeschlossen. Durch eine sinnvolle Anordnung der Bedienungshebel werden beim Ausfahren der Schempp-Hirth-Bremsklappen die Wölbklappen automatisch auf Landestellung gesetzt.
Alle Piloten lobten nach dem Einfliegen die außergewöhnlich guten Flug- und Landeeigenschaften, und auch die Flugleistungen dürften den Erwartungen entsprechen.

Start + Flug

Die Start + Flug GmbH in Saulgau ist eine Segelflugzeug-Herstellerfirma, mit der sich in Fliegerkreisen die Namen Ursula Hänle und Salto verbinden. Frau Ursula Hänle, gebürtige Berlinerin, machte noch im Jahre 1944 ihre ersten Segelflugstarts. Nach dem Krieg, so eng geht es in der Fliegerei manchmal zu, war sie zeitweise als Kindermädchen bei Alexander Schleicher in Poppenhausen beschäftigt. Die Erfahrungen in der Herstellung von Segelflugzeugen gehen bei Ursula Hänle auf die ersten gemeinsamen Flugzeuge mit ihrem verstorbenen Mann Eugen Hänle zurück. Beide hatten in den Nachkriegsjahren ihre Ingenieurprüfung abgelegt und privat die H-30 GFK gebaut. Dieses Flugzeug das heute noch – allerdings eingemottet – in der Halle in Saulgau steht, muß eng mit Ursula Hänle verbunden sein. Ihr erstes eigenes Flugzeug, die H-101 Salto sieht nämlich der H-30 zum Verwechseln ähnlich. So gehen von der H-30 zwei Entwicklungslinien aus: Einmal über die H-30 TS zur H-301 Libelle und zur Standard-Libelle, und zum anderen nach der Trennung von Glasflügel durch die spätere Firma Start + Flug zum Salto. Die neue Firma entsteht im Jahre 1971 und ist mit etwa 7 Mitarbeitern der wohl kleinste Herstellerbetrieb. Immerhin werden aber von 1971 bis Ende 1975 neben den Wartungs- und Reparaturarbeiten 54 Exemplare des Salto gebaut, der vor allem dank seiner außergewöhnlichen Kunstflugeigenschaften Ruhm und Ehre ernten kann.

Das relativ enge Rumpfvorderteil der Salto mit der seitlich geöffneten Klapphaube.

H-101 Salto

Von der Standard-Libelle hat der Salto den Tragflügel, allerdings an der Wurzel um 0,70 m gekürzt, so daß sich eine Spannweite von 13,60 m ergibt. Im Hinblick auf die Festigkeit herrschen dadurch wesentlich günstigere Bedingungen, ohne daß aber auf der anderen Seite die Flugleistungen zu sehr zurückgehen. Als Landehilfe dienen wegen der einfacheren Herstellung vierteilige Drehbremsklappen. Wahlweise wird ein Bremsschirm eingebaut. Als Hauptbeschlag wird nicht der übliche Gabel-Zungen-Anschluß, sondern eine Holmbrücke nach der Art der H-30 verwendet.

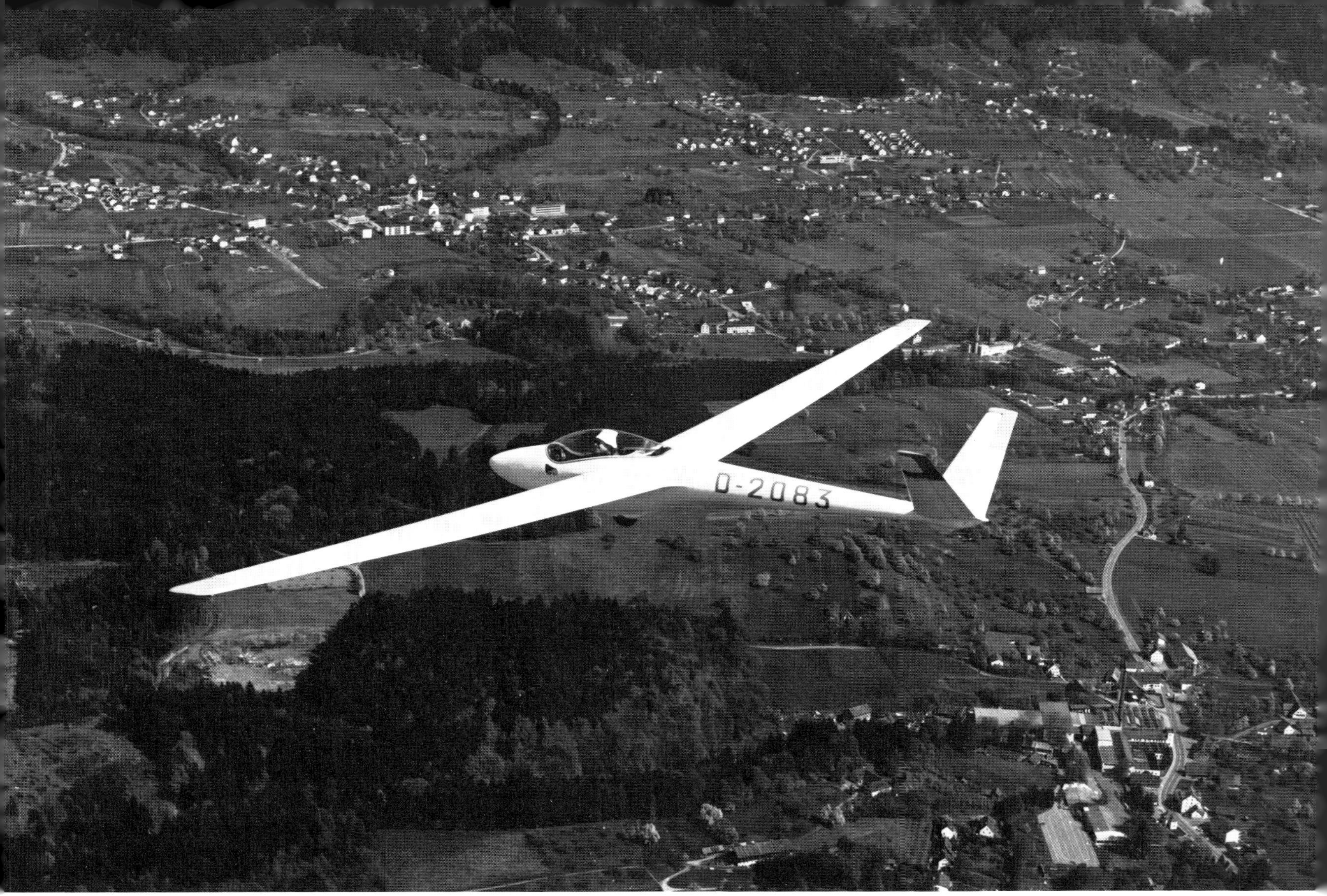

Salto im Flug über Oberschwaben.

Auf dieser Aufnahme sind die vierteiligen Endkantenbremsklappen des Salto zu erkennen.

Das V-Leitwerk mit einem Öffnungswinkel von etwa 100° ist gedämpft und wie alle anderen Ruder massenausgeglichen. Die große, nicht eingestrakte Haube bietet eine hervorragende Sicht und wird nach der Seite aufgeklappt. Das bremsbare Rad ist nicht einziehbar.

Das Gewicht einer Flügelhälfte beträgt etwa 48 kp, so daß sich mit 4,5 kp für das Höhenleitwerk und 80 kp für den Rumpf ein Rüstgewicht von etwa 182 kp ergibt. Die Flächenbelastung für den Normalflug wird dadurch etwas hoch. Neuerdings ist der Salto auch mit 15 m Spannweite lieferbar. Die Wendigkeit ist außergewöhnlich gut, die Höhensteuerwirkung ist etwas zu empfindlich. Die besondere Stärke des Salto liegt zweifelsohne im Kunstflug. Man muß einmal Herbert Tiling gesehen haben, wie flüssig und elegant ein Kunstflugprogramm mit dem Salto sein kann.

Huldreich Müller absolvierte den Erstflug am 6. März 1970 in Karlsruhe.

Datenblatt H-101 Salto

Spannweite: 13,60 m (auch mit 15,00 m lieferbar)
Flügelfläche: 8,58 m², Streckung: 21,6
Flügeltiefe Wurzel: 0,84 m, Ende: 0,36 m
V-Form: 3°, Pfeilung: 1,75° ($\frac{t}{4}$ – Linie)
Profil: FX 66-17 AII-182
Landehilfe: vierteilige Bremsdrehklappen und Bremsschirm
Höhenleitwerksspannweite: 2,14 m (V-Leitwerk)
Rumpflänge: 5,95 m, Höhe: 0,88 m
Fahrwerk: festes Rad, bremsbar
Rüstgewicht: 182 kp, Zuladung im Rumpf: 100 kp
Max. Fluggewicht: 310 kp (bei Kunstflug 280 kp)
Flächenbelastung: 32,6 kp/m² bis 36,1 kp/m²
Höchstgeschwindigkeit: 250 km/h, bei Kunstflug: 280 km/h
Flugleistungen: (DFVLR-Messung im August 1971)
Geringstes Sinken: 0,72 m/sec bei 81 km/h
Bestes Gleiten: 33,5 bei 93 km/h

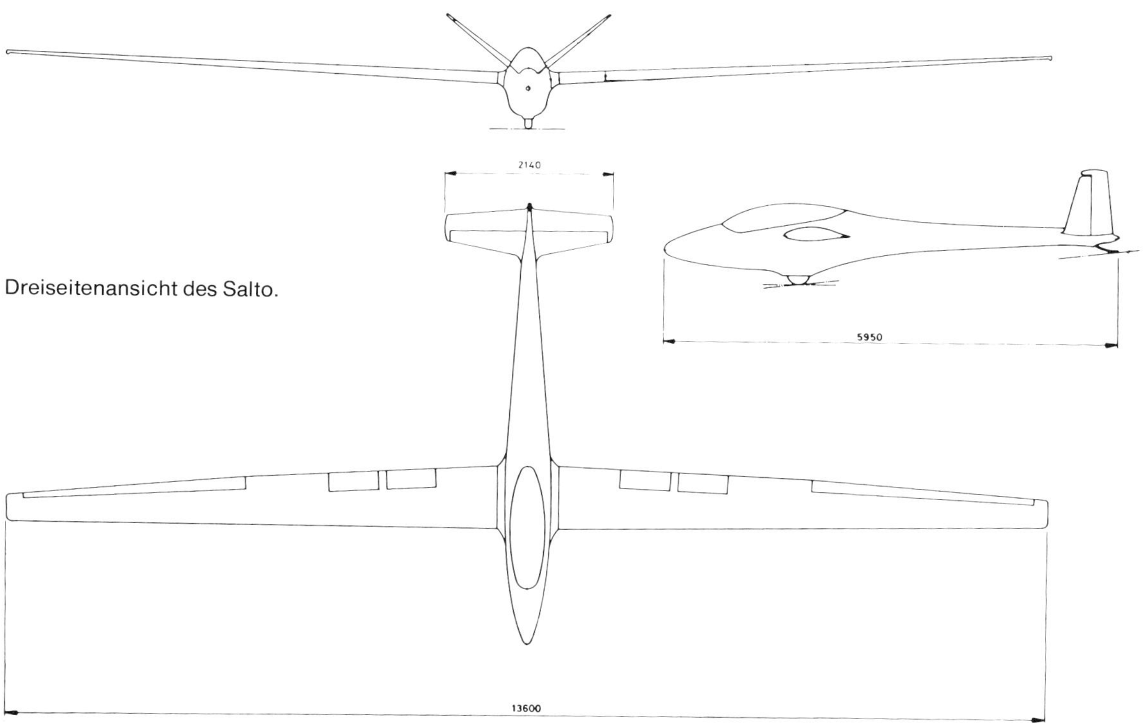

Dreiseitenansicht des Salto.

H-111 Hippie

Mit Mike Harker und den Rogallo-Segeln kam aus den USA eine Luftsportart zurück nach Europa, die fast 100 Jahre zuvor die Fliegerei begründete. Die einfachen Gleitflugzeuge erobern sich nun mit der Nostalgiewelle unserer Tage viele Hänge und Anhänger; die sportliche Anerkennung ist zwischenzeitlich unumstritten.

Mittlerweile werden die Apparate leistungsmäßig verbessert, mit üblichen Rudersteuerungen ausgerüstet und teilweise instrumentiert. Auch Ursula Hänle befaßte sich 1974 mit einem solchen Gleitflugzeug, und es entstand der Hippie, zuerst mit einer Spannweite von 8 m, dann 9 m und schließlich 10 m. Zum Aufbau des Flügels werden in einer kleinen Form etwa 20 cm breite Segmente hergestellt, die mit einem KFK-Kreuz ausgesteift und auf einen GFK-Holm aufgezogen werden. Der Rumpf ist ein Stahlrohrgerüst, neuerdings hat das Cockpit einen überschlagsicheren GFK-Rahmen. Das Seitenleitwerk wird mit einer Kunststoff-Folie bespannt. Der Hippie hat ein gedämpftes T-Leitwerk. Das Rüstgewicht beträgt nur 48 kp.

Der Hippie hat eine vereinfachte Zulassung, gilt als Drachen, und erfordert wie dieser keinen Luftfahrerschein.

Bis Anfang 1976 sind 24 Exemplare gebaut worden. Den Erstflug hat H. Güntert am 18. August 1974 in Saulgau durchgeführt.

Datenblatt H-111 Hippie
Spannweite: 10,00 m
Flügelfläche: 9,00 m², Streckung: 11,1
Flügeltiefe: durchgehend 0,90 m
V-Form: 4°, Pfeilung: 0°
Profil: Wortmann S-02
Höhenleitwerksspannweite: 2,40 m
Seitenleitwerkshöhe: 1,40 m
Rüstgewicht: 48 kp, Max. Zuladung: 85 kp

Der Prototyp des Hippie mit der immer agilen Ursula Hänle.

Die Serienversion des Hippie mit dem GFK-»Cockpit«.

Max. Fluggewicht: 133 kp
Flächenbelastung: etwa 9,0 kp/m^2
Bestes Gleiten: etwa 12 bei 50 km/h

H-121 Schulmeister

Im Frühjahr 1976 war bei Start + Flug ein Doppelsitzer im Bau, an dessen Auslegung auch Walter Stender, der Vater von Björn Stender, beteiligt war. Der dreiteilige Flügel, mit einem Mittelstück von 8,50 m, hat eine Spannweite von 17,00 m. Das Profil ist das Eppler 603 wie beim Astir. Die Art der Bremsklappen war noch nicht festgelegt. Das T-Leitwerk ist gedämpft. Die Pilotensitze sind leicht versetzt nebeneinander angeordnet. Der Querschnitt der Rumpfröhre ist relativ groß gehalten, weil dadurch eine leichtere Bauweise möglich ist. Ob allerdings das in Aussicht genommene Rüstgewicht von 290 kp erreicht werden kann, scheint etwas unwahrscheinlich.
Der Erstflug ist für Ende 1976 vorgesehen.

Datenblatt H-121 Schulmeister
Spannweite: 17,00 m
Flügelfläche: 15,80 m^2, Streckung: 18,3
Flügeltiefe Wurzel: 1,30 m, Ende: 0,45 m
V-Form: 2°, Pfeilung: –2° ($\frac{t}{4}$ – Linie)
Profil: Eppler 603 (wie Astir CS)
Landehilfe: noch nicht festgelegt
Höhenleitwerksspannweite: 2,75 m, Fläche: 1,47 m^2
Seitenleitwerkshöhe: 1,20 m, Fläche: 1,00 m^2
Rumpflängge: 7,66 m, Breite: 0,98 m, Höhe: 1,07 m
Fahrwerk: festes Rad, bremsbar
Rüstgewicht: 290 kp, Zuladung im Rumpf: 200 kp
Max. Fluggewicht: 500 kp
Flächenbelastung: 25,3 kp/m^2 bis 31,6 kp/m^2
Höchstgeschwindigkeit: 250 km/h

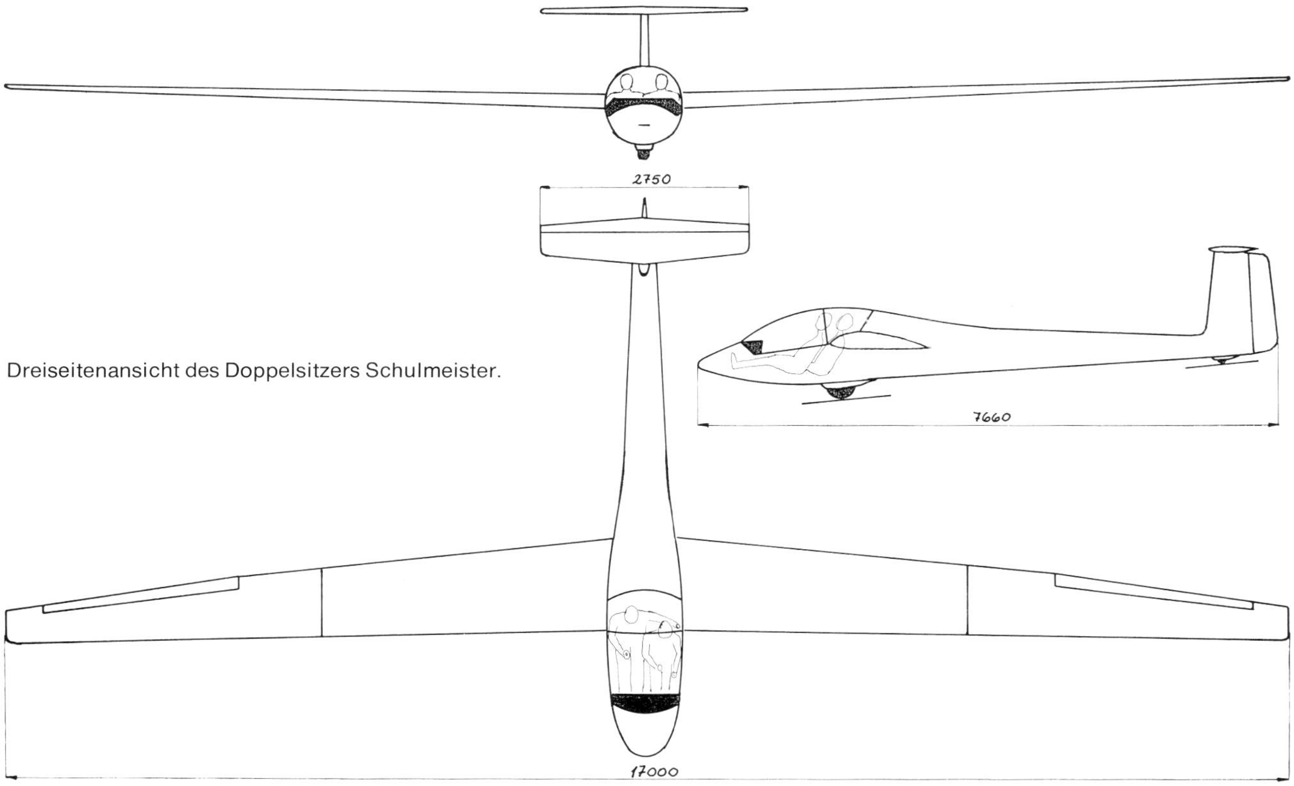

Dreiseitenansicht des Doppelsitzers Schulmeister.

Flugleistungen: (Angaben Start + Flug)
Geringstes Sinken: 0,65 m/sec bei 80 km/h
(30 kp/m^2)
Bestes Gleiten: 36 bei 100 km/h (36 kp/m^2)

Glaser–Dirks

Eine Sorge muß man bei Segelfliegern sicher nicht haben, nämlich die, daß es in unmittelbarer Zukunft nur noch zwei oder drei verschiedene Segelflugzeugtypen geben wird, welche auf Grund fertigungstechnischer und kalkulatorischer Vorteile von einem einzigen Hersteller auf den Markt gebracht werden. Dazu sind die Segelflieger viel zu große Individualisten. Von ästhetischen Gesichtspunkten einmal abgesehen, können auch objektive Ansprüche an ein Segelflugzeug so mannigfaltiger, unterschiedlicher und auch gegensätzlicher Art sein, daß es wohl immer eine Vielzahl von Typen von Segelflugzeugen selbst gleicher Spannweite geben wird.
Diese Überlegungen begründen wohl auch zu einem Teil den guten Start eines absoluten Neulings in der Branche, der Firma Glaser-Dirks GmbH in Untergrombach bei Bruchsal. Gerhard Glaser (Jahrgang 1936), selbst langjähriger Leistungsflieger, tat sich im Jahre 1973 mit Wilhelm Dirks zusammen, der bei der Akaflieg Darmstadt maßgeblich an der D-37 und der D-38 beteiligt war. Der Prototyp der DG-100, einer Serienversion der D-38, entstand noch in einer Garage der Tiefbaufirma Glaser, während gleichzeitig eine nagelneue Fertigungshalle errichtet wurde, die in geradezu vorbildlicher Weise die gesamte Fertigung mit Montageraum, Lackiererei und Lager unter einem Dach ermöglicht. Ende 1974 lief dann die Serienherstellung in der neuen Halle an. Im Gegensatz zu Grob konnten Glaser-Dirks allerdings nicht auf fertigungstechnische Erfahrungen durch langjährige Lizenz-Herstellung von GFK-Segelflugzeugen zurückgreifen, und so ist es eigentlich erstaunlich, wie schnell sich diese Firma durch Überwindung der Startschwierigkeiten einen Standard angeeignet hat, der sich von den etablierten Herstellern nicht mehr unterscheidet.

DG-100

Die DG-100 besticht nicht nur optisch durch ihre besonders elegante Linienführung, sondern hat einige Vorteile aufzuweisen, die aus den Optimierungsbemühungen der D-38 resultieren. Das ist in erster Linie das Flügelkonzept mit der relativ großen Flügelfläche von 11 m², die zusammen mit der Profilauswahl deutlich bessere Langsam- und Steigflugeigenschaften bringt. Dazu kommen bedingt durch den langen Rumpf und das T-Leitwerk mit durchgehendem handkrafterhöhenden Flettnerruder außergewöhnliche Eigenschaften der Ruderabstimmung und Flugstabilität, die das Kurbeln auch in ruppigen Bärten nicht zu einer schweißtreibenden Kraftanstrengung werden lassen. Besondere Anerkennung findet auch die niedrige Landegeschwindigkeit, die mit Hilfe der großdimensionierten Schempp-Hirth-Bremsklappen aus Aluminium zu problemlosen Anflügen auch bei Außenlandungen verhilft.
Auf der anderen Seite läßt sich die Flächenbelastung durch Wassertanks von nunmehr 100 kp auf einen Wert von 38,0 kp/m² steigern, so daß die DG-100 auch an guten Tagen im Schnellflug mithalten kann.
Durch die lange, weite heruntergezogene Haube ist die Sicht sehr gut. Der vordere Teil ist fest mit dem Rumpf verbunden, während der hintere Teil ent-

Die DG-100 mit Gerhard Glaser über Bruchsal.

Links:

Seiten- und Höhenleitwerk der DG-100. Das Pendelhöhenleitwerk hat ein durchgehendes Flettner-Trimmruder.

Rechts oben:

Die ersten zwei DG-100 im Verbandsflug.

Rechts unten:

Eine DG-100 auf dem Klippeneck.

DG
D-7100

16
DG-100

weder steckbar oder nach Art der Kestrel nach oben klappbar geliefert werden kann. Die Sitzposition ist recht ermüdungsfrei. Das Pendel-Höhenleitwerk ist so aufgehängt, daß Böen nicht auf den Knüppel übertragen werden.

Den Erstflug mit der DG-100 (Prototyp D-7100) führte Wilhelm Dirks am 10. Mai 1974 in Bruchsal durch. Bis Ende 1975 sind bereits 45 Serienflugzeuge hergestellt worden. In Wettbewerben war das Flugzeug gleich recht erfolgreich. Im Jahre 1975 gewann Harro Wödl die Österreichische Meisterschaft, während Horst Arber bei den Schweizer Meisterschaften den 2. Platz belegen konnte.

Datenblatt DG-100
Spannweite: 15,00 m
Flügelfläche: 11,0 m², Streckung: 20,5
Flügeltiefe Wurzel: 0,94 m, Ende: 0,38 m
V-Form: 3°, Pfeilung: –0,8° ($\frac{t}{4}$ – Linie)
Profil: FX 61-184 Wurzel bis Querruder
FX 60-126 außen
Landehilfe: Schempp-Hirth-Bremsklappen auf Flügeloberseite
Höhenleitwerksspannweite: 2,30 m, Fläche: 1,00 m²
Seitenleitwerkshöhe: 1,24 m, Fläche: 0,92 m²
Rumpflänge: 7,00 m, Breite: 0,62 m, Höhe: 0,82 m
Fahrwerk: einziehbar, ungefedert (5,00 × 5)
Rüstgewicht: 230 kp, Zuladung im Rumpf: max. 145 kp
Ballast: 100 kp, Max. Fluggewicht: 418 kp
Flächenbelastung: 28,2 kp/m² bis 38,0 kp/m²
Höchstgeschwindigkeit: 260 km/h
Flugleistungen: (Angaben Glaser-Dirks)
Geringstes Sinken: 0,59 m/sec bei 74 km/h
Bestes Gleiten: 39,2 bei 105 km/h

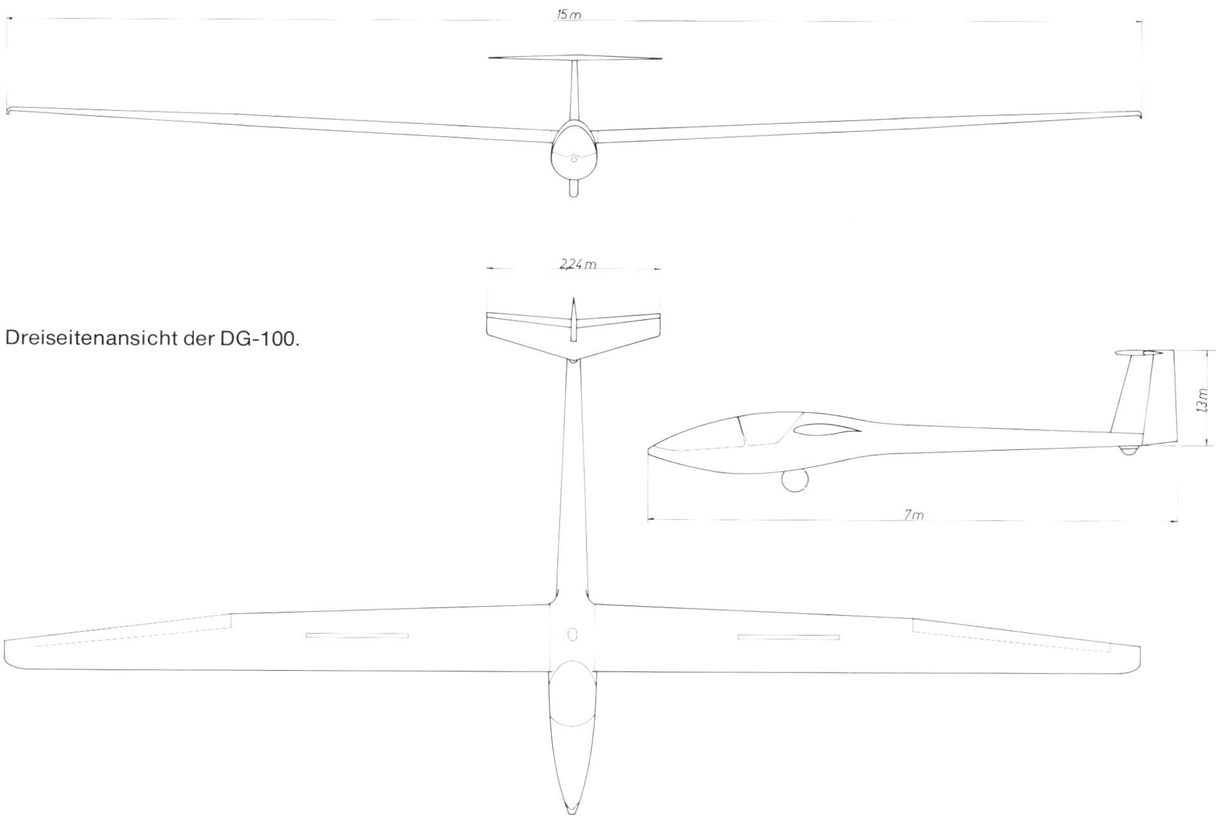

Dreiseitenansicht der DG-100.

DG-200

Der Beitrag von Glaser-Dirks zur neuen FAI-15-m-Klasse hat die Bezeichnung DG-200. Im Frühjahr 1976 ging der Bau des Prototyps der Vollendung entgegen. Übernommen von der DG-100 wurde der Rumpf. Das gedämpfte T-Höhenleitwerk hat weniger Pfeilung und eine Federtrimmung.
Die Form des Tragflügels ähnelt ebenfalls der DG-100, nur wurde die Flügelfläche auf 10,00 m^2 verringert. Als Profil wird ein modifiziertes FX 66-K-170 verwendet. Die Wölbklappe dient über die ganze Spannweite als Querruder, und die Querruder gehen selbstverständlich mit den Wölbklappen mit. Wie bei der DG-100 dienen große Schempp-Hirth-Bremsklappen auf der Flügeloberseite als Landehilfe.

Datenblatt DG-200
Spannweite: 15,00 m
Flügelfläche: 10,00 m^2, Streckung: 22,5
Flügeltiefe Wurzel: 0,84 m, Ende: 0,34 m
V-Form: 3°, Pfeilung: 0° ($\frac{t}{4}$ – Linie)
Profil: FX 66-K-170 modifiziert, Querruder überlagert
Landehilfe: Schempp-Hirth-Bremsklappen auf Flügeloberseite
Höhenleitwerksspannweite: 2,24 m, Fläche: 0,95 m^2
Seitenleitwerkshöhe: 1,21 m, Fläche: 0,88 m^2
Rumpflänge: 7,00 m, Breite: 0,62 m, Höhe: 0,82 m
Fahrwerk: einziehbar, ungefedert (5,00 × 5)
Rüstgewicht: 230 kp, Zuladung im Rumpf: 110 kp
Ballast: 110 kp, Max. Fluggewicht: 420 kp
Flächenbelastung: 30 kp/m^2 bis 42 kp/m^2
Höchstgeschwindigkeit: 250 km/h
Flugleistungen: (Angaben Glaser-Dirks)
Geringstes Sinken: 0,55 m/sec bei 72 km/h (30 kp/m^2)
Bestes Gleiten: 42 bei 110 km/h (42 kp/m^2)

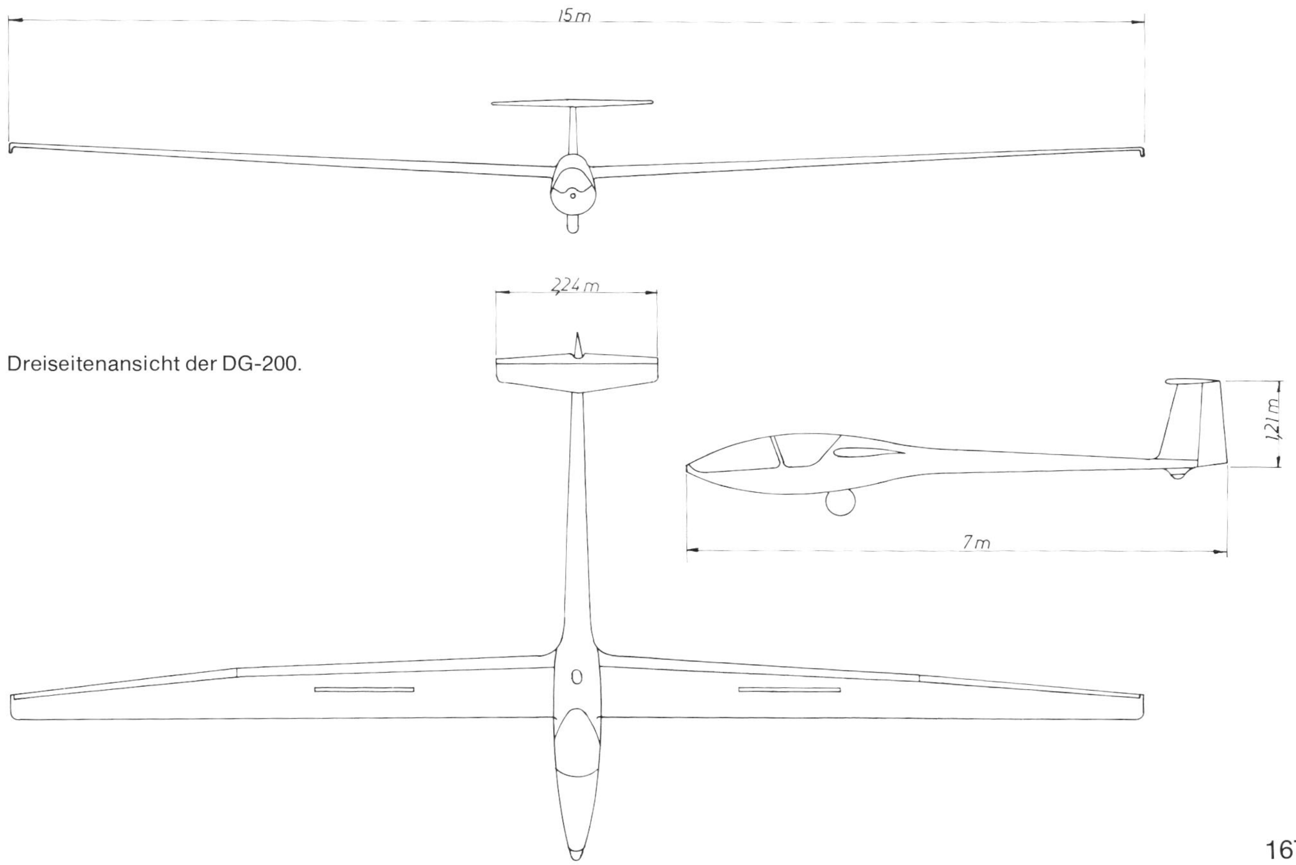

Dreiseitenansicht der DG-200.

Grob Flugzeugbau

Der Burkhart Grob Flugzeugbau in Mindelheim war in Segelfliegerkreisen eigentlich schon länger bekannt, wurden doch von Dezember 1971 bis Juni 1975 in Lizenz 200 Exemplare des Standard-Cirrus in dem kleinen Städtchen in der Nähe von Memmingen hergestellt. Geschäftsführer Burkhart Grob, Jahrgang 1926, ist selbst langjähriger Segel- und Motorflieger. Die Firma hat sich vor allem einen Namen als Hersteller von Fertigungsstraßen für den Automobilbau gemacht. Nach den beim Bau des Standard-Cirrus gewonnenen Erfahrungen lag es nahe, unter Berücksichtigung rationeller Fertigungsmethoden ein Segelflugzeug zu entwerfen, welches mit wesentlich geringerem Arbeitsaufwand zu einem günstigen Preis in einer größeren Serie herzustellen war. Das Einsatzspektrum des neuen Flugzeuges wurde bewußt breit gehalten. Die Rechnung ging auf: Ein gutes Jahr nach dem Erstflug waren bereits 100 Exemplare ausgeliefert, und weitere Bestellungen für beinahe 500 Flugzeuge lagen schon vor. Das aerodynamische Konzept für den G-102 Astir CS stammt von Prof. Eppler. Der Name selbst ist eine Kunstschöpfung, Astir ist nirgendwoher abzuleiten. Die Buchstaben CS umschreiben einen Teil der Auslegung: Ein Standard-Flugzeug für den Club zu einem Club-Klasse-Preis. Das G-102 steht für Grob, G-101 ist ein GFK-Motorsegler mit V-Leitwerk und Druckschraube. Die Flugerprobung des Tiefdeckers mit 13,60 m Spannweite wurde aber zugunsten der Segelflugentwicklung nach Triebwerksschwierigkeiten an Ostern 1974 eingestellt. Das vorläufige Typenprogramm umfaßt folgende Flugzeuge:

G-101	Motorsegler	13,60 m	1 Prototyp, 1974 eingestellt
G-102	Astir CS	15,00 m	Erstflug im Dez. 1974
G-103	Twin-Astir	17,50 m	Doppelsitzer Erstflug 1976
G-104	Speed-Astir	15,00 m	vorerst zurückgestellt

Schon diese Übersicht zeigt, wie vielseitig die Interessen der Firma gelagert sind. Prognosen sind immer schwierig. Mit einiger Sicherheit läßt sich aber sagen, daß die Firma Grob mit den Flugzeugen Astir CS und dem Doppelsitzer Twin-Astir zukünftig einen beachtlichen Marktanteil erringen wird.

G-102 Astir CS

Der Astir CS hat mit 12,40 m² die größte Flügelfläche aller neueren 15-m-Flugzeuge. Diese liegt immerhin um 25% höher als die der bisherigen Standardflugzeuge. Von der DG-100 abgesehen, wurde beim Astir CS zum ersten Mal von vorneherein die Erhöhung der Flächenbelastung durch Wasserballast in das Konzept eingebracht, so daß die geringste Flächenbelastung von etwa 26 kp/m² grundsätzlich Steigflug- und Landeeigenschaften begünstigt. Dazu kommen die harmlosen Eigenschaften des neuen Eppler-Profils 603 mit 19% Dicke, das übrigens erstaunliche Ähnlichkeit mit dem 20 Jahre älteren Eppler 266 der Standard-Austria SH und der SHK hat. Als Landehilfe dienen groß bemessene Schempp-Hirth-Klappen auf der Flügeloberseite. Eine Besonderheit des Astir-Flügels ist ferner, daß

Eine für Südafrika bestimmte Astir CS auf dem Fluggelände in Mindelheim-Mattsies.

Viele Beschläge der Astir CS sind aus Aluminiumguß, auch das komplette Fahrwerk einschließlich Schutzblech.

Leitwerke und Bremsklappen der Astir CS.

PD
D-6681

über die ganze Spannweite dieselbe prozentuale Dicke verwendet wird und keinerlei geometrische Schränkung eingebaut ist.
Die Fertigung des Flügels ist als durchaus konventionell zu bezeichnen. Die Schale ist ein übliches Schaumstoff-Sandwich, während der Doppel-T-Holm aus GFK-Rovings und einem armierten Conticell-Steg besteht. Neu ist der Hauptbeschlag, der keine Steckbolzen am Holmstummel hat. Neu ist auch der transportable, elektrisch beheizte Temperkasten, der die Herstellung eines kompletten Tragflügels an einem Tag ermöglicht. So können in einem Formsatz vier Flugzeuge pro Woche gebaut werden. Im Frühjahr 1976 war ein zweiter Formensatz sowie eine zweite Halle auf dem Flugplatz in Mattsies im Bau. Das ist natürlich auch noch einmal beeindruckend: Der Astir durchläuft in der Fertigung die Halle von einem Ende zum anderen. Zum Schluß wird nach der Fertigmontage das Hallentor aufgemacht, und das Flugzeug steht zum Einfliegen auf dem Fluggelände.
Der Rumpf ist mit 6,47 m nicht besonders lang, dafür ist besonders das gedämpfte T-Höhenleitwerk großzügig bemessen. Das Cockpit ist sehr geräumig, die große einteilige Haube öffnet nach der Seite. Beschläge sind nicht Schweißkonstruktionen, sondern sind aus Aluminiumguß hergestellt. Auch die komplette Fahrwerkskonstruktion einschließlich des Schutzbleches ist so gefertigt.
Durch die größere Flügelfläche liegt das Gewicht des Astir CS etwa 30 kp über den anderen Standardflugzeugen. Beide Flügelhälften wiegen etwa 136 kp, der Rumpf 105 kp und das Leitwerk 9 kp, so daß sich ein Rüstgewicht von etwa 250 kp ergibt. Die Wassertanks fassen 90 Liter.
Der Erstflug führte Burkhart Grob selbst am 19. Dezember 1974 in Mindelheim-Mattsies durch. Bis zum Jahresbeginn 1976 waren bereits 80 Maschinen ausgeliefert. Auf Wettbewerben konnten mit dem Astir gleich gute Plätze erflogen werden.

Datenblatt G-102 Astir CS
Spannweite: 15,00 m
Flügelfläche: 12,40 m², Streckung: 18,2
Flügeltiefe Wurzel: 1,03 m, Ende: 0,45 m
V-Form: 3°, Pfeilung: 0° (Vorderkante)
Profil: Eppler 603
Landehilfe: Schempp-Hirth-Bremsklappen auf Flügeloberseite
Höhenleitwerksspannweite: 2,80 m, Fläche: 1,49 m²
Seitenleitwerkshöhe: 1,40 m, Fläche: 0,95 m²
Rumpflänge: 6,47 m, Breite: 0,64 m, Höhe: 0,87 m

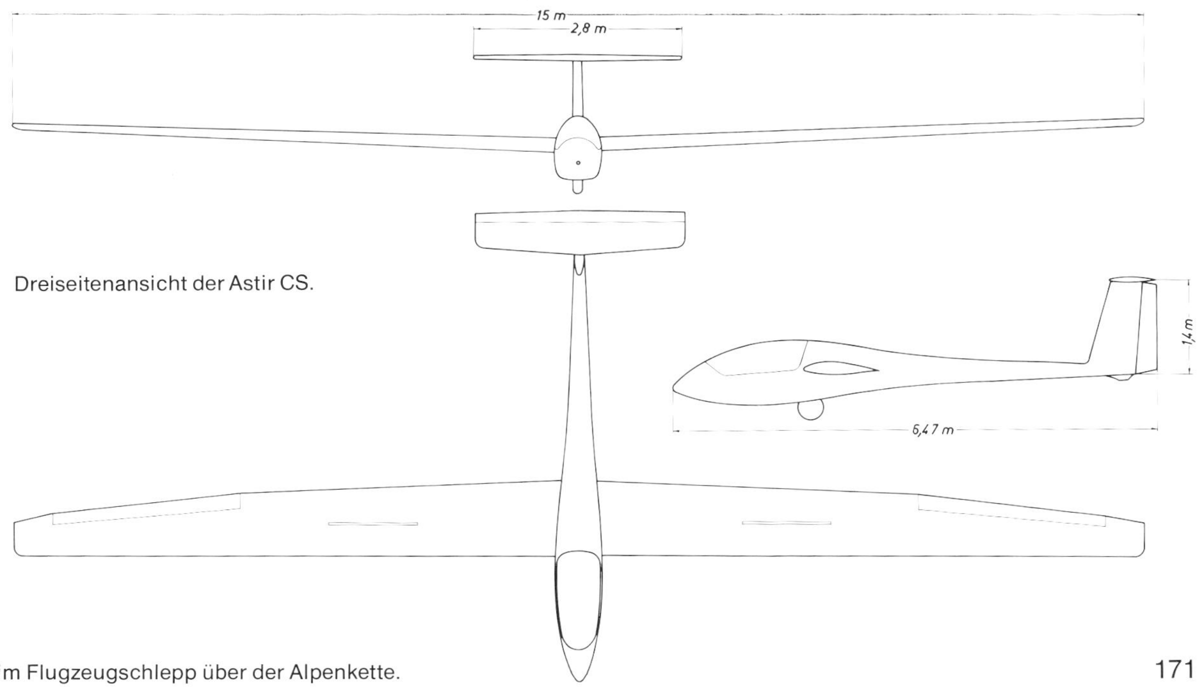

Dreiseitenansicht der Astir CS.

Eine Astir CS im Flugzeugschlepp über der Alpenkette.

Fahrwerk: einziehbar, ungefedert
Rüstgewicht: 250 kp, Zuladung im Rumpf: 120 kp
Ballast: 90 kp
Max. Fluggewicht: 450 kp
Flächenbelastung: 25,8 kp/m^2 bis 36,3 kp/m^2
Höchstgeschwindigkeit: 250 km/h
Flugleistungen: (Angaben Grob)
Geringstes Sinken: 0,60 m/sec bei 75 km/h (25 kp/m^2)
Bestes Gleiten: 38 bei 105 km/h (36 kp/m^2)

G-103 Twin-Astir

Viele Anzeichen sprechen dafür, daß die Zeit für einen finanziell erschwinglichen GFK-Doppelsitzer reif ist, der die beiden Randgebiete Schulung und Leistungsflug einschließt. Einmal läßt sich insbesondere im Verein feststellen, daß viele Nachwuchsflieger echt Schwierigkeiten zeigen, wenn es um mehr als das sichere Absolvieren einer Platzrunde geht. Doch nicht nur beim Obenbleiben und Stundensammeln, sondern auch bei der Überlandflugschulung wird ein Kunststoff-Doppelsitzer mit Leistungen der Standardklasse eine nicht zu überbietende Hilfe sein. Auf der anderen Seite werden insbesondere die leistungsschwachen Holzflugzeuge aus den Anfängen nach dem Krieg mehr und mehr verschwinden, so daß auch erste Alleinflüge auf einfachen Kunststoff-Segelflugzeugen nach entsprechender Schulung auf GFK-Doppelsitzern zukünftig nicht mehr die ganz große Ausnahme sein werden.
Für die Schulung muß dieser Doppelsitzer gutmütige Flugeigenschaften haben. Grob versucht das bei seinem Twin-Astir mit dem Eppler-Profil des Astir CS sowie einer ebenfalls niedrigen Flächenbelastung und der weiteren Astir-Konzeption zu erreichen. Ein wichtiges Argument ist die einheitliche Cockpit-Ausstattung, um das Umsteigen zu erleichtern. Aus diesem Grunde kommt auch nur die Tandemanordnung der beiden Sitze in Frage. Auch an das Einziehfahrwerk soll sich der Schüler bereits gewöhnen. Aus Lastigkeitsgründen muß es genau unter dem hinteren Sitz liegen, so daß das Rad aus Platzgründen seitlich um die Rumpflängsachse gedreht wird. Die Haube ist zweiteilig und wird jeweils nach der Seite geklappt.

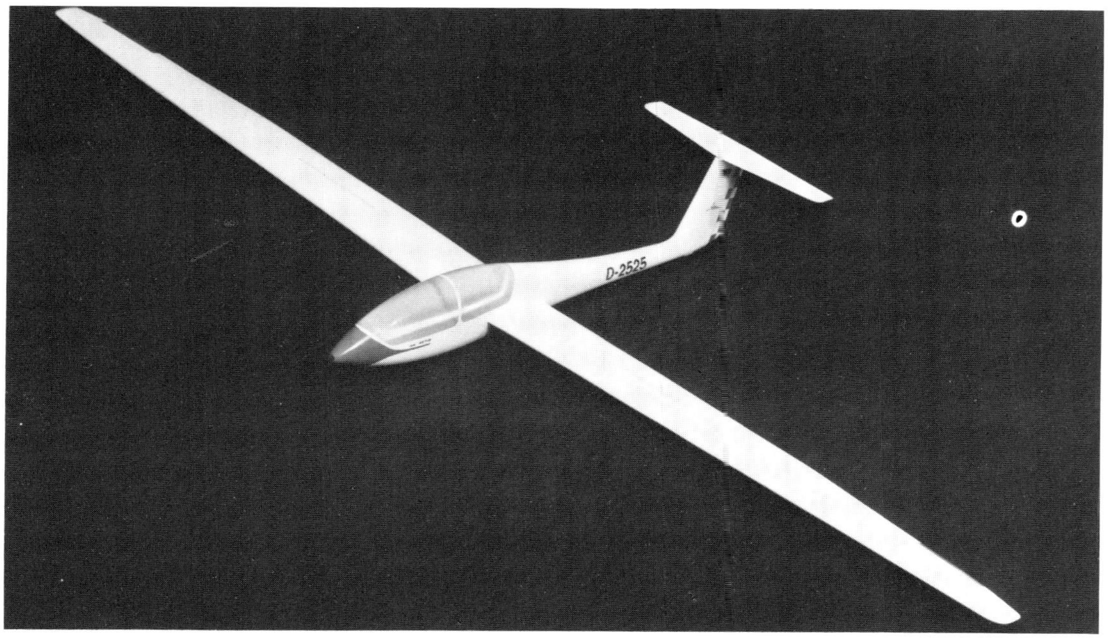

Modell der Twin-Astir.

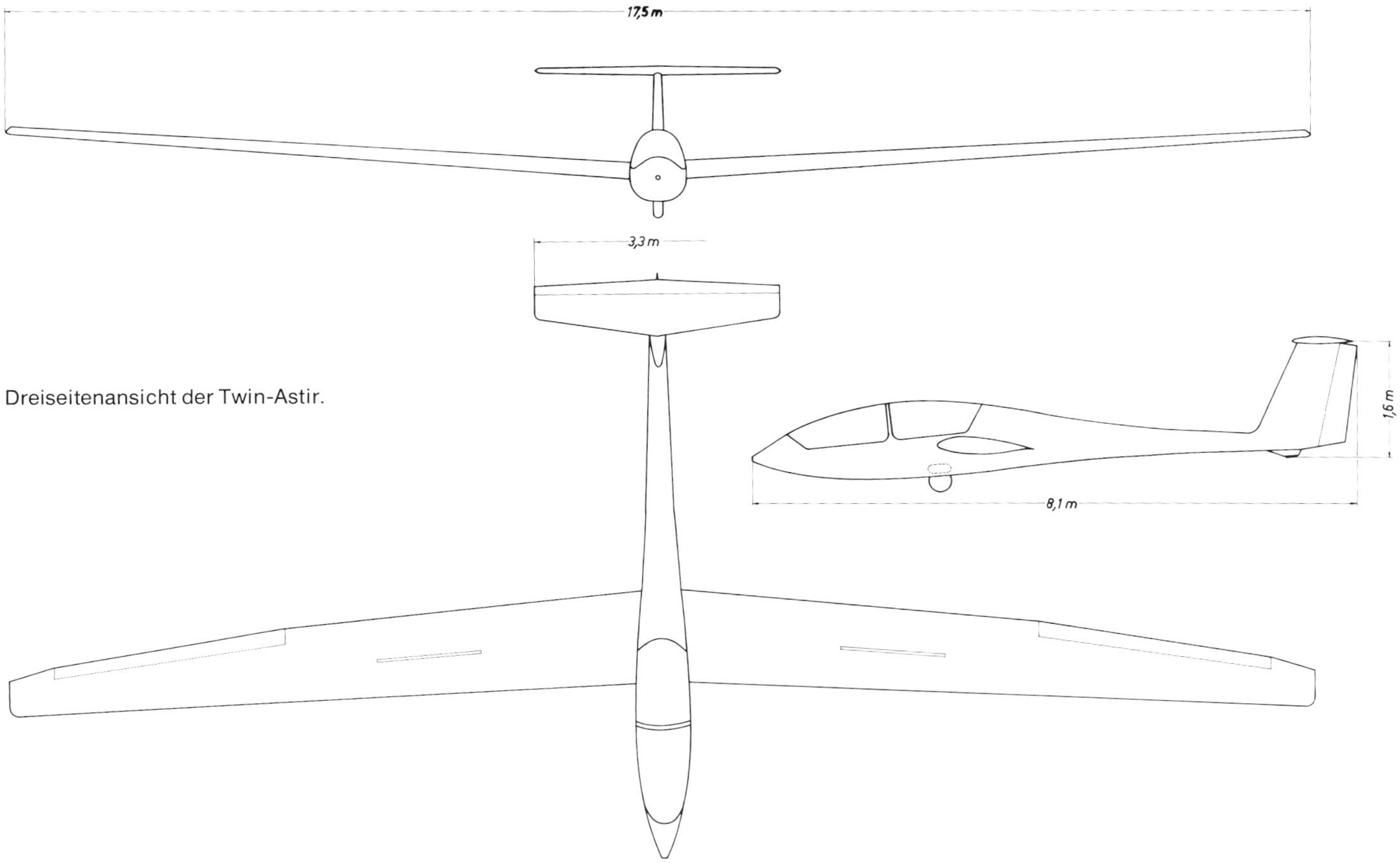

Dreiseitenansicht der Twin-Astir.

Das T-Höhenleitwerk ist wieder recht groß bemessen. Wie beim Astir CS sind getrennte Kupplungen für Winde und Flugzeugschlepp vorgesehen. Ob allerdings das errechnete Leergewicht von 330 kp erreicht werden kann, scheint fraglich.
Im Frühjahr 1976 war der Prototyp im Bau, der Erstflug ist für den Frühsommer vorgesehen. Die Serienfertigung soll 1977 beginnen.

Datenblatt G-103 Twin-Astir
Spannweite: 17,50 m
Flügelfläche: 17,90 m^2, Streckung: 17,1
Flügeltiefe Wurzel: 1,30 m, Ende: 0,50 m
V-Form: 4°, Pfeilung: −4,57° ($\frac{t}{4}$ – Linie)
Profil: Eppler 603
Landehilfe: Schempp-Hirth-Klappen auf Flügeloberseite
Höhenleitwerksspannweite: 3,30 m, Fläche: 2,05 m^2
Rumpflänge: 8,10 m, Breite: 0,74 m, Höhe: 1,07 m
Seitenleitwerkshöhe: 1,60 m, Fläche: 1,43 m^2
Rumpflänge: 8,10 m, Breite: 0,74 m, Höhe: 1,07 m
Fahrwerk: einziehbar, ungefedert
Rüstgewicht: 330 kp, Zuladung im Rumpf: max. 230 kp
Ballast: 90 kp
Max. Fluggewicht: 650 kp
Flächenbelastung: 24,9 kp/m^2 bis 36,3 kp/m^2
Höchstgeschwindigkeit: 220 km/h
Flugleistungen: (Angaben Grob)
Geringstes Sinken: 0,62 m/sec bei 75 km/h (25 kp/m^2)
Bestes Gleiten: 39 bei 110 km/h (36 kp/m^2)

G-104 Speed-Astir

Ursprünglich bereits für Anfang 1976 wurde der Erstflug einer Wölbklappenversion des Astir CS, des Speed-Astir, erwartet. Zugunsten einer forcierten Entwicklung des Doppelsitzers sowie der Serie des Astir CS wurde das Flugzeug vorerst zurückgestellt. Der Speed-Astir soll den Rumpf des CS bekommen, über die Leitwerke sowie das Tragflügelprofil war aber noch nicht endgültig entschieden. Möglicherweise wird der Bau des Prototyps noch länger auf sich warten lassen. Nachdem aber über das Projekt mehrfach in Fachzeitschriften berichtet wurde, sind die Daten der Vollständigkeiten halber kurz aufgeführt.

Datenblatt G-104 Speed-Astir
Spannweite: 15,00 m
Flügelfläche: 11,90 m^2, Streckung: 18,9
Flügeltiefe Wurzel: 0,98 m, Ende: 0,44 m
V-Form: 3°, Pfeilung: 0° ($\frac{t}{4}$ – Linie)
Profil: FX 67-K-150 (?)
Landehilfe: Schempp-Hirth-Klappen auf Flügeloberseite
Leitwerke: noch nicht festgelegt
Rumpflänge: 6,47 m Breite: 0,64 m, Höhe: 0,87 m
Fahrwerk: (wie Astir CS)
Rüstgewicht: 270 kp Zuladung im Rumpf: 110 kp
Ballast: 120 kp
Max. Fluggewicht: 500 kp
Flächenbelastung: 30,0 kp/m^2 bis 40,3 kp/m^2
Höchstgeschwindigkeit: 250 km/h
Flugleistungen: (Angaben Grob)
Geringstes Sinken: 0,59 m/sec bei 74 km/h (30 kp/m^2)
Bestes Gleiten: 42 bei 102 km/h (40 kp/m^2)

Ausland

Schweiz

Im südlichen Nachbarland der Bundesrepublik Deutschland stand der Segelflug schon immer hoch im Kurs. Auf die Einwohnerzahl bezogen gibt es dort mehr Segelflieger und Segelflugzeuge als in Deutschland, und bei internationalen Vergleichen lagen die Schweizer immer mit an der Spitze. Auch im Flugzeugbau konnten beachtliche Erfolge erzielt werden. Auf die Verbindung Schweizer Segelflieger mit den GFK-Flugzeugen von Hütter und Hänle wurde bereits hingewiesen.

Von der KA-BI-VO zum DIAMANT-18

Parallel zu den Arbeiten am Phönix wurden auch in der Schweiz Versuche mit der neuen Kunststoff-Bauweise durchgeführt. Um erste Erfahrungen zu gewinnen, wurde als Versuchsstück eine Höhenleitwerksflosse für eine Ka 6 CR in GFK gebaut. Nach dem Gelingen dieser Arbeit wurde ein vollständig neuer Rumpf mit Pendel-T-Leitwerk für einen Ka-6-Flügel in Angriff genommen. Dieser Rumpf erhielt einen sehr geringen Querschnitt und einen flachen Liegesitz mit langer Haube. Aus Platzmangel wurde der Knüppel nicht in der Rumpfmitte, sondern an der rechten Bordwand befestigt.
Bei dem neuen Flugzeug handelte es sich also um einen normalen Flügel einer Serien-Ka-6 (HB-640), der mit dem späteren Rumpf und dem Leitwerk des Diamant-HBV versehen wurde. Das Rad war allerdings noch nicht einziehbar ausgeführt. Das Flugzeug wurde am Institut für Flugzeugstatik und Leichtbau an der Eidgenössischen Technischen Hochschule in Zürich gebaut. Die Bezeichnung Ka-Bi-Vo setzt sich zusammen aus dem Ka von Rudolf Kaiser für den Flügel sowie den Namen der beiden Institutsmitarbeiter Thomas Bircher und Jörg van Voornveld. Der Erstflug durch van Voornveld fand am 21. 9. 1962 im Birrfeld statt.

Datenblatt Ka-Bi-Vo
Spannweite: 15,00 m
Flügelfläche: 12,40 m^2, Streckung: 18,1
Flügel einer Ka 6 CR (HB-640)
Höhenleitwerksspannweite: 2,40 m, Fläche: 1,19 m^2
Seitenleitwerkshöhe: 1,35 m, Fläche: 0,84 m^2

Die Ka-Bi-Vo beim Erstflug im Birrfeld.

Durch den engen Rumpf der Diamant-HBV mußte der Steuerknüppel seitlich rechts an der Bordwand befestigt werden.

Die Ka-Bi-Vo im Fluge, der Rumpf ist aus Kunststoff, die Flügel stammen von einer normalen Ka 6 CR.

Der Diamant-HBV hat Rumpf und Leitwerke der Ka-Bi-Vo und den Flügel der Hütter-301 Libelle.

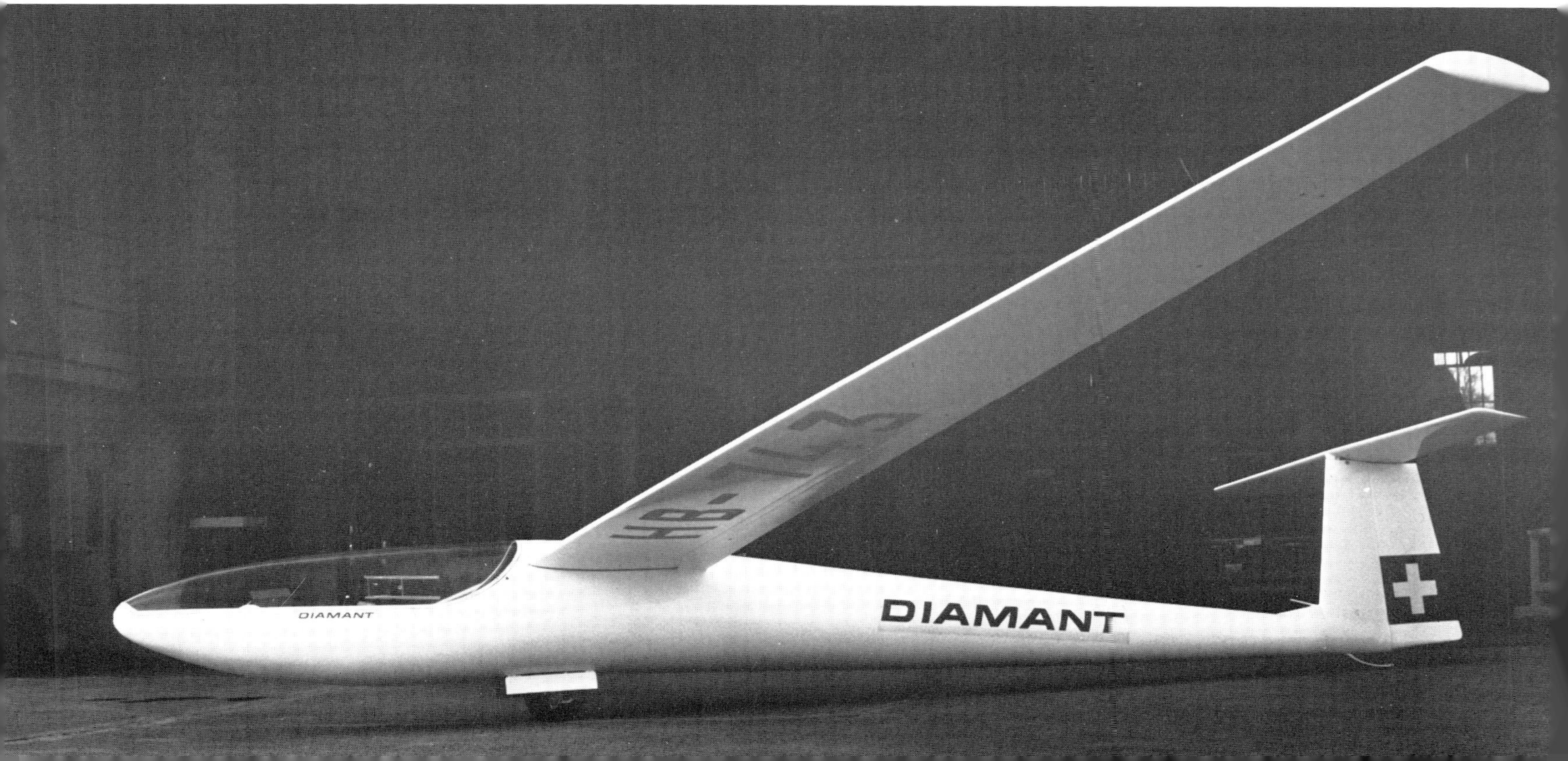

Die Diamant-HBV über dem Bodenseeufer. Am rechten Bildrand ist ein Teil der Flug- und Fahrzeugwerke Altenrhein zu erkennen.

Rumpflänge: 7,44 m, Breite: 0,62 m, Höhe: 0,71 m
Fahrwerk: festes Rad
Rüstgewicht: 192 kp, Zuladung im Rumpf: 108 kp
Max. Fluggewicht: 300 kp
Flächenbelastung: 24,2 kp/m²

Aus der Ka-Bi-Vo wurde dann der Diamant-HBV weiterentwickelt, wobei praktisch der Ka-6-Flügel durch den Flügel der neu entstandenen Hütter H-301 Libelle ersetzt wurde (HBV = Hütter–Bircher–van Voornveld). Bei den Flug- und Fahrzeugwerken Altenrhein am Bodensee wurden in den Jahren 1966/67 13 Diamant-HBV gebaut, wozu die Libelle-Flügel von Hänle aus Schlattstall geliefert wurden.
Zur besseren Übersicht dieser Entwicklungsreihe sind auch hier die Erstflugdaten mit Spannweite und Stückzahl aufgeführt:

21. 9. 1962	Ka-Bi-Vo	15,00 m	1
5. 8. 1964	Diamant-HBV	15,00 m	13
13. 5. 1967	Diamant-16,5	16,50 m	41
3. 2. 1968	Diamant-18	18,00 m	29

Im Vergleich zur Ka-Bi-Vo war der Rumpf des Diamant-HBV etwas länger, da auch das Seitenleitwerk vergrößert wurde, während das ungedämpfte T-Leitwerk beibehalten wurde. Das Fahrwerk wurde nun einziehbar, doch im Gegensatz zu den späteren Diamant-Flugzeugen blieb noch der seitliche Steuerknüppel. Die Wölbklappen konnten von $+16°$ bis $-10°$ verstellt werden. Der Erstflug fand am 5. 9. 1964 durch Thomas Bircher in Altenrhein statt.

Datenblatt Diamant-HBV
Spannweite: 15,00 m (Flügel von der Hütter H-301)
Flügelfläche: 9,72 m², Streckung: 23,2
Flügeltiefe Wurzel: 0,93 m, Ende: 0,33 m
V-Form: 2° (Flügeloberseite)
Pfeilung: − 1° ($\frac{t}{4}$ – Linie)
Profil: Hütter-Eigenentwicklung
Landehilfe: Schempp-Hirth-Bremsklappe
Flügelober- und -unterseite
Höhenleitwerksspannweite: 2,80 m, Fläche: 1,19 m²
Seitenleitwerkshöhe: 1,22 m, Fläche: 0,91 m²
Rumpflänge: 7,56 m, Breite: 0,60 m, Höhe: 0,71 m
Fahrwerk: einziehbar, bremsbar
Rüstgewicht: 200 kp, Zuladung im Rumpf: 100 kp
Max. Fluggewicht: 300 kp
Flächenbelastung: 26,8 kp/m² bis 30,8 kp/m²
Höchstgeschwindigkeit: 270 km/h
Flugleistungen: (Angaben FFA)
Geringstes Sinken: 0,60 m/sec bei 72 km/h
Bestes Gleiten: 39 bei 100 km/h

Diamant-16,5 + Diamant 18

Die Hü-Bi-Vo (Diamant-HBV), wie das Flugzeug gelegentlich auch heißt, wird bei FFA mit einer Spannweite von 16,50 m und dem Wortmann-Profil FX 62-K-153 (ähnlich D-36) weiterentwickelt. Rumpf und Leitwerk werden original übernommen. In den Jahren 1967–1969 werden 41 Exemplare hergestellt. Werkspilot Paul Wewer absolvierte den Erstflug am 13. Mai 1967.
Von 1968 bis 1971 werden 29 Exemplare der 18-m-Version hergestellt. Durch das größere Seitenruder wird der Rumpf um 6 cm länger.

Datenblatt Diamant-16,5 und Diamant-18

Diamant-16,5
Spannweite: 16,50 m
Flügelfläche: 13,30 m², Streckung: 20,5
Flügeltiefe Wurzel: 0,93 m, Ende: 0,40 m
V-Form: 3°, Pfeilung: 0° ($\frac{t}{4}$ – Linie)

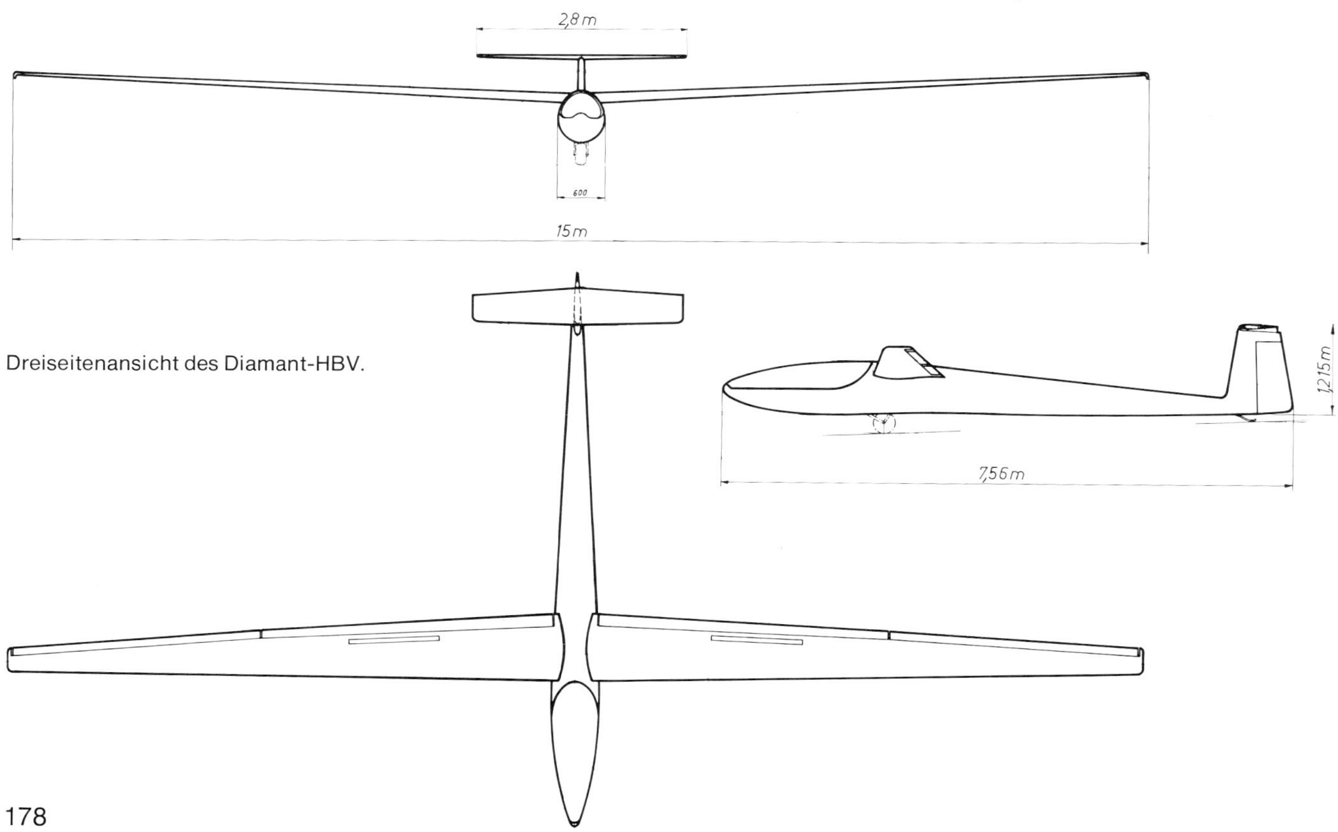

Dreiseitenansicht des Diamant-HBV.

Profil: FX 62-K-153 mod.
Landehilfe: Schempp-Hirth-Klappen oben und unten
Höhenleitwerksspannweite: 2,80 m, Fläche: 1,19 m^2
Seitenleitwerkshöhe: 1,22 m, Fläche: 0,91 m^2
Rumpflänge: 7,56 m, Breite: 0,60 m, Höhe: 0,71 m
Fahrwerk: einziehbar, bremsbar
Rüstgewicht: 290 kp, Zuladung im Rumpf: 90 kp
Ballast: 50 kp
Max. Fluggewicht: 410 kp
Flächenbelastung: 26,3 kp/m^2 bis 30,8 kp/m^2
Höchstgeschwindigkeit: 240 km/h
Flugleistungen: (Angaben FFA)
Geringstes Sinken: 0,55 m/sec bei 75 km/h (26,3 kp/m^2)
Bestes Gleiten: 42 bei 100 km/h (30,8 kp/m^2)

Datenblatt Diamant-18
Spannweite: 18,00 m
Flügelfläche: 14,28 m^2, Streckung: 22,7
Flügeltiefe Wurzel: 0,93 m, Ende: 0,35 m
V-Form: 3°, Pfeilung: 0° ($\frac{t}{4}$ – Linie)
Profil: FX 62-K-153 mod.
Landehilfe: Schempp-Hirth-Klappen oben und unten
Höhenleitwerksspannweite: 2,80 m, Fläche: 1,19 m^2
Seitenleitwerkshöhe: 1,22 m, Fläche: 1,01 m^2 (Seitenruder vergrößert)
Rumpflänge: 7,72 m, Breite: 0,60 m, Höhe: 0,71 m
Fahrwerk: einziehbar, bremsbar
Rüstgewicht: 300 kp, Zuladung im Rumpf: 90 kp
Ballast: 50 kp
Max. Fluggewicht: 440 kp
Flächenbelastung: 25,3 kp/m^2 bis 30,8 kp/m^2
Höchstgeschwindigkeit: 240 km/h
Flugleistungen: (Angaben FFA)
Geringstes Sinken: 0,52 m/sec bei 70 km/h (25,3 kp/m^2)
Bestes Gleiten: 44 bei 100 km/h (30,8 kp/m^2)

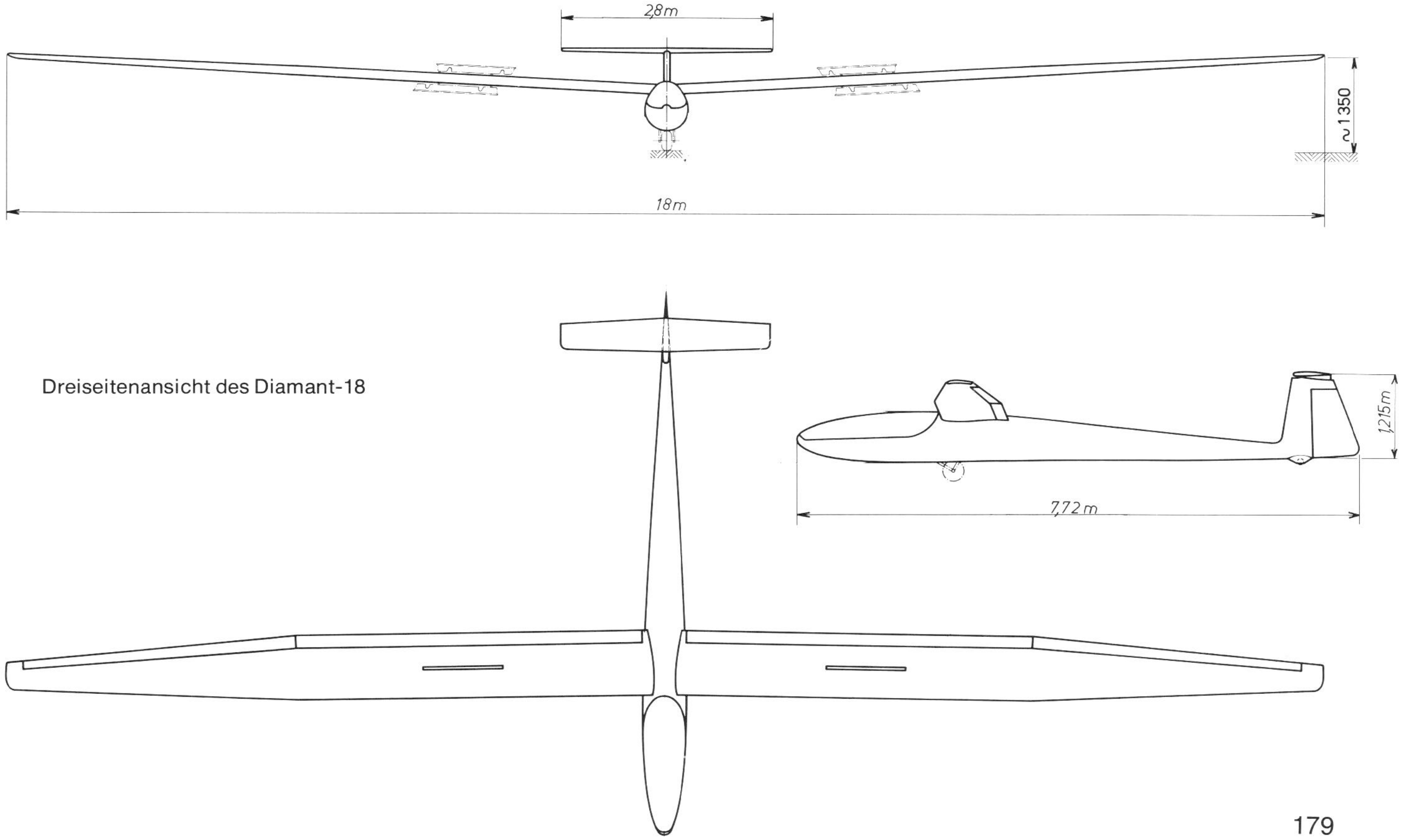

Dreiseitenansicht des Diamant-18

FS-1

Die FS-1 ist ein recht elegantes Einzelstück in GFK-Bauweise, das von Dipl.-Phys. Alfred Schiller aus Affoltern am Albis nach fünfjähriger Bauzeit im Herbst 1969 eingeflogen werden konnte. Besonders zu erwähnen sind die bis 90° ausfahrbaren Bremsdrehklappen an der Flügelhinterkante. Das Fahrwerk ist einziehbar, zwischen Schleppkupplung und Fahrwerk befindet sich eine Hutze für die Kabinenbelüftung. Die Staudruckabnahme erfolgt am Seitenleitwerk.
Der Flügel ist in Negativbauweise mit einem Sandwich aus PVC-Hartschaum (Klegecell 60), einem Roving-Hartschaum-Kastenholm und zusätzlichen Rippen aus Pappelsperrholz hergestellt.

Datenblatt FS-1, HB-957
Spannweite: 15,00 m
Flügelfläche: 11,50 m², Streckung: 19,6
V-Form: 3°
Profil: FX 61-163 Wurzel
FX 61-140 Mitte
FX 60-126 Querruder
Landehilfe: Hinterkanten-Bremsdrehklappen
Höhenleitwerksspannweite: 2,80 m, gedämpftes T-Leitwerk
Seitenleitwerkshöhe: 1,43 m
Rumpflänge: 7,13 m
Fahrwerk: einziehbar
Rüstgewicht: 210 kp, Zuladung im Rumpf: 100 kp
Max. Fluggewicht: 310 kp
Flächenbelastung: 26,0 kp/m²
Höchstgeschwindigkeit: 180 km/h

Die Elfen – Albert Neukom

Über Albert Neukom aus Schaffhausen und seine Flugzeuge ließe sich allein eine recht umfangreiche Abhandlung schreiben. Er ist Segelflieger und Flugzeugbauer mit Leib und Seele, und seine Konstruktionsideen und Fertigungsvarianten sind so vielgestaltig, daß wohl kaum eines seiner Flugzeuge genau wie das andere ist. Diese Flugzeuge sind nicht ganz in die Reihe der herkömmlichen Kunststoff-Segelflugzeuge einzureihen, da eigentlich keine »reine« GFK-Konstruktion darunter ist. Fast immer werden Leichtmetallholme verwendet. Neuerdings besteht die Flügelschale aus einem Sandwich aus 5-mm-Tubuswaben, die beidseitig in einer Negativschale durch Epoxydharz mit 1 mm starkem Sperrholz verklebt werden.
Bereits im Jahre 1956 hat der gelernte Architekt Albert Neukom sein erstes Flugzeug im Wohnzimmer gebaut. Es ist dies die Elfe M, HB-534, mit 17,50 m Spannweite und einer Streckung von 23, mit einem nur 12% dicken Profil von Pfenninger. 1962 gibt Neukom seinen Beruf als Architekt auf und widmet sich nur noch dem Flugzeugbau. 1972 erstellt er eine Fabrikationshalle mit Wohnhaus unmittelbar am Fluggelände Schmerlat bei Schaffhausen. Die 1963 entstandene Elfe MN, HB-736 und die 1965 fertiggestellten Elfen S 2 (HB-801 bis HB-803) haben eine reine GFK-Flügelschale, allerdings mit Metallholm.
Die in mehreren Exemplaren gebaute Elfe S 3 ist besonders dadurch bekannt, daß mit einem dieser Flugzeuge der Amerikaner A. J. Smith 1968 die Weltmeisterschaft der Standard-Klasse in Leszno/Polen gewann.
Recht bekannte Flugzeuge sind die AN 66 C, HB-1044, Baujahr 1971 mit 23 m Spannweite, dreiteiligem Flügel mit einer Streckung von 33 und einem Fowler-Klappen-Profil von Prof. Eppler (Nr. 562/569), sowie die AN 66 D, HB-1200, Baujahr 1974, mit einem vierteiligen Flügel von 21 m Spannweite und einem normalen Eppler-Wölbklappen-Profil. Mit einem auf 19,40 m Spannweite verkürzten Flügel der AN 66 D entsteht 1976 ein Doppelsitzer mit der Bezeichnung Pan.
Neuestes Projekt ist die Elfe S 4 B, mit 15 m Spannweite, einem Fowler-Klappen-Profil mit 20% Flächenvergrößerung und nur zwei Stellungen für Langsamflug und Schnellflug. Zwischendurch entsteht auch schnell einmal ein einsitziges Motorflugzeug mit einem 1700-VW-Motor.
Mit einer Stückzahl von etwa 35 ist die Elfe S 4 A das bisher am meisten gebaute Flugzeug. Sie wird

Die Elfe S 2 von Albert Neukom, Schaffhausen. ▲

Die AN 66 C hat ein Eppler-Profil mit Fowler-Klappen. ▼

hauptsächlich als Baukasten geliefert und wurde auch von einigen Gruppen in Deutschland nachgebaut. Der Flügel besteht wie schon beschrieben aus einem Sperrholz-Kunststoff-Sandwich mit Aluholm. Der Rumpf ist bis zur Flügelhinterkante eine reine GFK-Conticell-Schale und geht dann in eine ebenfalls in Halbschalen gebaute konische Sperrholzröhre über. Die Flügel sind mit 145 kp recht schwer, wobei die beiden Holme allein 50 kp wiegen. Das Pendel-Höhenleitwerk ist nach Art der Ka-6-E montiert. Das Flugzeug wird auch in einer 17-m-Version gebaut.

Datenblatt Elfe S 4 A
Spannweite: 15,00 m
Flügelfläche: 11,80 m², Streckung: 19,1
Flügeltiefe Wurzel: 0,90 m, Ende: 0,40 m
V-Form: 2°, Pfeilung: 0°
Profil: FX 61-163 Wurzel
FX 60-126 außen
Landehilfe: Schempp-Hirth-Klappen auf Ober- und Unterseite
Höhenleitwerksspannweite: 2,80 m, Fläche: 1,35 m²
Seitenleitwerkshöhe: 1,50 m, Fläche: 1,05 m²
Rumpflänge: 7,10 m, Breite: 0,60 m, Höhe: 0,81 m
Fahrwerk: einziehbar, mit Gummielementen gefedert
Rüstgewicht: 255 kp,
Zuladung im Rumpf: 120 kp
Ballast: 50 kp
Max. Fluggewicht: 350 kp
Flächenbelastung: 27,1 kp/m² bis 29,7 kp/m²
Höchstgeschwindigkeit: 210 km/h
Flugleistungen: (Angaben Albert Neukom)
Geringstes Sinken: 0,62 m/sec bei 72 km/h (27 kp/m²)
Bestes Gleiten: 37 bei 90 km/h (30 kp/m²)

Finnland: PIK-20

Neben der LS-2 wurde bei der Weltmeisterschaft 1974 in Waikerie/Australien der finnischen PIK-20 besondere Aufmerksamkeit geschenkt. Raimo Nurminen konnte mit ihr den 13. Platz in der Standard-Klasse belegen. In der Auslegung sind sich beide Flugzeuge ähnlich. Sie haben beide einen Doppeltrapezflügel von etwa 10 m² Fläche mit Wölbklappen, die gleichzeitig mit einem Ausschlag

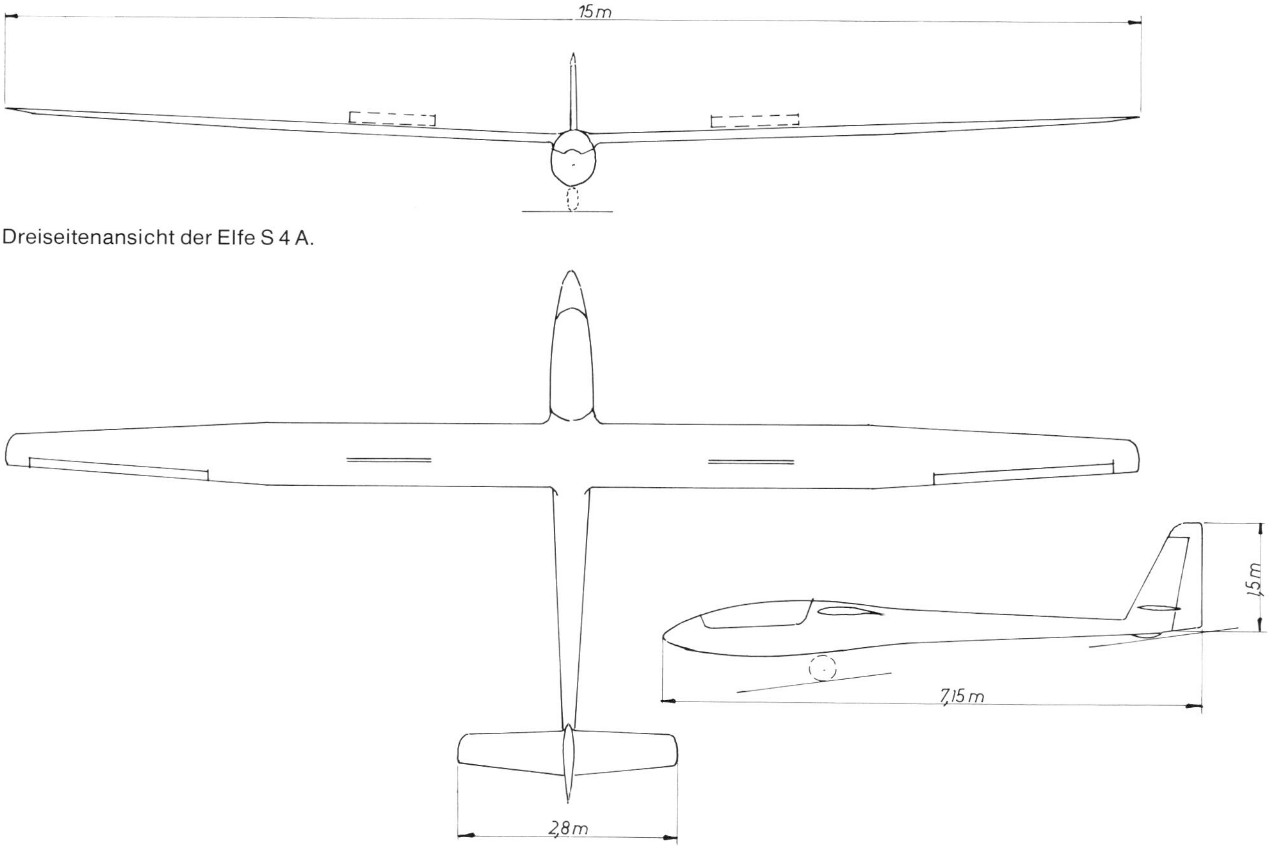

Dreiseitenansicht der Elfe S 4 A.

PIK-20 mit dem für dieses Flugzeug typischen Landeanflug.

von 90° als Landehilfe dienen, bei beinahe demselben Profil. Bei der PIK-20 werden die Klappen jedoch mit einer Kurbel bedient. Der Rumpf hat einige Ähnlichkeit mit der Kestrel. Das groß dimensionierte T-Höhenleitwerk ist gedämpft.

Im Gegensatz zur LS-2 ging die PIK-20 allerdings in Serie. Bis Anfang 1976 sind etwa 100 Exemplare gebaut worden. Nach dem neuen Reglement sind nun aber die Querruder den Wölbklappen überlagert. Die normalen Ausschläge gehen von $-8°$ bis $+12°$. Besondere Gags sind ein pneumatisch abgedichteter Haubenrahmen sowie wahlweise Holme aus Kohlefasern, die eine Gewichtsersparnis von 30 kp bringen. Beachtlich auch die Wassertanks von 140 Litern, die beim Maximalfluggewicht von 450 kp eine Flächenbelastung von 45 kp/m² ergeben.

Der Prototyp wurde 1972/73 gebaut und am 10. Oktober 1973 von Raimo Nurminen in Jämijärvi eingeflogen.

Neuerdings werden die Versionen PIK-20 C und PIK-20 D mit Schempp-Hirth-Bremsklappen angeboten.

Datenblatt PIK-20
Spannweite: 15,00 m
Flügelfläche: 10,00 m², Streckung: 22,5
Flügeltiefe Wurzel: 0,90 m, Ende: 0,36 m
V-Form: 3°, Pfeilung: 0° ($\frac{t}{4}$ – Linie)
Profil: FX 67-K-170 Wurzel
FX 67-K-150 außen
Landehilfe: Drehbremsklappen über 60% der Spannweite

Die PIK-20 im Fluge.

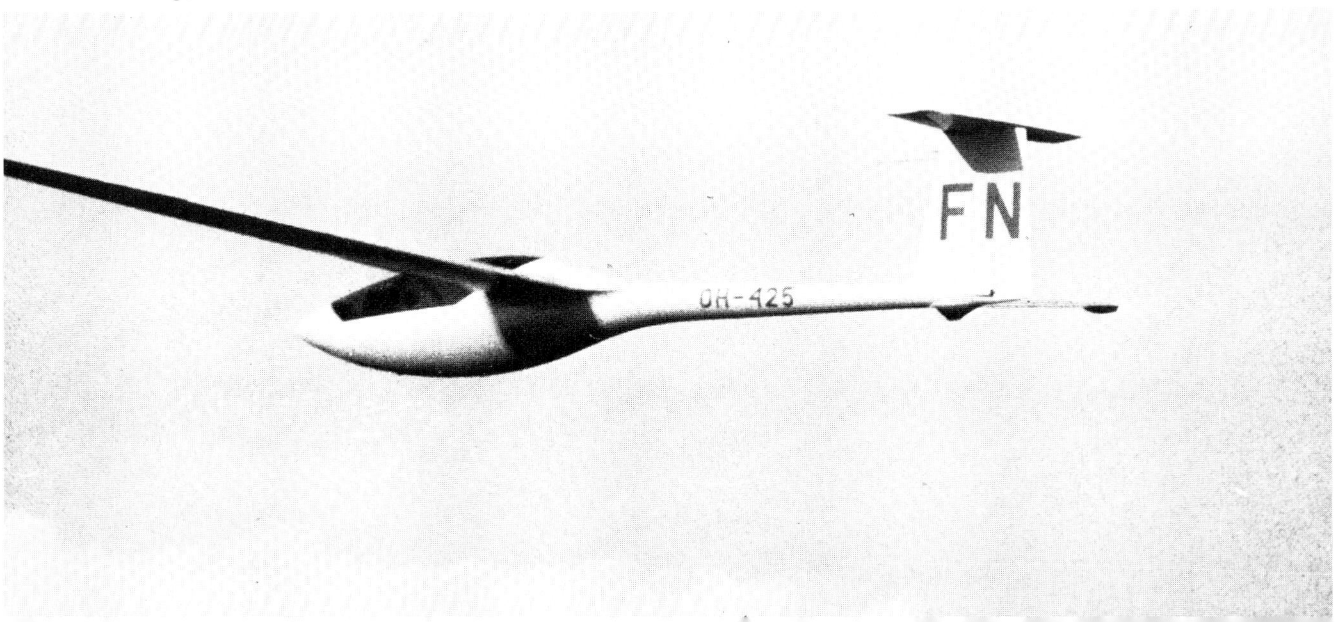

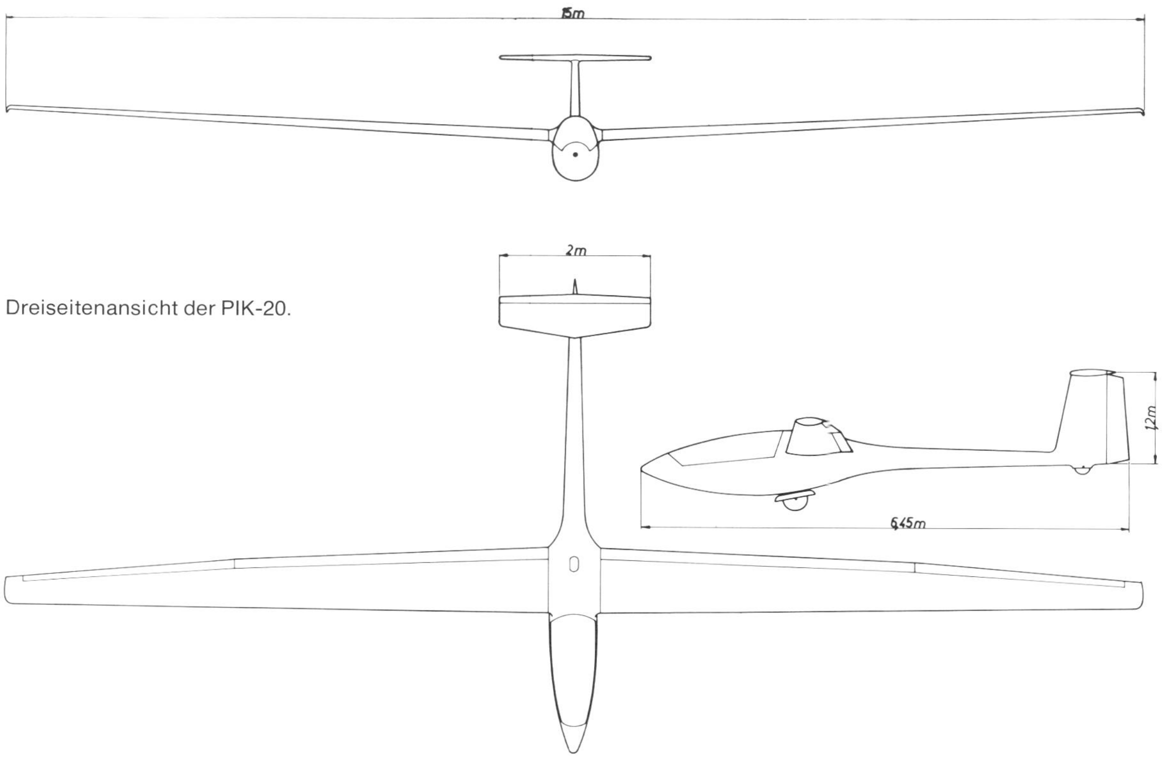

Dreiseitenansicht der PIK-20.

Höhenleitwerksspannweite: 2,00 m, Fläche: 1,00 m^2
Seitenleitwerkshöhe: 1,20 m, Fläche: 1,02 m^2
Rumpflänge: 6,45 m, Breite: 0,61 m, Höhe: 0,86 m
Fahrwerk: einziehbar, ungefedert
Rüstgewicht: 250 kp, Zuladung im Rumpf: 100–200 kp
Ballast: 140 kp
Max. Fluggewicht: 450 kp
Flächenbelastung: 32 kp/m^2 bis 45 kp/m^2
Höchstgeschwindigkeit: 240 km/h
Flugleistungen: (Angaben Eiriavion OY)
Geringstes Sinken: 0,62 m/sec bei 82 km/h (37 kp/m^2)
Bestes Gleiten: 40,2 bei 97 km/h (37 kp/m^2)

Polen: SZD-37 bis SZD-43

Polens Segelflugzeugbau, hauptsächlich vertreten durch SZD (Szybowcowy Zaklad Doswiadczalny) in Bielsko-Biala, pflegt in der Regel aus Anlaß von Weltmeisterschaften mit Neukonstruktionen die Fachwelt zu überraschen. Waren dies 1960 die SZD-19 Zefir und die SZD-24 Foka, so tauchten 1970 die SZD-36 Cobra-15 und die SZD-39 Cobra-17 auf. 1972 erschienen die Polen mit dem Jantar (= Bernstein) und der Orion. Bei der Weltmeisterschaft 1974 stellte Francizek Kepka den Jantar-Standard vor, mit dem er auch an der Deutschen Segelflugmeisterschaft im Mai 1975 in Bayreuth teilnahm. Weniger bekannt ist der Doppelsitzer SZD-40 Halny (= Föhn). Polens Kunststoff-Zeitalter begann 1972 mit dem Jantar-19 (SZD-37), der als SZD-38 Jantar-1 in Serie gebaut wurde. Besonders interessant am Jantar-1 ist die spaltlose Klappe durch Verwölbung des gesamten hinteren Profilteils.
Genauere Daten über Fertigungszahlen und Exporte der polnischen Kunststoff-Segelflugzeuge waren nicht zu erhalten. Im folgenden sind einige Daten der neuesten SZD-Flugzeuge aufgeführt:

		Spann-weite	Fläche	Strek-kung	Profil
SZD-36	Cobra-15	15,00	11,6	19,4	FX 61-168/60-126
SZD-37	Jantar-19	19,00	13,4	26,9	FX 67-K-170/67-K-150
SZD-38	Jantar-1	19,00	13,4	26,9	FX 67-K-170/67-K-150
SZD-39	Cobra-17	17,00	12,3	23,5	FX 61-168/60-126
SZD-40	Halny	20,00	16,1	24,8	NN-11-M (Doppelsitzer)
SZD-41	Jantar-Standard	15,00	10,7	21,0	NN-8
SZD-43	Orion	15,00	11,6	19,4	FX 61-168/60-126

Bei der SZD-40 X Halny bestehen nur das Rumpfvorderteil und die Leitwerke aus GFK, während die Rumpfröhre aus Leichtmetall gebaut ist. Der Flügel wurde vom Zefir-4 übernommen und ist in Holz-Schalen-Bauweise hergestellt. Er hat eine negative Pfeilung von vier Grad. Der Doppelsitzer kann nur vom hinteren Sitz geflogen werden, da nur dort die Bedienorgane sowie ein Instrumentenbrett installiert sind. Konstrukteur ist wie beim Jantar-Standard Ingenieur W. Orkamus. Den Erstflug führte Dipl-Ing. Zdzislaw Bylok am 23. Dezember 1972 durch.

Datenblatt SZD-40 X Halny
Spannweite: 20,00 m
Flügelfläche: 16,11 m², Streckung: 24,8
Flügeltiefe Wurzel: 1,20 m, Ende: 0,42 m
V-Form: 1,5°, Pfeilung: −4° ($\frac{t}{4}$ – Linie)

Profil: NN 11 M
Landehilfe: Schempp-Hirth-Bremsklappen aus Metall oben und unten
Höhenleitwerksspannweite: 3,20 m, Fläche: 1,61 m²
Seitenleitwerkshöhe: 1,80 m, Fläche: 1,98 m²
Rumpflänge: 8,75 m
Rüstgewicht: 410 kp
Max. Fluggewicht: 596 kp
Flächenbelastung: max. 37,0 kp/m²
Höchstgeschwindigkeit: 240 km/h
Flugleistungen: (Angaben SZD)
Geringstes Sinken: 0,55 m/sec bei 75 km/h
Bestes Gleiten: 43 bei 100 km/h

Der polnische Doppelsitzer SZD-40 X Halny.

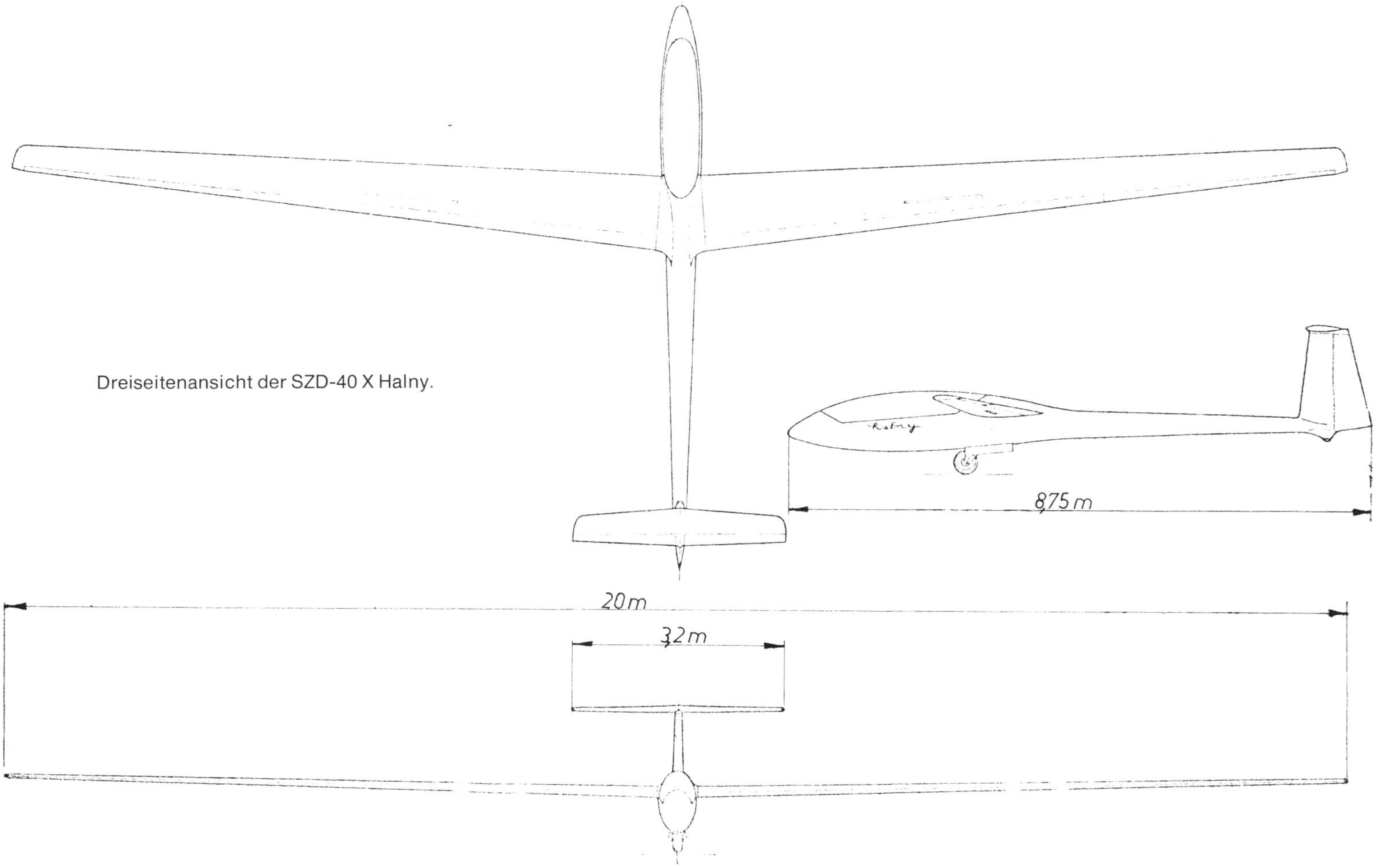

Dreiseitenansicht der SZD-40 X Halny.

Der SZD-41 Jantar-Standard ist aus dem 19-m-Jantar abgeleitet. Der Rumpf und die Leitwerke sind original übernommen. Das Profil des 15-m-Flügels wird als NN-8 bezeichnet. F. Kepka belegte mit dem Jantar-Standard bei der Weltmeisterschaft 1974 in Waikerie den 3. Platz in der Standard-Klasse. Den Erstflug hatte A. Zientek am 3. Oktober 1973 in Bielsko-Biala durchgeführt.

Datenblatt SZD-41 Jantar-Standard

Spannweite: 15,00 m

Flügelfläche: 10,66 m^2, Streckung: 21,1

Flügeltiefe Wurzel: 0,95 m, Ende 0,45 m

V-Form: 1,5°, Pfeilung: +0,5° ($\frac{t}{4}$ – Linie)

Profil: NN-8

Landehilfe: Schempp-Hirth-Bremsklappen auf Flügelober- und -unterseite

SZD-41 Jantar-Standard, mit dem Kepka 1974 bei der Weltmeisterschaft in Waikerie und 1975 bei der Deutschen Meisterschaft in Bayreuth flog.

Jantar-Standard im Fluge.

Höhenleitwerksspannweite: 2,60 m, Fläche: 1,35 m²
Seitenleitwerkshöhe: 1,35 m, Fläche: 1,10 m²
Rumpflänge: 7,11 m
Rüstgewicht: 250 kp, Zuladung im Rumpf: 110 kp

Flächenbelastung: 30,0 kp/m² bis 41,3 kp/m²
Flugleistungen: (Angaben SZD)
Geringstes Sinken: 0,62 m/sec bei 78 km/h
Bestes Gleiten: 40 bei 105 km/h

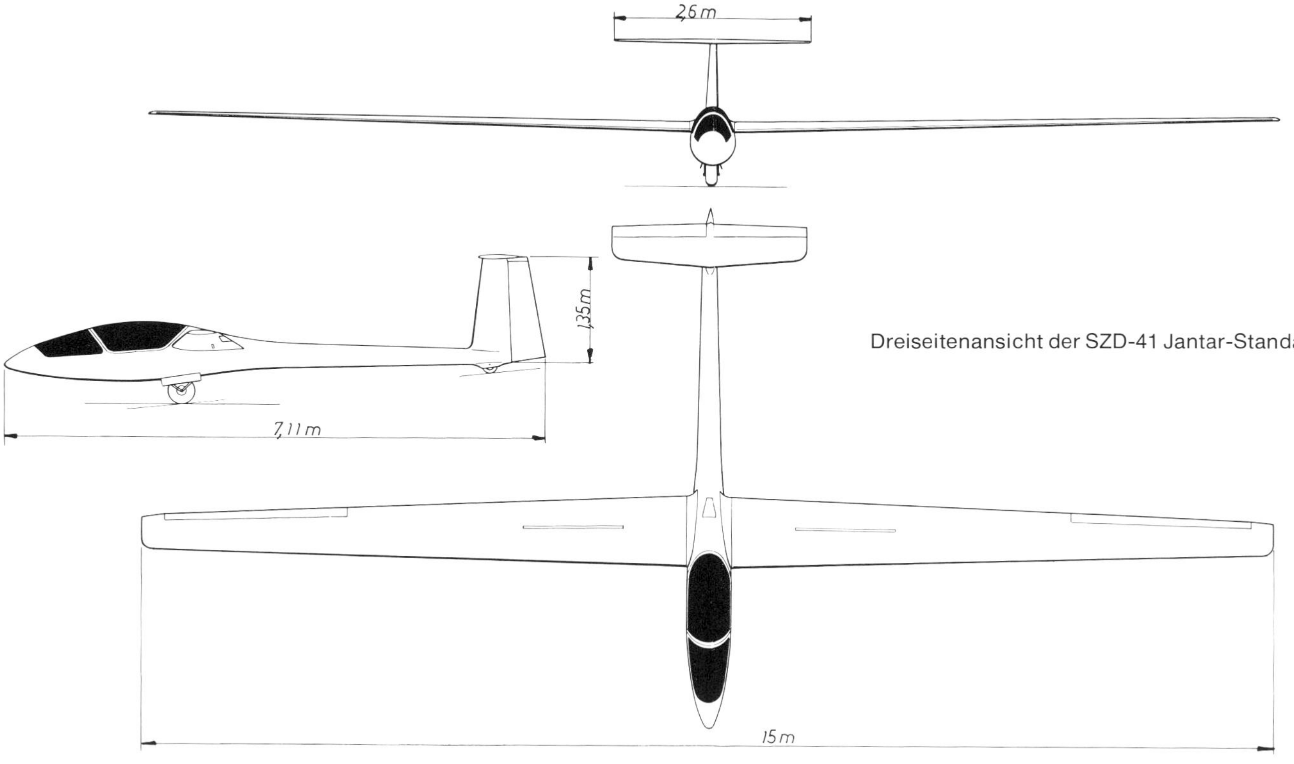

Dreiseitenansicht der SZD-41 Jantar-Standard.

USA

Kunststoff-Segelflugzeuge eigener Herstellung spielen in den USA eine untergeordnete Rolle. Vorherrschend sind Metall-Segelflugzeuge der Firma Schweizer Aircraft Corp. in Elmira, New York. An der Spitze der 2699 US-Segelflugzeuge (1974) steht der Übungs-Einsitzer Schweizer 1-26 mit 492 Exemplaren (Spannweite 12,20 m), gefolgt von den Doppelsitzern Schweizer 2-33 (308 Exemplare) und 2-22 (138 Exemplare). An vierter Stelle folgt bereits die Standard-Libelle mit 117 Flugzeugen und auf dem 7. Platz steht der Standard-Cirrus mit 84 Flugzeugen.
So ist an US-GFK-Segelflugzeugen vor allem die Concept 70 zu erwähnen, die bisher in 16 Exemplaren vertreten ist. Einzelstücke sind die Beta-1 von Luenger und der Alcor von Lamson, und neuerdings der Mescalero.
Die Concept 70 ist ein Entwurf des Deutsch-Amerikaners Arthur Zimmermann, der 1954 aus Rottenburg am Neckar ausgewandert ist. Besonderes Merkmal des 15-m-Flugzeuges ist die Wölb-Bremsklappe großer Spannweite, die wie später bei der PIK-20 mit einer Kurbel bedient wird. Das gedämpfte Kreuzleitwerk wird nach Art der Ka 6 E seitlich auf Rohrstummel geschoben.
Der Erstflug fand im Jahre 1971 statt. Die Produktion wurde vorerst eingestellt, nachdem Arthur Zimmermann im April 1974 an Krebs starb. Die Fertigung wird seit Dezember 1975 von einer neuen Firma in Atlanta/Georgia weitergeführt.

Datenblatt Concept 70
Spannweite: 15,00 m
Flügelfläche: 11,52 m², Streckung: 19,5
Profil: Wortmann
Landehilfe: vierteilige Alu-Bremsklappe mit
90° Ausschlag
Höhenleitwerksspannweite: 2,57 m
Seitenleitwerkshöhe: 1,83 m
Rumpflänge: 7,32 m
Fahrwerk: einziehbar, bremsbar
Rüstgewicht: 226 kp, Zuladung im Rumpf: 120 kp
Ballast: 100 kp
Max. Fluggewicht: 396 kp
Flächenbelastung: 27,0 kp/m² bis 34,4 kp/m²
Höchstgeschwindigkeit: 195 km/h
Flugleistungen: (Angaben Hersteller)
Geringstes Sinken: 0,62 m/sec bei 81 km/h
Bestes Gleiten: 40 bei 97 km/h

Frankreich

Auch französische Kunststoff-Segelflugzeuge sind in Deutschland kaum bekannt. Wie in vielen anderen Ländern werden auch hier die Leistungsflugzeuge fast ausschließlich aus Deutschland bezogen.
In einigen Exemplaren ist von der Firma Carman in Moulins der Clubklasse-Segler J. P. 15-36 gebaut worden. Die Konstrukteure Jacquet und Pottier lehnten sich beim Rumpf an die Standard-Libelle an, nachdem diese dort in Teilen gefertigt wurde. Das Leitwerk hat einige Ähnlichkeit mit der ASW-15. Neuerdings werden Schempp-Hirth-Bremsen eingebaut. Der Erstflug fand durch J. Rantet am 14. 6. 1974 statt.

Datenblatt J. P. 15-36
Spannweite: 15,00 m
Flügelfläche: 11,00 m², Streckung: 20,5
Flügeltiefe Wurzel: 1,00 m, Ende: 0,40 m
V-Form: 3°, Pfeilung: 0°
Profil: Wortmann
Landehilfe: Schempp-Hirth-Bremsklappen
Höhenleitwerksspannweite: 2,50 m, Fläche: 1,05 m²
Seitenleitwerkshöhe: 1,40 m, Fläche: 1,10 m²
Rumpflänge: 6,25 m
Fahrwerk: festes Rad
Rüstgewicht: 220 kp Zuladung im Rumpf: 110 kp
Ballast: 80 kp
Max. Fluggewicht: 390 kp
Flächenbelastung: 23,5 kp/m² bis 35,5 kp/m²
Höchstgeschwindigkeit: 240 km/h
Flugleistungen: (Angaben Hersteller)
Geringstes Sinken: 0,62 m/sec bei 72 km/h
Bestes Gleiten: 36 bei 80 km/h

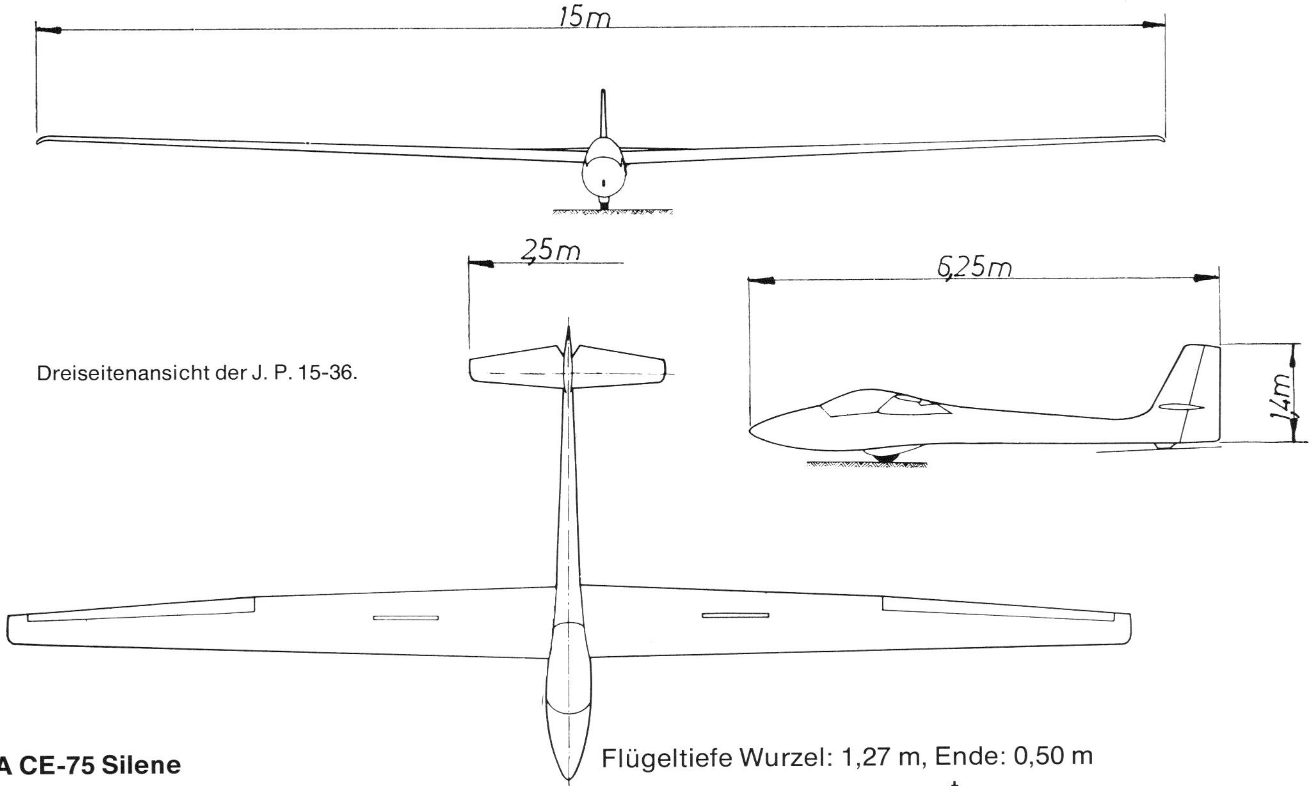

Dreiseitenansicht der J. P. 15-36.

CERVA CE-75 Silene

CERVA ist ein Zusammenschluß der bekannten Firmen Siren SA und Wassmer-Aviation. Als Nachfolger der Sagittaire konnte am 2. Juli 1974 der interessante GFK-Doppelsitzer CE-75 Silene den Erstflug durchführen. Die Sitze liegen nebeneinander, der rechte Sitz ist um 30 cm nach hinten versetzt. Die Haube hat ein festes Vorderteil. Der Flügel ist vierteilig und hat Schempp-Hirth-Bremsen. Das Profil wird als Bertin E 55-166 (16,6%) bezeichnet.

Datenblatt CERVA CE-75 Silene
Spannweite: 18,00 m
Flügelfläche: 18,00 m^2, Streckung: 18,0
Flügeltiefe Wurzel: 1,27 m, Ende: 0,50 m
V-Form: 2°, Pfeilung: -2° ($\frac{t}{4}$ – Linie)
Profil: Bertin E 55-166
Landehilfe: Schempp-Hirth-Bremsklappen
Höhenleitwerksspannweite: 3,20 m, Fläche: 1,70 m^2
Seitenleitwerkshöhe: 1,85 m, Fläche: 1,70 m^2
Rumpflänge: 7,95 m
Fahrwerk: einziehbar, ungefedert
Rüstgewicht: 320 kp
Max. Fluggewicht: 540 kp
Flächenbelastung: 23,0 kp/m^2 bis 30,0 kp/m^2
Flugleistungen: (Angaben Hersteller)
Geringstes Sinken: 0,59 m/sec bei 75 km/h
Bestes Gleiten: 38 bei 92 km/h

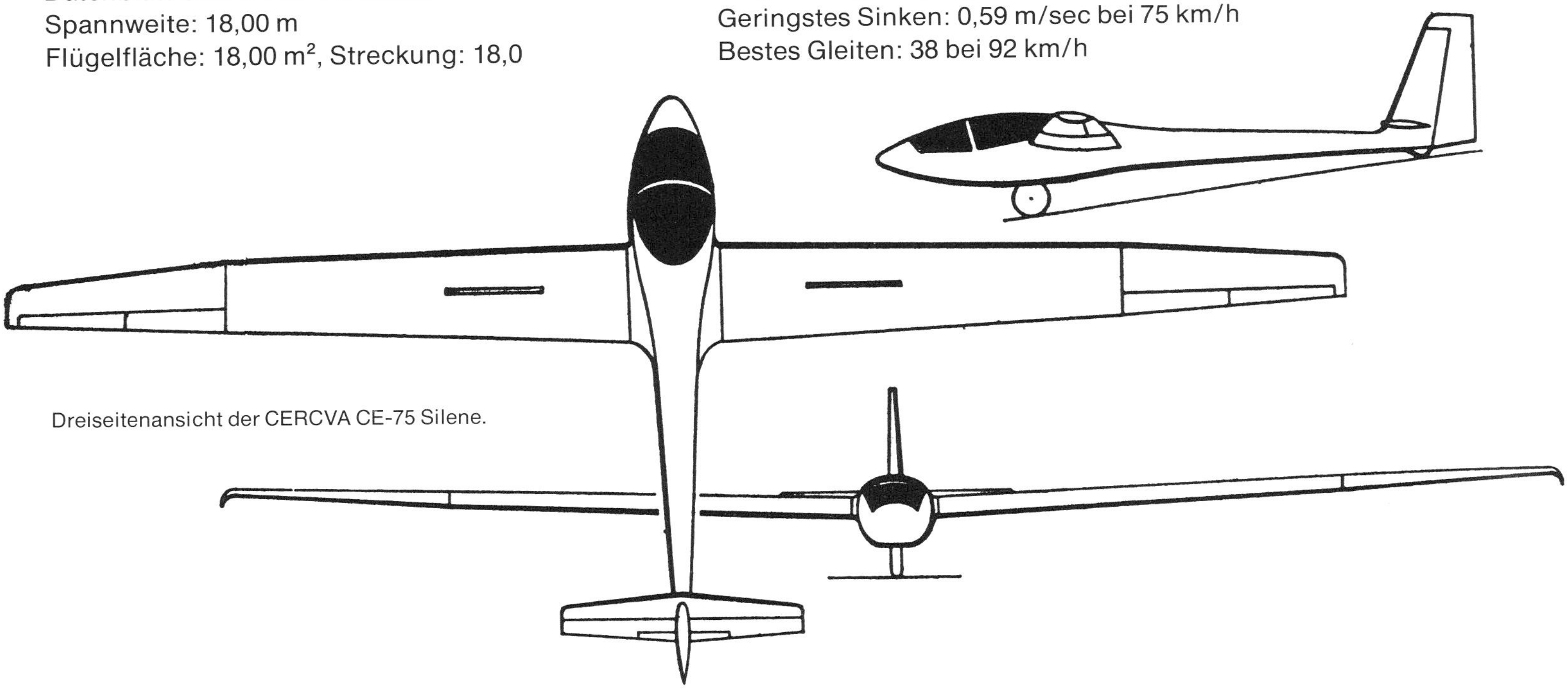

Dreiseitenansicht der CERCVA CE-75 Silene.

Gesamtübersicht aller Kunststoff-Segelflugzeuge in Deutschland mit Erstflugdaten

Erstflug	Flugzeugtyp	Konstrukteur/ Hersteller	Spannweite (m)	Flügelfläche (m²)	Streckung (–)	Rumpflänge (m)	Rüstgewicht (kp)	Flächenbelastung (kp/m²)	Stückzahl gesamt bis Anfang 1976	Bemerkungen
27. 11. 1957	fs-24 Phönix	Akaflieg Stuttgart	16,00	14,36	17,8	6,84	164	18,5	8	niedrigste Flächenbelastung
31. 12. 1958	Hi-25 Kria	Eppler-Nägele/Wolf Hirth	11,90	9,88	14,3	6,85	120	22,3	1	Flügel einteilig
20. 8. 1960	H-30 TS	Hütter/Allgeier	15,00	9,53	23,6	6,10	195	29,9	1	Turbinensegler
2. 2. 1961	SB-6	Akaflieg Braunschweig	18,00	12,95	25,0	7,50	260	27,0	1	
4. 1961	D-34 d	Akaflieg Darmstadt	12,65	9,18	17,5	6,40	169	27,3	1	Flügel einteilig
5. 5. 1962	H-30 GFK	Hütter/Hänle	13,60	8,34	22,2	5,56	120	25,2	1	
21. 9. 1962	Ka-Bi-Vo	Bircher/van Voornveld	15,00	12,40	18,1	7,44	192	24,2	1	Flügel der Ka 6 CR
25. 10. 1962	SB-7	Akaflieg Braunschweig	17,00	12,66	22,8	7,00	312	30,8	3	2 Flugz. in der Schweiz geb.
23. 12. 1962	BS-1	Björn Stender	18,00	14,10	23,0	7,58	337	28,4–32,0	2	
7. 3. 1964	H-301 Libelle	Glasflügel	15,00	9,53	23,6	6,20	185	31,6	111	Flügel der H-30 TS
28. 3. 1964	D-36	Akaflieg Darmstadt	17,80	12,80	24,8	7,35	285	32,0	2	
11. 4. 1964	Phoebus A	Bölkow	15,00	13,16	17,1	6,98	210	22,5–26,5	120	Stückz. Phoeb. A + B zus.
5. 9. 1964	HBV-Diamant	Flug- u. Fahrz'w. Altenrh.	15,00	9,72	23,2	7,56	200	26,8–30,8	13	Flügel der H-301
31. 12. 1965	ASW-12	Waibel/Schleicher	18,30	13,00	25,8	7,35	296	31,0–33,0	15	
1. 2. 1966	fs-23 Hidalgo	Akaflieg Stuttgart	13,00	7,00	24,1	5,00	102	27,[illegible]	1	
24. 5. 1966	Glasflügel BS-1	Glasflügel	18,00	14,10	23,0	7,50	344	32,5	18	
20. 1. 1967	Cirrus V 1	Holighaus/Schempp-Hirth	17,60	12,60	24,6	6,90	250	31,7	1	
25. 4. 1967	SB-8	Akaflieg Braunschweig	18,00	14,10	23,0	7,70	260	26,0	2	
10. 5. 1967	Cirrus B	Holighaus/Schempp-Hirth	17,74	12,60	25,0	7,20	260	31,7	170	wird in Jugosl. weiter geb.
Mai 1967	LS-1 O	Lemke/Schneider	15,00	9,74	23,1	7,20	200	32,9	280	Stückzahl bis zur LS-1 f
25. 10. 1967	Standard-Lib. 201	Glasflügel	15,00	9,80	23,0	6,20	200	28,6–35,7	601	
18. 4. 1967	Phoebus C	Bölkow	17,00	14,06	20,6	6,98	243	23,0–32,6	133	von 1967–1970
30. 1. 1968	fs-25 Cuervo	Akaflieg Stuttgart	15,00	8,53	26,4	6,48	142	29,3	1	Flügel fs-23 vergrößert
4. 1968	ASW-15	Waibel/Schleicher	15,00	11,00	20,5	6,48	215	29,0	460	ASW-15 + ASW-15 B
9. 8. 1968	Kestrel 401	Glasflügel	17,00	11,58	25,0	6,72	260	28,9–34,5	129	
23. 1. 1969	SB-9	Akaflieg Braunschweig	22,00	15,48	31,3	7,50	321	27,0	1	Flügel der SB-8 vergrößert
26. 1. 1969	Nimbus-I	Holighaus/Schempp-Hirth	22,00	15,80	30,6	7,30	375	31,6	1	
20. 2. 1969	Standard-Cirrus	Holighaus/Schempp-Hirth	15,00	10,00	22,5	6,35	215	33,0–39,0	630	ab 1975: Cirrus 75
5. 8. 1969	D-37 Artemis	Akaflieg Darmstadt	18,00	13,00	24,8	7,40	307	35,4	1	früher Motorsegler, jetzt Segelflugzeug
6. 3. 1970	Salto	Start + Flug	13,60	8,58	21,6	5,95	182	32,6–36,0	54	
30. 4. 1970	Glasflügel 604	Glasflügel	22,00	16,23	29,8	7,60	440	33,0–40,0	10	
27. 4. 1971	Nimbus-II	Holighaus/Schempp-Hirth	20,30	14,40	28,6	7,28	340	32,6–36,8	110	
17. 7. 1971	ASW-17	Waibel/Schleicher	20,00	14,84	27,0	7,55	395	32,0–38,4	51	
3. 5. 1972	LSD Ornith	Lemke/Schneider	18,00	12,40	26,1	7,50	286	33,4–36,8	1	Doppelsitzer
22. 7. 1972	SB-10	Akaflieg Braunschweig	29,00	22,95	36,6	10,36	577	29,0–39,0	1	Doppelsitzer
29. 12. 1972	D-38	Akaflieg Darmstadt	15,00	11,00	20,5	6,89	210	26,4–32,8	1	

Erstflug	Flugzeugtyp	Konstrukteur/ Hersteller	Spannweite (m)	Flügelfläche (m^2)	Streckung (–)	Rumpflänge (m)	Rüstgewicht (kp)	Flächenbelastung (kp/m^2)	Stückzahl gesamt bis Anfang 1976	Bemerkungen
10. 3. 1973	LS-2	Lemke/Schneider	15,00	10,29	21,9	6,80	240	33,0–37,0	1	Rumpf wie LS-1 f
14. 9. 1973	Club-Libelle 205	Glasflügel	15,00	9,80	23,0	6,40	217	29,0–35,7	140	
5. 3. 1974	LS-1 f	Lemke/Schneider	15,00	9,75	23,1	6,80	200	30,0–40,0	195	Flügel wie LS-1 d
10. 5. 1974	DG-100	Dirks-Glaser	15,00	11,00	20,5	7,00	230	28,0–38,0	45	
18. 5. 1974	Janus	Holighaus/Schempp-Hirth	18,20	16,60	20,0	8,57	380	28,0–37,0	12	Doppelsitzer
18. 8. 1974	Hippie	Start + Flug	10,00	9,00	11,1	5,20	35	13,4	24	Gleitflugzeug
19. 12. 1974	Astir CS	Grob	15,00	12,40	18,1	6,47	250	27,4–36,2	80	
21. 12. 1974	Hornet	Glasflügel	15,00	9,80	23,0	6,40	232	30,3–42,9	30	Flügel wie Club-Libelle
15. 6. 1975	fs-29	Akaflieg Stuttgart	19,00	12,65	28,5	7,16	365	35,6–52,6	1	Teleskop-Flügel
9. 7. 1975	Mistral	Frommhold, Gaber, Fries, Strauber	15,00	9,40	23,9	6,67	213	33,0	1	
23. 11. 1975	ASW-19	Waibel/Schleicher	15,00	11,00	20,5	6,82	250	27,0–41,0	6	Flügel wie ASW-15
6. 2. 1976	LS-3	Lemke/Schneider	15,00	10,50	21,4	6,86	256	30,0–45,0	1	
20. 2. 1976	Mosquito	Glasflügel	15,00	9,80	23,0	6,40	242	31,3–45,9	1	Rumpf wie Hornet
18. 9. 1976	Mini-Nimbus	Holighaus/Schempp-Hirth	15,00	9,80	23,0	6,41	215	33,0–39,0	1	Flügel wie Mosquito
1976	DG-200	Dirks-Glaser	15,00	10,00	22,5	7,00	230	30,0–42,0	1	Rumpf wie DG-100
1976	Twin-Astir	Grob	17,50	17,90	17,1	8,10	330	24,9–36,3	i. Bau	Doppelsitzer
	D-39	Akaflieg Darmstadt	15,00	11,00	20,5	7,15	–	–	i. Bau	Motorsegler
	ASW-20	Waibel/Schleicher	15,00	10,50	21,4	6,82	–	–	i. Bau	
	H-121 Schulmeister	Start + Flug	17,00	15,80	18,3	7,60	290	24,0–30,4	i. Bau	Doppelsitzer
	Speed-Astir	Grob	15,00	11,90	18,9	6,47	270	30,2–42,0	i. Bau	
	Mü 27	Akaflieg München	22,00	23,90/ 17,60	27,5/ 20,2	10,30	480	29,3–40,0	i. Bau	Doppelsitzer/Fowler
	B-12	Akaflieg Berlin	18,20	16,58	19,97	8,67	402	29,9–35,1	i. Bau	Doppels./Janus-Flügel
	FVA-20	Flugw. Ver. Aachen	15,00	12,80	17,6	7,00	230	26,6	i. Bau	
	Phoebus B-3 Flap.	Eppler-Nägele/R. Lindner	15,00	–	–	–	–	–	i. Bau	Wölbklappen-Automatik

Nachwort

Neben früheren Vorbereitungen wurden die Unterlagen für diese Arbeit abschließend in den letzten zwei Jahren zusammengetragen. Manche Quellen erwiesen sich als recht fündig, andere Nachforschungen gestalteten sich äußerst mühsam. Gerade aus den Anfängen waren wenig Aufzeichnungen vorhanden. Auch die Qualität der Fotos aus jenen Jahren läßt oft zu wünschen übrig.

Der Verfasser begegnete allerorten großem Interesse und wurde nach besten Möglichkeiten unterstützt. Oft konnten in persönlichen Gesprächen Einzelfragen geklärt und spezielle Wünsche berücksichtigt werden. Obwohl mit einiger Sorgfalt vorgegangen wurde, scheint es bei der Vielzahl der Fakten und Daten aber unvermeidlich, daß durch Übertragungsfehler und mangelhafte Informationen trotz gewissenhafter Korrekturen unvollständige oder gar unzutreffende Angaben nicht ausgemerzt werden konnten. Für entsprechende Hinweise ist der Verfasser sehr dankbar.

Besonderen Dank abzustatten gilt allen Gesprächspartnern, mit denen eine persönliche Aussprache möglich war:

Klaus Holighaus von der Firma Schempp-Hirth
Josef Prasser und Klaus Hillenbrand von Glasflügel
Frau Ursula Hänle von Start + Flug
Wilhelm Dirks und Gerhard Glaser, Bruchsal
Horst Wilser von der Firma Grob
Albert Neukom, Schaffhausen, Schweiz
Wolfgang Hütter, Göppingen
Karl Vey, Neu-Isenburg
Gert Altpeter, Akaflieg Stuttgart
Bernhard Hügel, Akaflieg Darmstadt
Herbert Kitzing, Akaflieg Braunschweig
Prof. Dr. Richard Eppler, Stuttgart
Wolfgang Schilling, Motorbuch-Verlag Stuttgart
Peter Selinger, Stuttgart

Freundliche Unterstützung erfuhr der Verfasser auch von folgenden Personen, Firmen und Behörden:

Walter Stender, Germering
Gerhard Waibel von der Firma Alexander Schleicher
Walter Schneider, Egelsbach
Rudi Lindner, Walpertshofen
Hans Zacher, München
Karl-Heinz Rempp, Deutscher Aero-Club
Flug- und Fahrzeugwerke Altenrhein, Schweiz
Jochen von Kalckreuth, München
Emil Bucher, Eislingen
Oskar Pflaumer, Herrenberg
Prof. Dr. F. X. Wortmann, Stuttgart
Prof. Dr. Ulrich Hütter, Stuttgart
Helli Lasch, Johannesburg, Südafrika
Paul Kummer, Zürich, Schweiz
Peter Scherrer, Breitenbach, Schweiz
Thomas Bircher, Kloten, Schweiz
Eidgenössisches Luftamt, Bern
Bundesamt für Zivilluftfahrt, Wien
Luftfahrt-Bundesamt, Braunschweig
Willy Ritschard, Aero-Club der Schweiz
Bertrand Larcher, FAI, Paris
Manfred Strauber, Bensheim
Firma Eiriavion, Lahti, Finnland
Firma SZD, Bielsko-Biala, Polen

Firma Carman, Moulins, Frankreich
Firma Interglas, Ulm
Firma Lackfabrik Bäder, Eßlingen

Dank ist auch abzustatten für die stille und zuverlässige Mitarbeit bei der Herstellung von Fotos und Zeichnungen durch Rainer Schnell, Singen und Helmut Köcher, Binningen sowie für die Unterstützung bei den Schreibarbeiten durch Paula Steidle, Gaby Fürst und meine Frau Karin.

Singen/Hohentwiel Dietmar Geistmann

Verzeichnis der Abbildungen

Alle anderen Abbildungen sind Fotos und Zeichnungen der Hersteller oder Fotos und Zeichnungen des Verfassers

Anschriften
von Fliegergruppen, Firmen und Behörden

Akademische Fliegergruppe Stuttgart e. V.
Pfaffenwaldring 35
7000 Stuttgart 80 (Vaihingen)
Telefon 0711/7842443

Akademische Fliegergruppe Darmstadt e. V.
Technische Hochschule
6100 Darmstadt
Telefon 06151/162790

Akademische Fliegergruppe Braunschweig
Akaflieg-Heim
3300 Braunschweig-Flughafen
Telefon 0531/3952149

Wolf Hirth GmbH
Flugzeugbau
7312 Kirchheim/Teck-Nabern
Telefon 07021/55377

Mistral:
Dipl.-Ing. Manfred Strauber
Wilhelm-Leuschner-Str. 11
6140 Bensheim-Auerbach
Telefon 06251/73867

Flugwissenschaftliche Vereinigung Aachen e. V.
Templergraben 55
5100 Aachen
Telefon 0241/4222354

Akademische Fliegergruppe München e. V.
Flugtechnische Forschungsgruppe
Arcisstr. 21
8000 München 2

Akademische Fliegergruppe Berlin e. V.
Straße des 17. Juni 135
1000 Berlin 12
Telefon 030/3144995

Glasflügel Segelflugzeugbau
Holighaus & Hillenbrand GmbH & Co. KG
7318 Lenningen 1
Telefon 07026/855

Phoebus-Musterbetreuung:
Fiberglas-Technik
Rudolf Lindner
Ortsstr. 70
7959 Walpertshofen
Telefon 07353/2243

Alexander Schleicher
Segelflugzeugbau
6416 Poppenhausen
Telefon 06658/225

Schempp-Hirth KG.
Segelflugzeugbau
Krebenstr. 25
Postfach 143
7312 Kirchheim-Teck
Telefon 07021/2441 und 6097
Telex 7267817 hate

Rolladen-Schneider OHG
Abteilung Segelflugzeugbau
Mühlstr. 10
6073 Egelsbach/Hessen
Telefon 06103/4126

Start + Flug GmbH
Wartung, Betrieb und Bau von Flugzeugen
Am Flugplatz
Postfach 126
7968 Saulgau
Telefon 07581/7165

Glaser-Dirks
Flugzeugbau GmbH
Im Schollengarten 19–20
Postfach 47
7520 Bruchsal 4 (Untergrombach)
Telefon 07257/1071

Burkhart Grob
Flugzeugbau
Postfach
8948 Mindelheim
Telefon 08261/8111
Telex 539614

FFA
Flug- und Fahrzeugwerke Altenrhein
CH-9422 Staad
Telefon 004171/414141
Telex 77230

Albert Neukom
Segelflugzeugbau
Flugplatz Schmerlat
CH-8200 Schaffhausen
Telefon 004153/61553

Eiriavion Kisällink. 8
SF-15170 Lahti 17
Telefon 0918/339211 (334280)
Telex 16165 eiri sf

SZD
Szybowcowy Zaklad Doswiadczalny
ul Cieszynska 325
43-300 Bielsko-Biala
Polen

Jaquet et Pottier Société Carman
BP 201
F-03001 Moulins

CERVA
13, rue Saint-Honoré
BP 187
F-78002 Versailles

Luftfahrt-Bundesamt
Postfach 3740
3300 Braunschweig-Flughafen
Telefon 0531/39021
Telex 952701

Lieferant für Harz Epikote und Härter Laromin:
Lackfabrik Bäder KG.
Dieselstr. 34
Schließfach 25
7300 Eßlingen a. N.
Telefon 0711/381607

Lieferant für Glasgewebe:
Interglas-Textil GmbH
Postfach 619
Söflinger Str. 246
7900 Ulm/Donau
Telefon 0731/1841
Telex 712511

Literaturhinweise

Zeitschriften:

Deutscher Aero-Club, Frankfurt
(Vorläufer aerokurier)
aerokurier, Verlag Dr. Neufang, Gelsenkirchen
Flug-Revue, Vereinigte Motor-Verlage Stuttgart
Der Adler, BWLV, Stuttgart
Luftsport, Bochum
Aero-Revue, Aero-Club der Schweiz, Luzern
Luftfahrt International, Pawlas, Nürnberg
Zeitschrift für Flugwissenschaften, Braunschweig
Der Flieger, Luftfahrt-Verlag Steinebach
Soaring, Soaring Society of America, USA

Bücher:

Georg Brütting: »Die berühmtesten Segelflugzeuge«, Stuttgart, 1970

»Jane's all the World's Aircraft 1975–76«, London

Georg Brütting: »Die Geschichte des Segelfluges«, Stuttgart

Wolf Hirth: »Handbuch des Segelfliegens«, Stuttgart, 1941

Kurt W. Streit/John W. R. Taylor: »Geschichte der Luftfahrt«, Künzelsau, 1975

Aufsätze – Jahresberichte

Jahresberichte der Akademischen Fliegergruppen Stuttgart, Darmstadt, Braunschweig, Aachen, München, Berlin

Ursula Hänle: »Kleine Fiberglas-Flugzeug-Flick-Fibel«

Bauweise – Geschichte – Flugzeuge:

Ulrich Hütter: »Tragende Flugzeugteile aus glasfaserverstärkten Kunststoffen« Luftfahrttechnik Nr. 2/1960

Ulrich Hütter: »Luftschrauben und Hubschrauber-Rotorblätter aus faserverstärkten Kunstharzen« Jahrbuch 1960 der WGL

Alfred Puck: »Untersuchungen über die Verwendungsmöglichkeit von Kunststoffen beim Bau von Tragflächen für Segelflugzeuge« Aero-Revue 1/1960

Richard Eppler: »Kunststoff-Flugzeugbau – Lösungen oder Aufgaben« Zeitschrift Kunststoffe Heft 12/1961

Jürg van Voornveld: »Das fliegende Sandwich« Aero-Revue 4/1962

Alfred Puck: »Einige Beispiele zu Konstruktion und Bau von hochbeanspruchten Segelflugzeugteilen aus Glasfaserkunststoff« Aero-Revue 12/1962

Axel Barth: »Glasfaserverstärkte Kunststoffe im Flugzeugbau« Flug-Revue 5/1966

Ulrich Hütter: »Eine Windturbine mit 34 m Rotor-Durchmesser« DFL-Mitteilungen Heft 8/1968

Ulrich Hütter: »Probleme der Krafteinleitung in Glasfaser-Kunststoff-Bauteile« Zeitschrift Kunststoffe 12/66

F. Thomas: »Luftfahrtforschung und Industrie« Jahrbuch 1968 der WGL

Richard Eppler: »Stand und Aussichten des deutschen Leichtflugzeugbaues« Jahrbuch 1968 der WGL

G. Grüninger: »Entwicklung einer Glasfaserkunststoff-Leichtbauweise und ihre Erprobung beim Bau eines Versuchsflugzeuges« DFL-Mitteilungen Heft 8/1968

Ursula Hänle: »The story of fiberglass-sailplanes« Aero-Revue 2/71
W. Thielemann: »Wissenschaftliche Untersuchungen über die Anwendung von glasfaserverstärkten Kunststoffen (GFK) in hochbeanspruchten Leichtbauteilen« Institut für Flugzeugbau und Leichtbau, Braunschweig
Schweizerisches Luftfahrzeugregister, Eidgenössisches Luftamt, Bern
Luftfahrzeugregister der Republik Österreich, Bundesamt für Zivilluftfahrt, Wien

Profile:

F. X. Wortmann: »Ein Beitrag zum Entwurf von Laminarprofilen für Segelflugzeuge und Hubschrauber« Zeitschrift für Flugwissenschaften Heft 10/1955
F. X. Wortmann: »Experimentelle Untersuchungen an neuen Laminarprofilen für Segelflugzeuge und Hubschrauber« Zeitschrift für Flugwissenschaften Heft 8/1957
F. X. Wortmann, K. Schwoerer: »Einfluß der Profilpolaren auf die Flugleistungen von Segelflugzeugen« Aero-Revue 9/63
F. X. Wortmann: »Einige Laminarprofile für Segelflugzeuge«
Aero-Revue 11/1963
F. X. Wortmann: »Zur Optimierung von Klappenprofilen« Aero-Revue 2/1969
Dieter Althaus: »Stuttgarter Profilkatalog I« Herausgegeben vom Institut für Aerodynamik und Gasdynamik der Universität Stuttgart, 1972

Auslegung

Walter Stender: »Entwurfsgrundlagen für Segelflugzeuge«
Ulrich Hütter: »Neue Wege im Segelflugzeugbau« Zeitschrift für Flugwissenschaften Heft 1/1954
Richard Eppler: »Die Auslegung von Segelflugzeugen« Aero-Revue 1956
August Raspet/Dezso Gyorgyfalvy, USA: »Der Phönix – eine Lösung für den optimalen Überland-Segelflug« Zeitschrift für Flugwissenschaften Heft 9/1960
F. Thomas: »Der Einfluß der aerodynamischen Entwurfsgrößen auf die Leistungen von Segelflugzeugen« aerokurier 12/1971
Gerhard Waibel: »Gedanken über Sinn und Möglichkeiten des Wasserballastes bei Standardklassen-Segelflugzeugen« aerokurier 6/1973
Richard Eppler: »Die optimale Auslegung und Profilierung eines 15-m-Segelflugzeuges ohne Wölbklappen« aerokurier 4/1976

Flugmessungen:

Hans Zacher: »Flugeigenschaftsuntersuchungen an 14 Segelflugzeugen« Flugwissenschaftliche Forschungsanstalt München, 1961
Hans Zacher: »Flugmessungen mit Standard-Segelflugzeugen« Deutsche Versuchsanstalt für Luft- und Raumfahrt, 1965
Hans Zacher: »Flugmessungen mit Segelflugzeugen von 12 bis 13 m Spannweite« Aero-Revue 1/1966
H. Laurson, H. Zacher: »Fluguntersuchungen mit den Segelflugzeugen D-36, BS-1 und ASW-12« DFVLR, 1968
H. Laurson, H. Zacher: »Flugmessungen mit 25 Segelflugzeugen« DFVLR, 1973

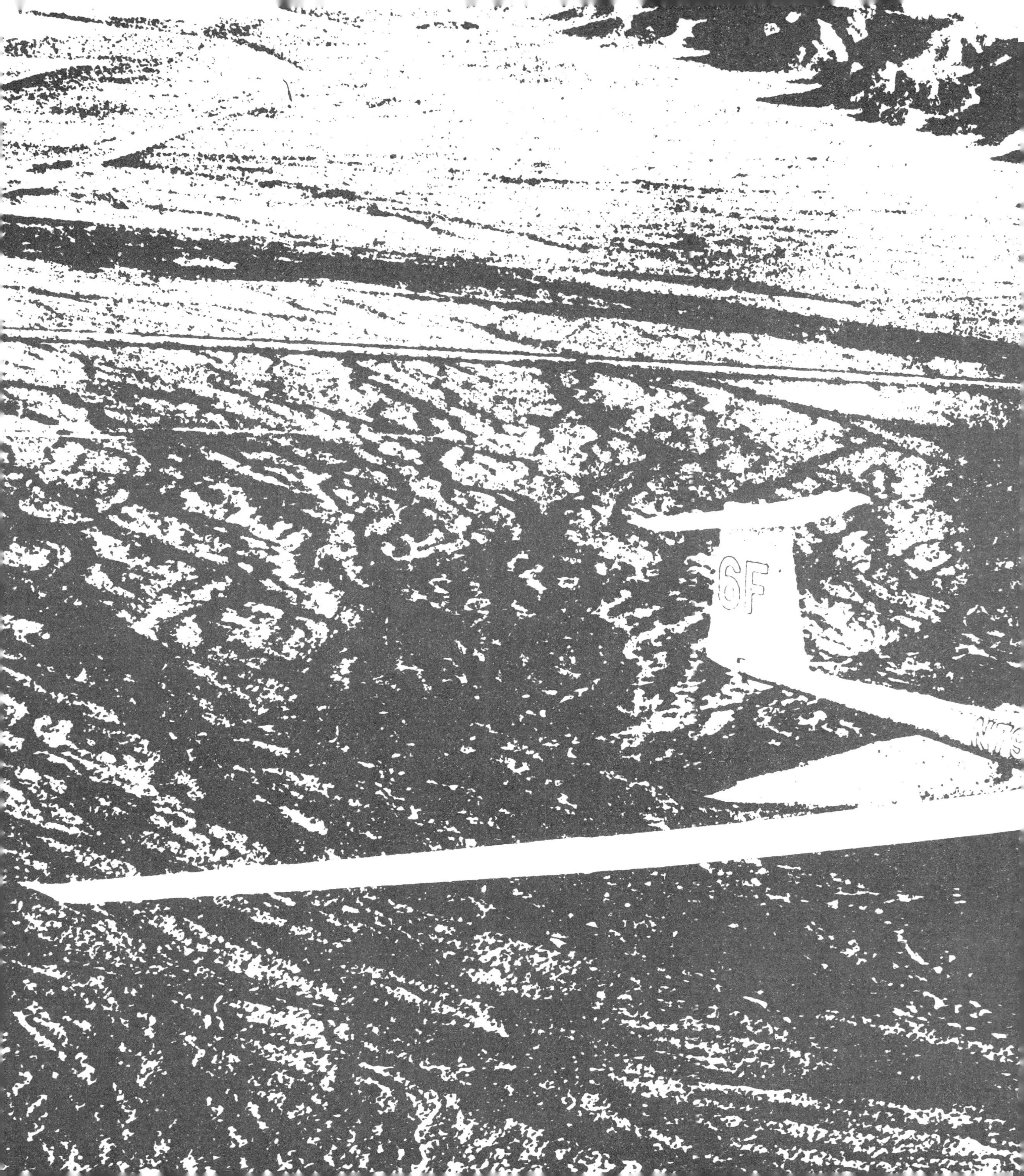
6F